中文版

Photoshop 平面设计入门教程

时代印象 编著

人民邮电出版社
北京

图书在版编目（CIP）数据

中文版Photoshop平面设计入门教程 / 时代印象编著
. -- 北京 : 人民邮电出版社, 2021.9（2022.9重印）
ISBN 978-7-115-56571-6

Ⅰ. ①中… Ⅱ. ①时… Ⅲ. ①平面设计－图像处理软件－教材 Ⅳ. ①TP391.413

中国版本图书馆CIP数据核字(2021)第095209号

内 容 提 要

Photoshop 是一款功能强大、应用广泛的图像处理软件，在平面设计、插画设计、图像后期等领域深受从业者的青睐。本书合理安排知识点，运用简练、流畅的语言，结合丰富的案例，由浅入深地讲解 Photoshop 在平面设计领域的应用。

本书共分为 9 章，第 1 章介绍 Photoshop 的常用功能，第 2～9 章延伸至平面设计理论和设计实战，包括标志设计、字体设计、海报设计、杂志画册版式设计、UI 设计、电商设计、书籍装帧设计和包装设计等。本书每章均配有课后习题，读者在学完案例后可以动手练习，以拓展自己的设计思维，提升平面设计能力。

本书附带学习资源，内容包括课堂案例、课后习题和综合案例的素材文件、实例文件，以及 PPT 教学课件和在线教学视频。读者可通过在线方式获取这些资源，具体方法请参看本书“资源与支持”页。

本书适合平面设计初学者阅读，同时也可以作为相关院校及教育培训机构的教材。

◆ 编　　著　时代印象
　责任编辑　张丹丹
　责任印制　马振武
◆ 人民邮电出版社出版发行　　北京市丰台区成寿寺路 11 号
　邮编　100164　　电子邮件　315@ptpress.com.cn
　网址　https://www.ptpress.com.cn
　北京天宇星印刷厂印刷
◆ 开本：700×1000　1/16
　印张：13.25　　　　2021 年 9 月第 1 版
　字数：300 千字　　　2022 年 9 月北京第 3 次印刷

定价：59.90 元

读者服务热线：(010)81055410　印装质量热线：(010)81055316
反盗版热线：(010)81055315
广告经营许可证：京东市监广登字 20170147 号

前言

作为一本 Photoshop 平面设计入门教程，本书立足于 Photoshop 中常用的设计功能，选择典型的平面设计案例，力求为读者提供一套“门槛低、易上手、能提升”的 Photoshop 平面设计学习方案，同时也能够满足教学、培训等方面的使用需求。

下面就本书的一些情况做简要介绍。

内容特色

本书的内容特色有以下 4 个方面。

入门轻松：本书从 Photoshop 的基础知识入手，逐一讲解平面设计中常用的工具，力求让零基础的读者能轻松入门。

由浅入深：根据读者学习新技能的思维习惯，本书注重设计案例的难易程度安排，尽可能把简单的案例放在前面，复杂的案例放在后面，使读者学习起来更加轻松。

精选题材：平面设计领域所涵盖的知识非常丰富，对此，本书精选了平面设计的常用题材进行讲解，如标志、字体、海报、杂志画册、电商、UI、包装等，这些也是平面设计的基础科目、应学内容。

随学随练：本书主要采用案例式的讲解方法，读者不仅可以了解案例的设计思路，还可以根据操作详解来一步步完成案例的制作。

版面结构

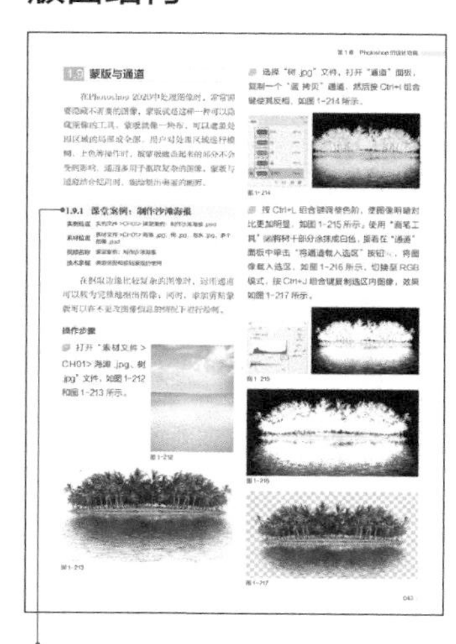

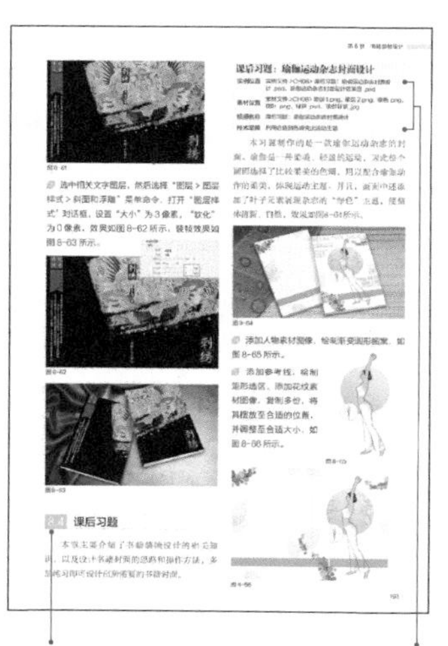

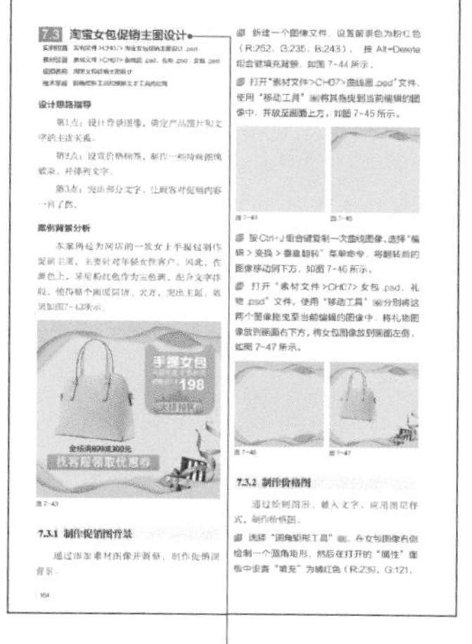

课堂案例
主要是操作性较强又比较重要的知识点的实际操作练习，便于读者快速掌握软件相关功能和某个设计案例的制作方法。

课后习题
针对该课某些重要内容进行巩固练习，提升读者独立完成设计的能力。

实例、素材及视频
列出了该案例的素材和实例文件在学习资源中的位置，以及视频的名称。

综合案例
综合案例相对于“课堂案例”更加完整，操作步骤更加复杂。

资源与支持

本书由“数艺设”出品，“数艺设”社区平台（www.shuyishe.com）为您提供后续服务。

配套资源

- 书中课堂案例、课后习题和综合案例的素材文件、实例文件
- PPT 教学课件
- 在线教学视频

资源获取请扫码

“数艺设”社区平台，为艺术设计从业者提供专业的教育产品。

与我们联系

我们的联系邮箱是 szys@ptpress.com.cn。如果您对本书有任何疑问或建议，请您发邮件给我们，并请在邮件标题中注明本书书名及 ISBN，以便我们更高效地做出反馈。

如果您有兴趣出版图书、录制教学课程，或者参与技术审校等工作，可以发邮件给我们；有意出版图书的作者也可以到“数艺设”社区平台在线投稿（直接访问 www.shuyishe.com 即可）。如果学校、培训机构或企业想批量购买本书或“数艺设”出版的其他图书，也可以发邮件联系我们。

如果您在网上发现针对“数艺设”出品图书的各种形式的盗版行为，包括对图书全部或部分内容的非授权传播，请您将怀疑有侵权行为的链接通过邮件发给我们。您的这一举动是对作者权益的保护，也是我们持续为您提供有价值的内容的动力之源。

关于“数艺设”

人民邮电出版社有限公司旗下品牌“数艺设”，专注于专业艺术设计类图书出版，为艺术设计从业者提供专业的图书、U 书、课程等教育产品。出版领域涉及平面、三维、影视、摄影与后期等数字艺术门类，字体设计、品牌设计、色彩设计等设计理论与应用门类，UI 设计、电商设计、新媒体设计、游戏设计、交互设计、原型设计等互联网设计门类，环艺设计手绘、插画设计手绘、工业设计手绘等设计手绘门类。更多服务请访问“数艺设”社区平台 www.shuyishe.com。我们将提供及时、准确、专业的学习服务。

目录

Photoshop 的设计功能

本章导读

本章将讲解 Photoshop 的各项功能，帮助读者熟悉 Photoshop 软件，掌握 Photoshop 中各个工具的使用方法，进而运用这些工具开展设计工作。

学习要点

文件的基本操作

图像的变形

选区的创建和羽化

图像的修饰和调色

蒙版与通道的运用

滤镜功能

Photoshop

1.1 Photoshop 的界面构成

随着版本的不断升级，Photoshop工作界面的结构也更加合理，更加人性化。启动Photoshop 2020后工作界面如图1-1所示。

图 1-1

当我们打开或新建图像文件后，将进入Photoshop 2020的图像编辑工作界面，如图1-2所示。图像编辑工作界面由菜单栏、标题栏、图像窗口、工具箱、属性栏、状态栏等部分组成。

图 1-2

> 小提示
>
> 如果不需要显示主界面，可选择“编辑 > 首选项 > 常规”菜单命令，打开“首选项”对话框，取消选中“自动显示主屏幕”复选框，即可在打开 Photoshop 2020 后直接显示图像编辑工作界面。

1.1.1 菜单栏

Photoshop 2020的菜单栏包含11组主菜单，分别是文件、编辑、图像、图层、文字、选择、滤镜、3D、视图、窗口和帮助，如图1-3所示。单击相应的主菜单，即可显示该菜单下的命令，如图1-4所示。

文件(F) 编辑(E) 图像(I) 图层(L) 文字(Y) 选择(S) 滤镜(T) 3D(D) 视图(V) 窗口(W) 帮助(H)

图 1-3

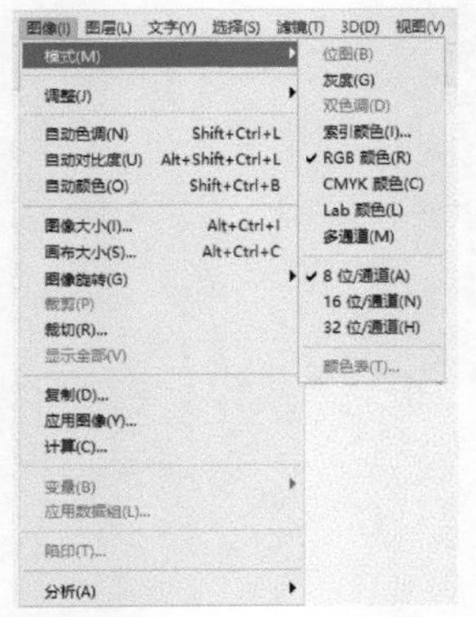

图 1-4

1.1.2 标题栏

打开一个图像文件，Photoshop 2020就会自动创建一个标题栏，标题栏中会显示该图像文件的名称、格式、窗口缩放比例及颜色模式等信息，如图1-5所示。

图 1-5

1.1.3 图像窗口

图像窗口是显示所打开图像信息的地方。如果只打开了一张图像，则只有一个图像窗口，如图1-6所示。如果打开了多张图像，则图像窗口会以选项卡的方式对各个图像的信息进行显示，如图1-7所示。单击一个图像对应的选项卡，即可将其图像窗口设置为当前的工作窗口。

图1-6

图1-7

小提示

默认情况下，在Photoshop 2020中打开的所有图像文件都以选项卡的方式排列显示。选中图像，按住鼠标左键，拖曳该图像窗口的标题栏即可将其设置为浮动窗口，如图1-8所示；选中图像，按住鼠标左键，将浮动窗口的标题栏拖曳至选项卡区域，则图像窗口会变为停靠状态，如图1-9所示。

图1-8

图1-9

1.1.4 工具箱

工具箱囊括了Photoshop 2020中的大部分工具，分别为选择工具、裁剪与切片工具、吸管与测量工具、绘画工具、修饰工具、文字工具、路径与矢量工具及导航工具。此外，工具箱中还有一组用来设置前景色与背景色和切换模式的工具，以及一个特殊工具"以快速蒙版模式编辑"，如图1-10所示。单击工具箱中任意一个工具的图标，即可选择该工具并使用。如果工具图标的右下角有三角形，则表示这是一个工具组，在该工具图标上单击鼠标右键，即可弹出隐藏工具列表。

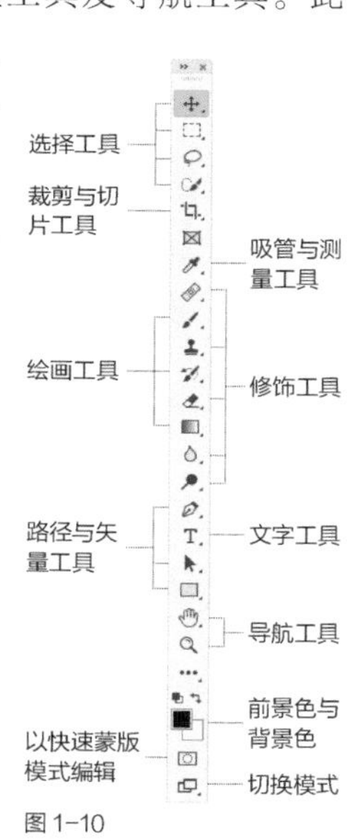

图1-10

小提示

工具箱可以切换单双栏。单击工具箱顶部的 » 按钮，可将其由单栏变为双栏，同时 » 按钮会变为 « 按钮，如图1-11所示；此时，单击 « 按钮，即可将其还原为单栏。此外，还可以将工具箱设置为浮动状态，方法是将鼠标指针放置于 ▒▒▒ 图标上，然后按住鼠标左键对工具箱进行拖曳（将工具箱拖曳到原处，可将其还原为停靠状态）。

图1-11

1.1.5 属性栏

属性栏主要用于设置工具的参数，不同工具的属性栏不同。例如，当选择“移动工具”时，其属性栏如图1-12所示。

图1-12

1.1.6 状态栏

状态栏位于图像编辑工作界面的底部，用以显示当前图像文件的大小、尺寸、当前工具和窗口缩放比例等信息，单击状态栏中的按钮，即可设置要显示的内容，如图1-13所示。

图1-13

1.2 文件的基本操作

要在Photoshop 2020中对文件进行编辑，首先要了解文件的基本操作，包括新建文件、打开/存储/关闭文件、修改图像大小、修改与旋转画布等。

1.2.1 课堂案例：修改照片比例和尺寸以利于网络传输

实例位置	实例文件 > CH01> 课堂案例：修改照片比例和尺寸以利于网络传输 .psd
素材位置	素材文件 > CH01> 唯美风景 .jpg
视频名称	课堂案例：修改照片比例和尺寸以利于网络传输
技术掌握	修改图像大小

在上网时，我们经常会遇到需要上传图片的情况，很多网站都对要上传的图片的比例和尺寸进行了限制，因此需要对图片的比例和尺寸进行修改以便上传。例如，一个网站要求上传的图片不大于1MB，那么我们可以通过以下操作修改图片的比例和尺寸，使图片达到要求。

操作步骤

01 选择“文件 > 打开”菜单命令或按 Ctrl+O 组合键，打开“素材文件 >CH01> 唯美风景 .jpg”文件，然后按 Ctrl+J 组合键，复制一个图层，得到“图层 1”，如图 1-14 所示。

图1-14

02 选择“图像 > 画布大小”菜单命令，打开“画布大小”对话框，如图 1-15 所示。从该对话框中，我们可以看到当前画布的宽度、高度等信息。将画布的“宽度”和“高度”都设置为 18 厘米，使其形状为正方形，如图 1-16 所示。

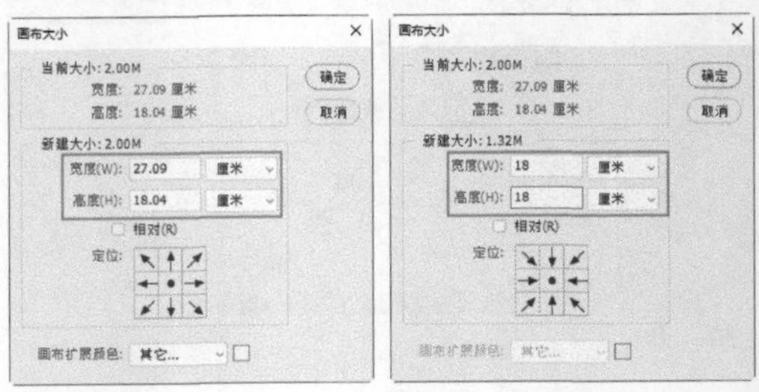

图1-15　图1-16

03 单击 确定 按钮，得到修改后的图像，如图 1-17 所示。

图 1-17

04 选择“图像 > 图像大小”菜单命令，打开“图像大小”对话框，如图 1-18 所示。从该对话框中，我们可以看到该图像的大小为 1.32M，图像过大不利于上传至网站。

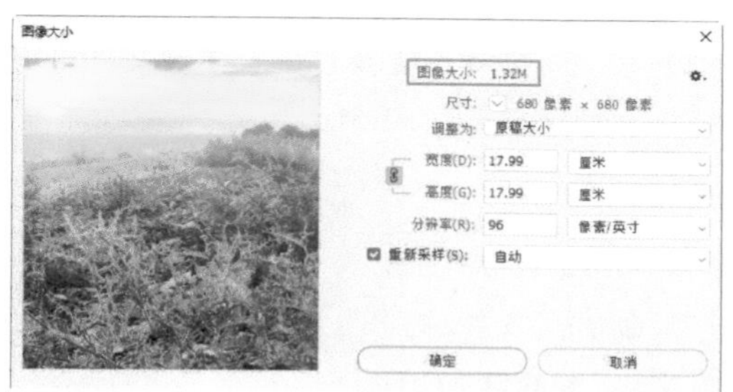

图 1-18

05 在“图像大小”对话框中，将图像的“宽度”和“高度”均更改为 500 像素，如图 1-19 所示。此时图像大小变为 732.4K，小于 1MB，符合上传至网站所需要的大小。

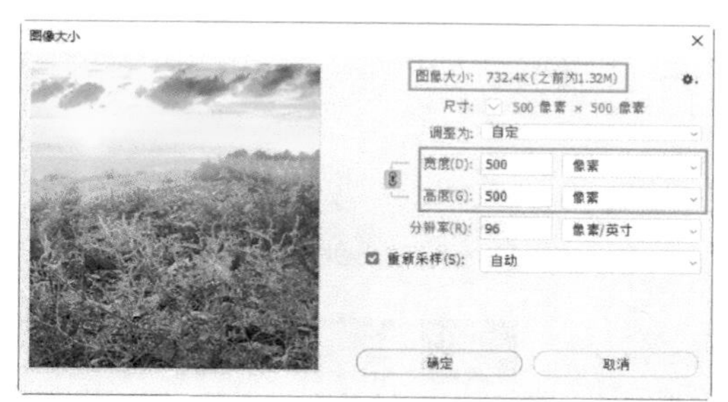

图 1-19

06 单击 确定 按钮，最终效果如图 1-20 所示。

图 1-20

1.2.2 新建文件

命令：“文件>新建”菜单命令　**作用：**新建一个空白文件　**快捷键：**Ctrl+N

通常情况下，要处理一张已有的图像，只需要将现有图像在Photoshop 2020中打开即可。而如果需要制作一张新的图像，就需要在Photoshop 2020中新建一个文件。选择“文件>新建”菜单命令或按Ctrl+N组合键，打开“新建文档”对话框，如图1-21所示。

在“新建文档”对话框顶部，我们可以为新建的文档选择Photoshop 2020内置的常用尺寸，即Photoshop 2020自带的几种文件规格，选择相应选项卡即可在下方显示该选项卡中的多种文件规格。此外，我们也可以在对话框右侧输入自定义的文件名称、宽度、高度和分辨率等参数，设置完成后，单击对话框右下方的“创建”按钮，即可新建一个图像文件。

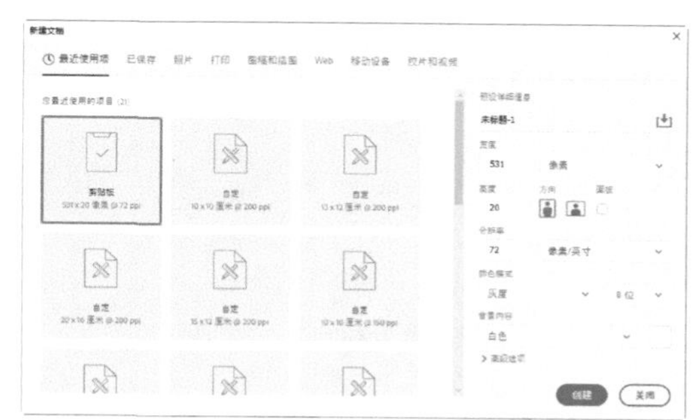

图 1-21

“新建文档”对话框中的选项介绍

- 📥：在该按钮左侧设置文件的名称，默认情况下的文件名为“未标题-1”；单击该按钮，可以保存设置好的尺寸和分辨率等参数。

- **宽度/高度：**用于设置文件的宽度和高度，其单位有“像素”“英寸”“厘米”“毫米”“点”“派卡”6种，如图1-22所示。

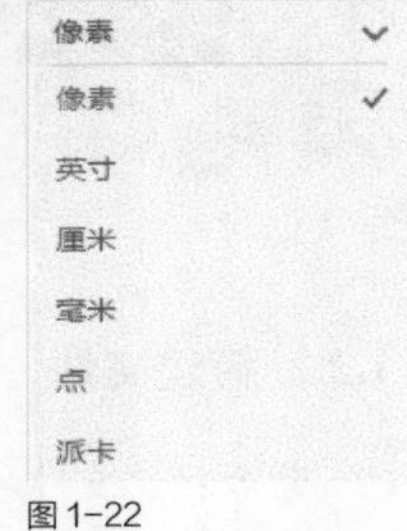

图1-22

- **分辨率：**用于设置文件的分辨率，其单位有“像素/英寸”和“像素/厘米”两种，如图1-23所示。一般情况下，文件的分辨率越高，印刷出来的质量越好。

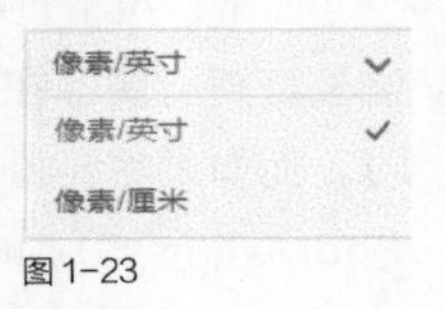

图1-23

- **颜色模式：**用于设置文件的颜色模式以及相应的颜色深度。颜色模式有“位图”“灰度”“RGB颜色”“CMYK颜色”“Lab颜色”5种，如图1-24所示；颜色深度有“8位”“16位”“32位”3种，如图1-25所示。

- **背景内容：**用于设置文件的背景内容，有“白色”“黑色”“背景色”“透明”“自定义”等选项，如图1-26所示。

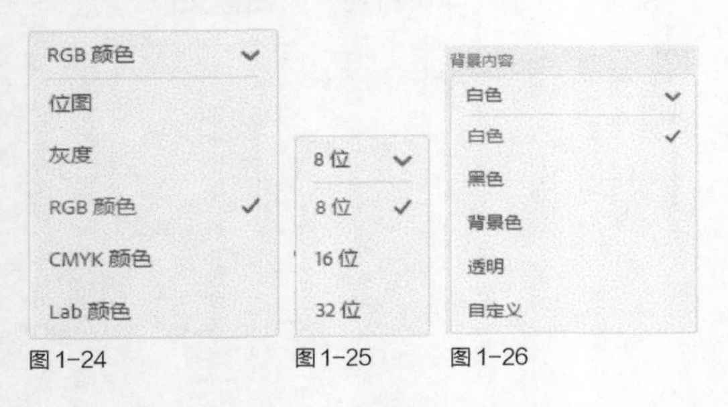

图1-24　　图1-25　　图1-26

- **高级选项：**可以用于对“颜色配置文件”和“像素长宽比”两个选项进行更专业的设置。

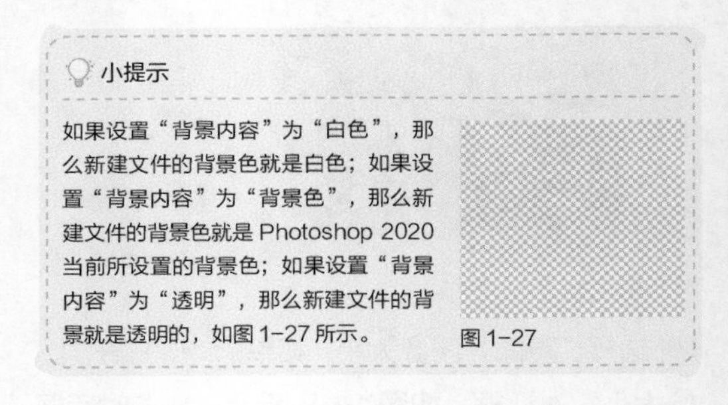

小提示

如果设置“背景内容”为“白色”，那么新建文件的背景色就是白色；如果设置“背景内容”为“背景色”，那么新建文件的背景色就是Photoshop 2020当前所设置的背景色；如果设置“背景内容”为“透明”，那么新建文件的背景就是透明的，如图1-27所示。

图1-27

1.2.3 打开/存储/关闭文件

在前面的内容中，我们介绍了新建文件的方法，如果我们需要对已有图像文件进行编辑，就需要先在Photoshop 2020中将其打开。

◆ 1. 打开文件

命令：“文件>打开”菜单命令　**作用：**打开文件　**快捷键：**Ctrl+O

选择“文件>打开”菜单命令或按Ctrl+O组合键，在弹出的“打开”对话框中，选中需要打开的文件，单击 打开(O) 按钮或双击文件，即可在Photoshop 2020中打开该文件，如图1-28所示。

图1-28

除以上两种方式外，还可以利用快捷方式打开文件。选中一个需要打开的文件，然后将其拖曳至Photoshop 2020的快捷图标上，如图1-29所示；或选中需要打开的文件并单击鼠标右键，在弹出的快捷菜单中选择“打开方式>Adobe Photoshop 2020”菜单命令，如图1-30所示。

图 1-29

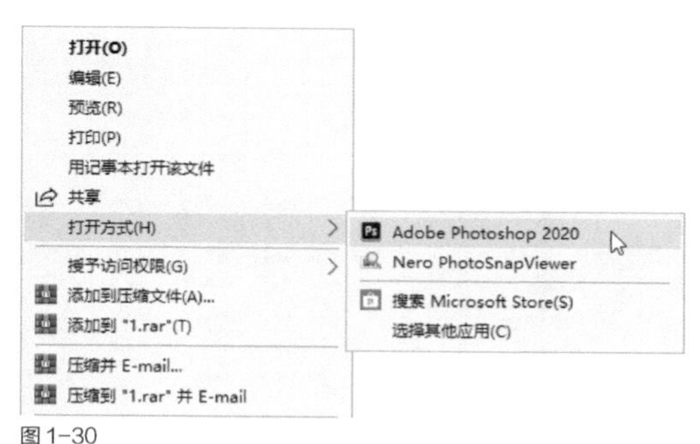

图 1-30

如果计算机已经在运行Photoshop 2020，也可以直接将需要打开的文件拖曳至Photoshop 2020的图像窗口中，如图1-31所示。

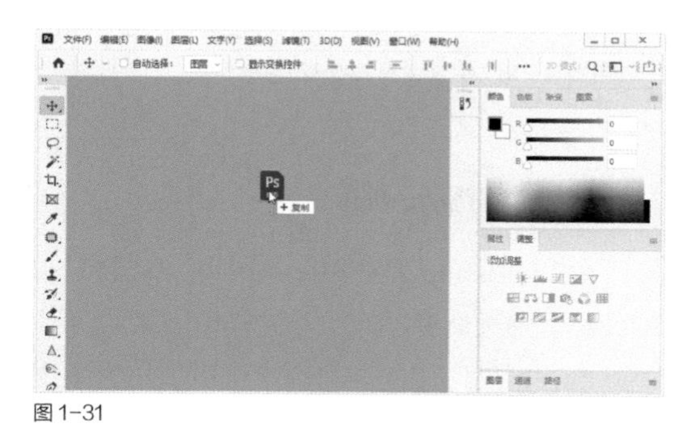

图 1-31

◆ 2. 存储文件

命令：“文件>存储”菜单命令　**作用：**将文件存储一份　**快捷键：**Ctrl+S

命令：“文件>存储为”菜单命令　**作用：**将文件另存一份　**快捷键：**Shift+Ctrl+S

完成对文件的编辑以后，可选择“文件>存储”菜单命令或按Ctrl+S组合键，将文件保存起来，如图1-32所示。在存储文件时，将保留对文件的更改，并替换原有文件，同时按照原有格式进行保存。

> 小提示
>
> 如果是新建的文件，那么在选择“文件 > 存储”菜单命令时，Photoshop 2020 会弹出“存储为”对话框。

如果需要将文件保存至另一个位置，或使用另一个文件名进行保存，可以通过选择“文件>存储为”菜单命令或按Shift+Ctrl+S组合键来完成，如图1-33所示。在使用“文件>存储为”菜单命令保存文件时，会弹出“存储为”对话框，可在该对话框中设置新的文件名和文件格式等内容。

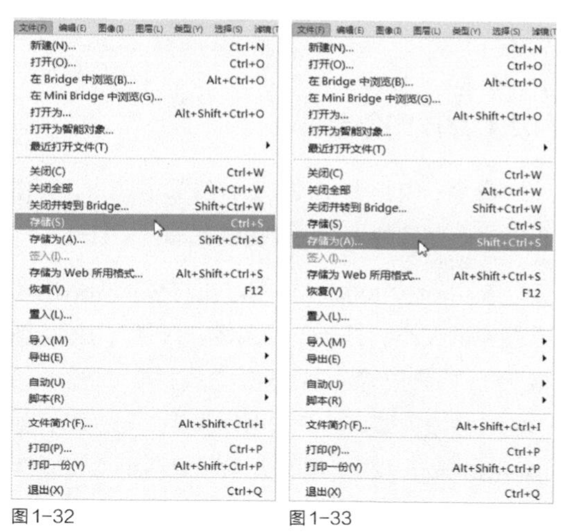

图 1-32　　图 1-33

◆ 3. 关闭文件

文件编辑完成后，首先要将该文件保存，然后关闭。Photoshop 2020提供了4种关闭文件的方式，如图1-34所示。其中，“关闭并转到Bridge”这种关闭文件的方式在日常工作中很少用到，因此这里不做讲解。

● **关闭：**选择该命令或按Ctrl+W组合键，即可关闭当前处于编辑状态的文件。使用这种方式关闭文件时，其他文件将不受影响。

● **关闭全部：**选择该命令或按Alt+Ctrl+W组合键，可以关闭所有文件。

● **退出：**选择该命令或单击Photoshop 2020工作界面右上角的“关闭”按钮，均可关闭所有文件并退出Photoshop 2020。

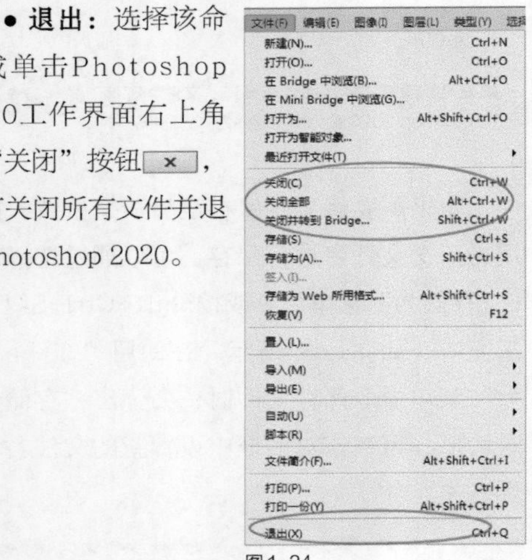

图1-34

1.2.4 修改图像大小

命令：“图像>图像大小”菜单命令　**作用：**修改图像的大小　**快捷键：**Alt+Ctrl+I

在Photoshop 2020中，用户可根据需求调整图像的大小。打开一张图像，选择“图像>图像大小”菜单命令或单击“属性”面板中的 图像大小 按钮，即可打开“图像大小”对话框，如图1-35所示。在“图像大小”对话框中可更改图像尺寸；降低图像宽度和高度的数值，图像的像素数量也会随之减少，虽然肉眼难以看出图像质量的变化，但图像明显变小，如图1-36所示。若提高图像的分辨率，则会增加像素，此时虽然图像尺寸变大，但图像的质量并没有提升，导致图像被强行放大，因而画面效果下降，如图1-37所示。

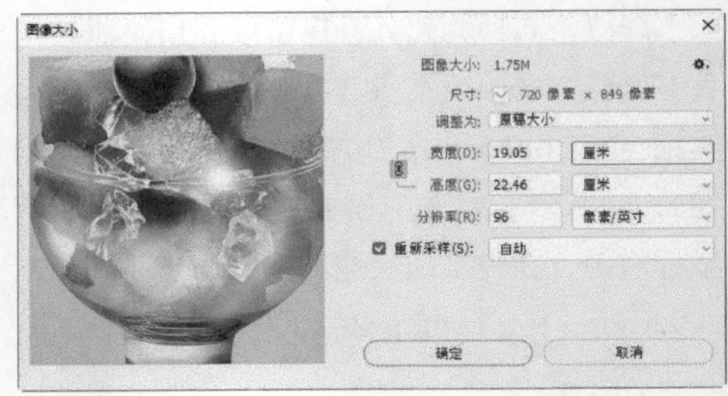

图1-35

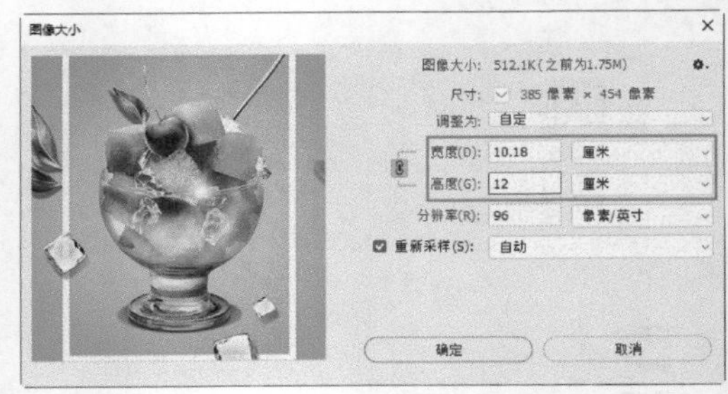

图1-36

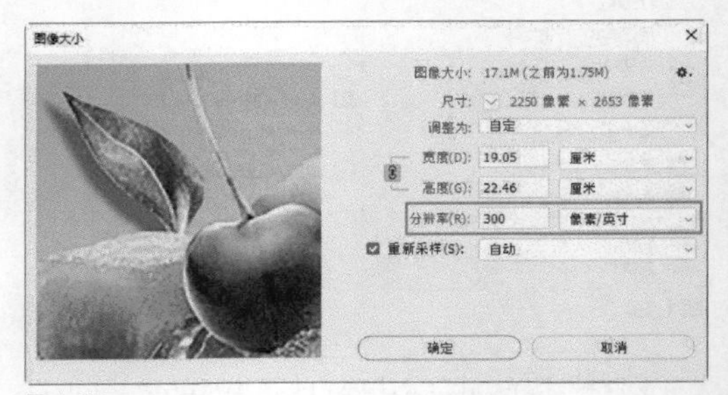

图1-37

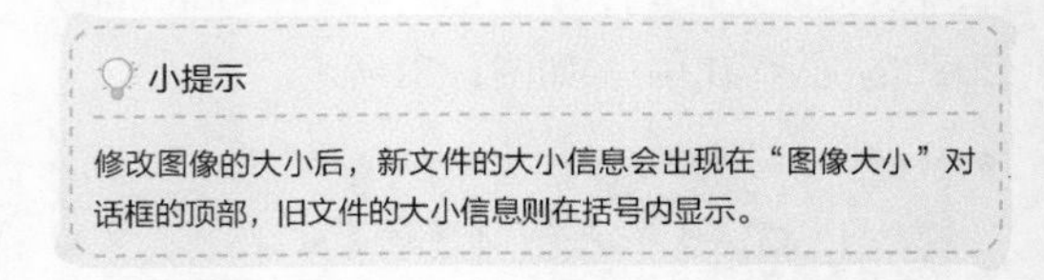
小提示

修改图像的大小后，新文件的大小信息会出现在“图像大小”对话框的顶部，旧文件的大小信息则在括号内显示。

1.2.5 修改与旋转画布

在Photoshop 2020中，用户可以调整画布的大小。通过调整画布大小这一方式增大照片尺寸后，扩展区域的空白像素可被填充为指定颜色。

◆ 1. 修改画布大小

命令：“图像>画布大小”菜单命令　**作用：**对画布的宽度、高度、定位和画布扩展颜

色进行调整　**快捷键：**Alt+Ctrl+C

画布指整个图像的工作区域，如图1-38所示。选择“图像>画布大小”菜单命令或按Alt+Ctrl+C组合键，打开“画布大小”对话框，如图1-39所示。在该对话框中，用户可以对画布的宽度、高度、定位和画布扩展颜色进行调整。

图1-38

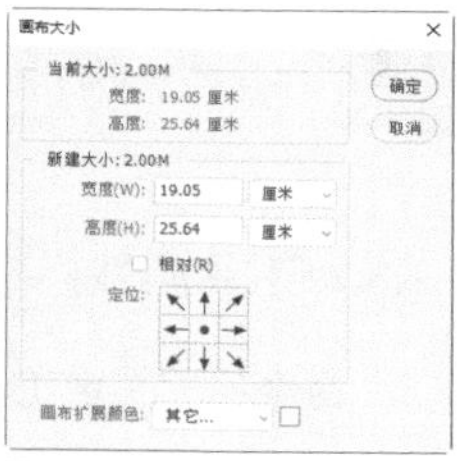

图1-39

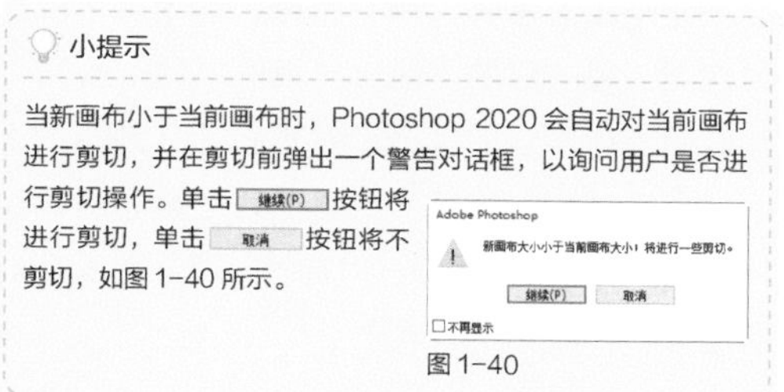
小提示

当新画布小于当前画布时，Photoshop 2020会自动对当前画布进行剪切，并在剪切前弹出一个警告对话框，以询问用户是否进行剪切操作。单击 继续(P) 按钮将进行剪切，单击 取消 按钮将不剪切，如图1-40所示。

图1-40

◆ 2. 旋转画布

命令：“图像>图像旋转”菜单命令　**作用：**对画布进行旋转　**快捷键：**Alt+I+G

选择“图像>图像旋转”菜单命令可以旋转或翻转整个图像，如图1-41所示。图1-42所示为原图像，图1-43和图1-44所示分别为选择“顺时针90度”菜单命令和“水平翻转画布”菜单命令后所呈现的图像效果。

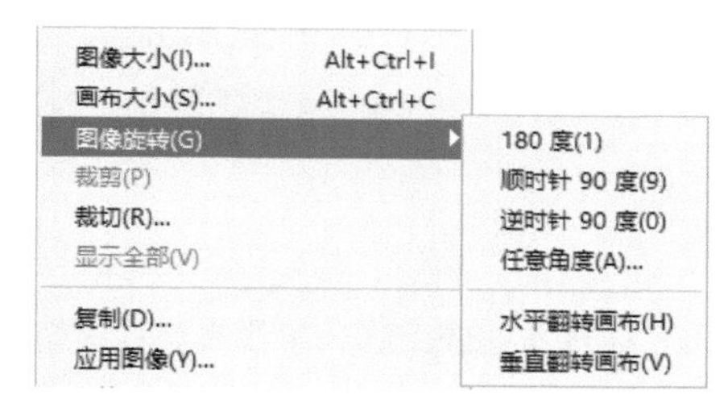

图1-41

图1-42

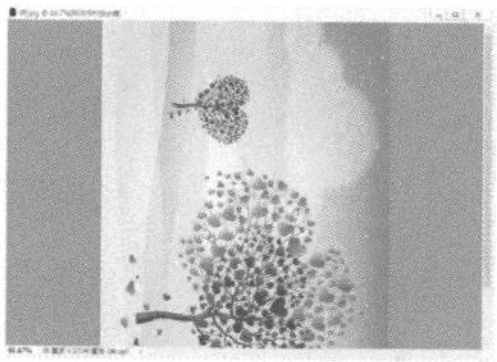

图1-43

图1-44

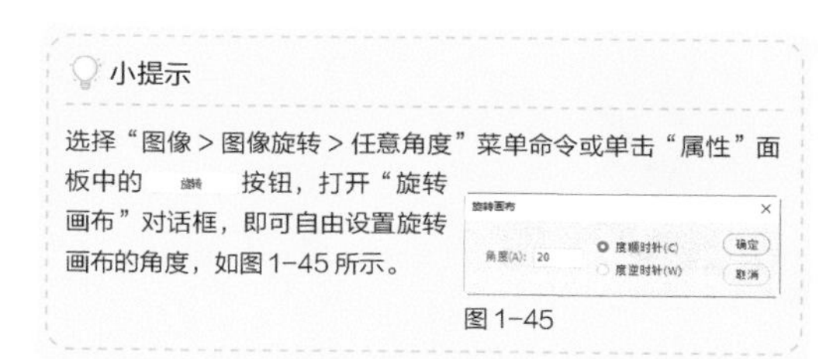
小提示

选择“图像>图像旋转>任意角度”菜单命令或单击“属性”面板中的 旋转 按钮，打开“旋转画布”对话框，即可自由设置旋转画布的角度，如图1-45所示。

图1-45

1.3 裁剪图像

在设计的过程中，有时为了满足设计需求，得到更有趣的效果，需要裁剪掉图像上多余的内容，重新进行构图。这项工作可以通过Photoshop 2020的“裁剪工具”来完成。

1.3.1 课堂案例：裁剪图像

实例位置	实例文件>CH01>课堂案例：裁剪图像.psd
素材位置	素材文件>CH01>情侣.jpg
视频名称	课堂案例：裁剪图像
技术掌握	裁剪工具的用法

当画布过大或图片四周有不重要的元素时，可以裁剪掉多余的内容，以强调画面中重要的元素。

操作步骤

01 按 Ctrl+O 组合键，打开“素材文件 >CH01> 情侣 .jpg”文件，如图 1-46 所示。

图 1-46

02 在工具箱中选择“裁剪工具”或按 C 键，此时画布上会显示裁剪框，如图 1-47 所示。

图 1-47

03 将鼠标指针放在定界框的控制点上，按住鼠标左键并拖曳鼠标，即可调整裁剪框，确定裁剪区域，如图 1-48 所示。

图 1-48

04 确定裁剪区域和旋转角度后，可按 Enter 键或双击，或在属性栏中单击“提交当前裁剪操作”按钮 ✓，完成裁剪操作，最终效果如图 1-49 所示。

图 1-49

1.3.2 工具属性栏

命令：“裁剪工具” **作用：**裁剪掉多余的图像，并重新定义画布的大小 **快捷键：**C

通过裁剪可去掉部分图像，达到突出或加强构图效果的目的。使用“裁剪工具”可以裁剪图像中多余的部分，并重新定义画布的大小。在工具箱中选择“裁剪工具”，可调出其工具属性栏，如图1-50所示。下面对其功能进行讲解。

图 1-50

◆ 1. 比例

在“比例”下拉列表中选择一个约束选项，即可按相应比例对图像进行裁剪，如图1-51所示。

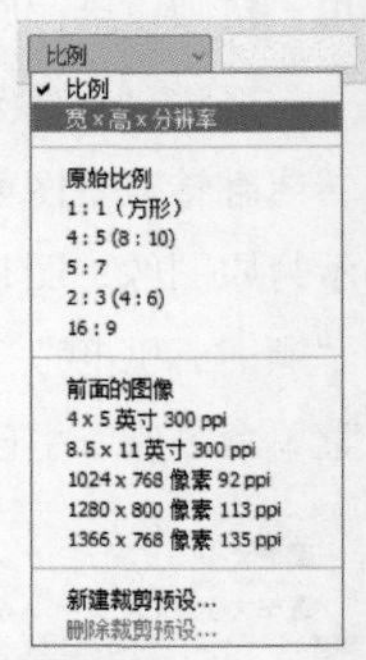

图 1-51

◆ 2. 拉直图像

单击“通过在图像上画一条线来拉直该图

像”按钮，可以通过在图像上绘制一条线来确定裁剪区域与裁剪框的旋转角度，如图1-52和图1-53所示。

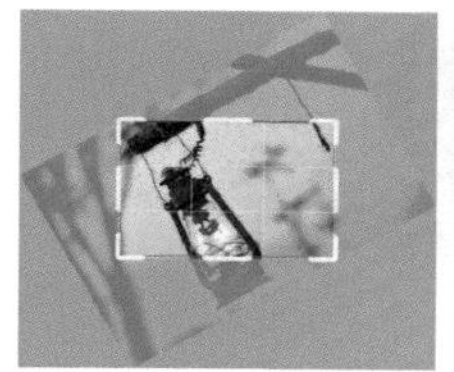
图1-52

图1-53

◆ 3. 叠加方式

单击“设置裁剪工具的叠加选项”按钮，在打开的下拉列表中可选择裁剪参考线的样式及叠加方式，如图1-54所示。裁剪参考线有“三等分”“网格”“对角”“三角形”“黄金比例”“金色螺线”6种；叠加方式有“自动显示叠加”“总是显示叠加”“从不显示叠加”3种；“循环切换叠加”“循环切换取向”两个选项用来设置叠加的循环切换方式。

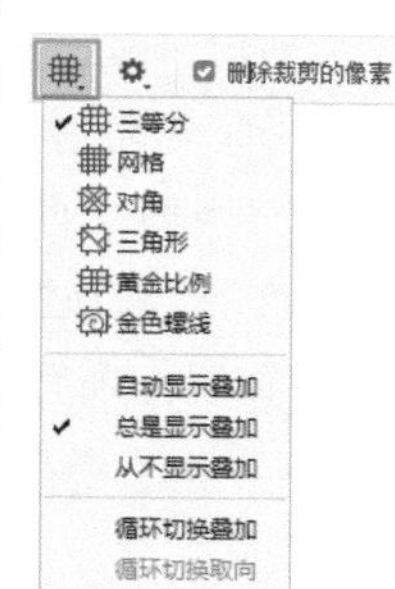

图1-54

◆ 4. 设置其他裁切选项

单击“设置其他裁切选项”按钮，可打开“设置其他裁切选项”设置面板，如图1-55所示。在该面板中，可设置裁剪框在图像中的位置及状态。另外，工具属性栏中的“删除裁剪的像素”功能在日常设计工作中比较常用：若选中该复选框，裁剪结束时将删除被裁剪的图像；若取消选中该复选框，则裁剪结束时被裁剪的图像会被隐藏在画布之外。

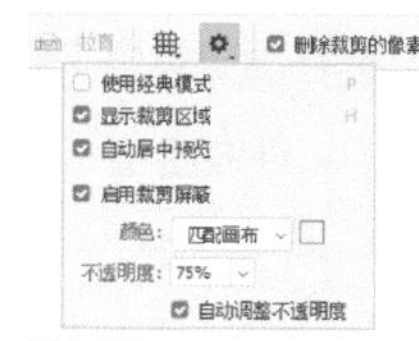

图1-55

1.4 图像移动与变换

移动、缩放、旋转、斜切、扭曲等均是Photoshop 2020中处理图像的基本方法。使用移动工具可以在同一文档或不同文档中移动图像。“编辑”主菜单下的“变换”命令，可以用来改变图像的形状。

1.4.1 课堂案例：制作平板电脑屏幕壁纸

实例位置	实例文件 >CH01> 课堂案例：制作平板电脑屏幕壁纸 .psd
素材位置	素材文件 >CH01> 平板电脑 .jpg、蜗牛 .jpg
视频名称	课堂案例：制作平板电脑屏幕壁纸
技术掌握	练习缩放和扭曲操作

在做平面设计图时，经常需要用到大量的素材，但这些素材并不一定都能直接使用，因此需要对其做一些改变，使其符合设计需求。

操作步骤

01 按Ctrl+O组合键，打开“素材文件 >CH01> 平板电脑 .jpg”文件，如图1-56所示。

图1-56

02 选择“文件 > 置入嵌入对象”菜单命令，然后在弹出的对话框中打开“素材文件 >CH01> 蜗牛 .jpg”文件，如图1-57所示。

图1-57

03 选择“编辑 > 变换 > 缩放”菜单命令，按住 Shift 键，等比例缩小图片，如图 1-58 所示。缩放完成后，暂不退出变换模式。

图 1-58

> 小提示
>
> 在实际操作中，为了节省时间，也可以直接按 Ctrl+T 组合键进入自由变换模式。

04 将鼠标指针放至需变换的图片的内侧，按住鼠标左键对其进行拖曳，以与画面中平板电脑屏幕相似的角度旋转图片，效果如图 1-59 所示。

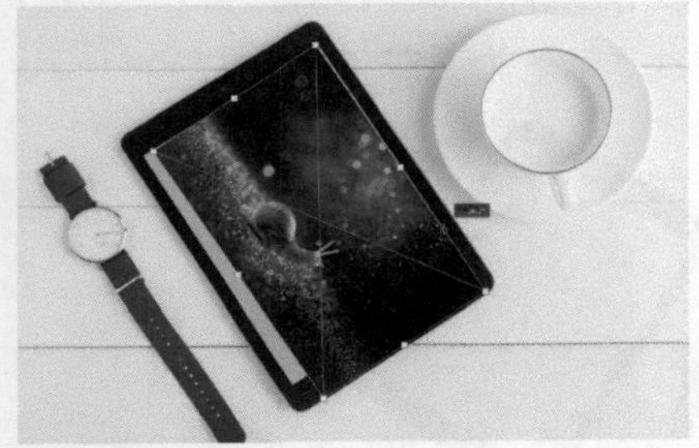

图 1-59

05 旋转图片后，在图像中单击鼠标右键，然后在弹出的快捷菜单中选择“扭曲”命令，如图 1-60 所示。接着，分别调整 4 个角上的控制点，使图片的 4 个角刚好与画面中平板电脑屏幕的 4 个角相吻合，如图 1-61 所示。最后，按 Enter 键完成变换操作，最终效果如图 1-62 所示。

图 1-60

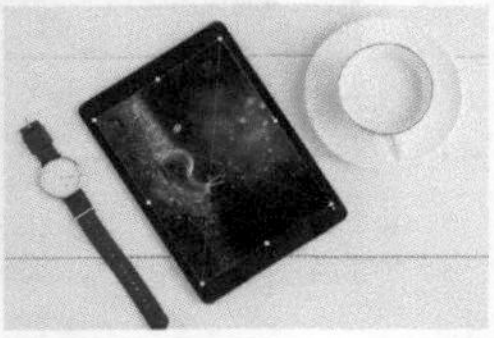

图 1-61

图 1-62

1.4.2 移动工具

命令：“移动工具” **作用**：在单个或多个文件中移动图层、选区中的图像 **快捷键**：V

使用“移动工具”可以在文件中移动图层、选区中的图像，也可以将其他文件中的图像拖曳至当前文件。图1-63所示是“移动工具”的工具属性栏，单击“对齐与分布”按钮，可以显示所有“对齐与分布”的选项按钮。

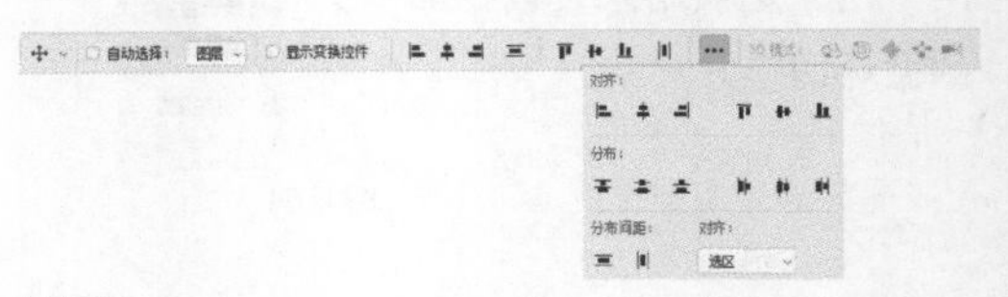

图 1-63

移动工具常用选项介绍

• **自动选择**：如果文件中包含了多个图层或图层组，可在“自动选择”右侧的下拉列表中选择要移动的对象。如果选择“图层”选项，则使用“移动工具”在画布中单击时，可以自动选择移动工具单击处顶层的图层；如果选择“组”选项，则在画布中单击时，可以自动选择移动工具单击处顶层的图层所在的图层组。

• **对齐图层**：如果同时选择了两个或两个以上的图层，单击相应的按钮即可将所选图层对齐，对齐方式包括“左对齐”、“水平居中对齐”、“右对齐”、“顶对齐”、“垂直居中对齐”和“底对齐”。

- **分布图层**：如果选择了3个或3个以上的图层，单击相应的按钮即可让所选图层按一定的规则均匀分布。分布方式包括“按顶分布”、“垂直居中分布”、“按底分布”、“按左分布”、“水平居中分布”和“按右分布”。

- **分布间距**：如果选择了3个或3个以上的图层，则可将“分布间距”设置为“垂直分布”或“水平分布”。

◆ 1. 在一个文件中移动图像

在“图层”面板中选中要移动的对象所在的图层，如图1-64所示。然后在工具箱中选择“移动工具”，接着单击画布，再按住鼠标左键拖曳选中对象，即可移动选中的对象，如图1-65所示。

图1-64

图1-65

◆ 2. 在不同的文件间移动图像

打开两个或两个以上的文件，将鼠标指针放置在画布中，然后使用“移动工具”将选中的图像拖曳到另外一个文件的标题栏上，如图1-66所示。停留片刻后，系统将自动切换至目标文件，接着再将图像移动至画面中，如图1-67所示。释放鼠标，即可将图像移动至相应文件中，同时生成一个新的图层，如图1-68所示。

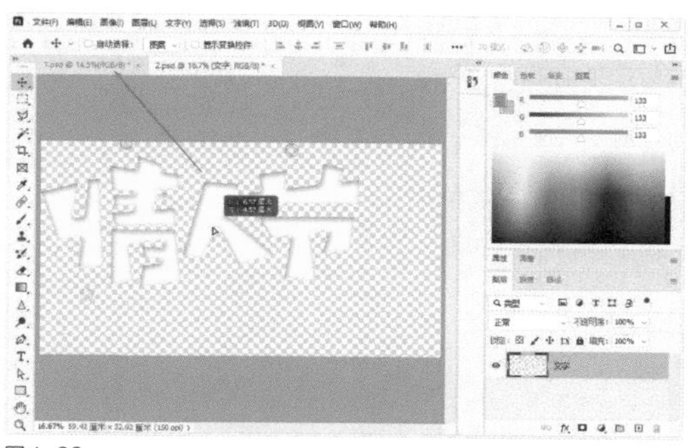

图1-66

图1-67

图1-68

1.4.3 变换

命令：“编辑>变换”菜单命令　**作用**：对图像进行旋转、缩放、斜切、扭曲、透视和变形操作在编辑图像时，可以选择“编辑>变换”菜单命令或按Ctrl+T组合键调出变换框，从而调整图像。使用此菜单命令可以对图像进行旋转、缩放、斜切、扭曲、透视和变形等操作，如图1-69所示。

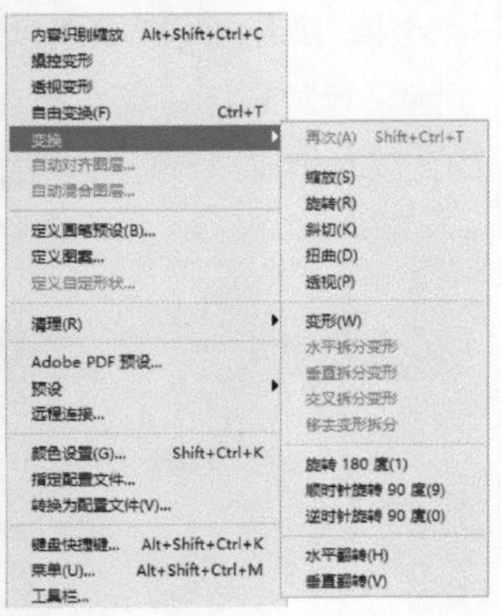

图1-69

◆ 1. 缩放

命令：“编辑>变换>缩放”菜单命令　**作用：**对图像进行缩放

选择“编辑>变换>缩放”菜单命令可以对图像进行缩放。图1-70为原图，选择“编辑>变换>缩放”菜单命令，可以在不按任何快捷键的情况下任意缩放图像，如图1-71所示；如果按住Shift键，可以等比例缩放图像，如图1-72所示；如果按住Shift+Alt组合键，可以以中心点为基准点等比例缩放图像，如图1-73所示。

图1-70

图1-71

图1-72

图1-73

◆ 2. 旋转

命令：“编辑>变换>旋转”菜单命令　**作用：**围绕中心点转动图像

选择“编辑>变换>旋转”菜单命令，可以围绕图像的中心点转动图像。如果不按任何快捷键，可从任意角度旋转图像，如图1-74所示；如果按住Shift键，可以以15°为单位旋转图像，如图1-75所示。

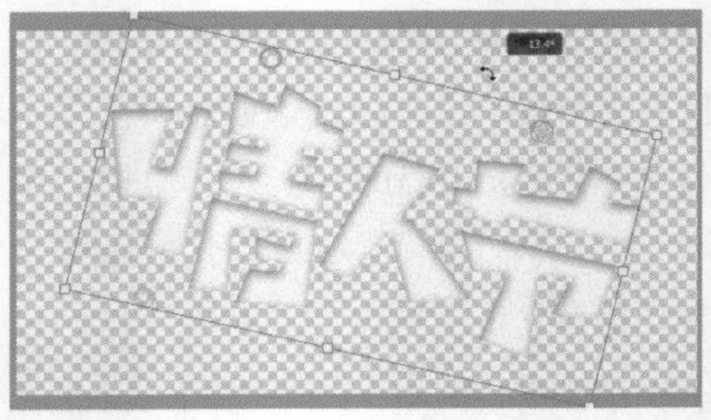
图1-74

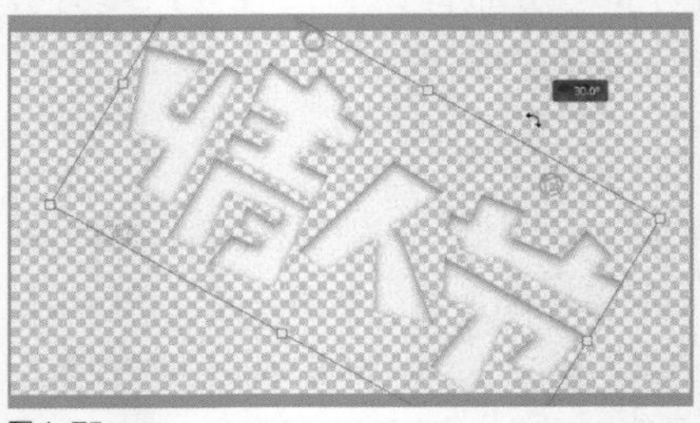
图1-75

◆ 3. 斜切

命令：“编辑>变换>斜切”菜单命令　**作用：**在任意方向上倾斜图像

选择“编辑>变换>斜切”菜单命令，可以在任意方向上倾斜图像，如图1-76所示；如果按住Shift键，则可以在垂直方向或水平方向上倾斜图像。

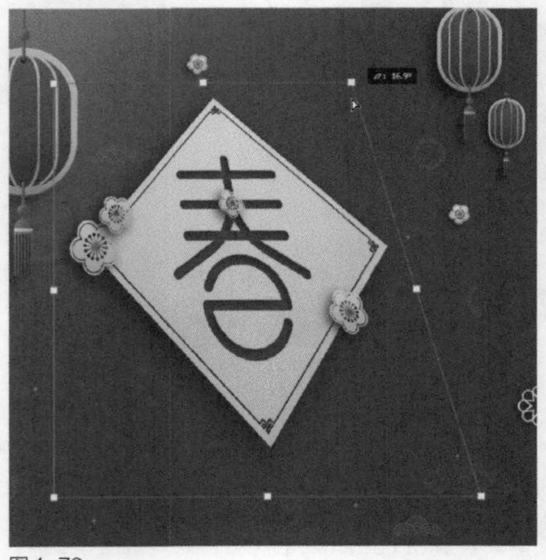
图1-76

◆ 4. 扭曲

命令：“编辑>变换>扭曲”菜单命令 **作用：**在各个方向上扭曲图像

选择“编辑>变换>扭曲”菜单命令，可以在各个方向上扭曲图像，如图1-77所示；如果按住Shift键，则可以在垂直或水平方向上扭曲图像，如图1-78所示。

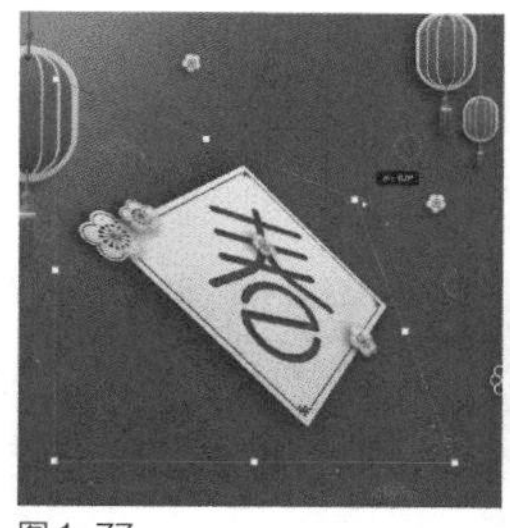
图1-77

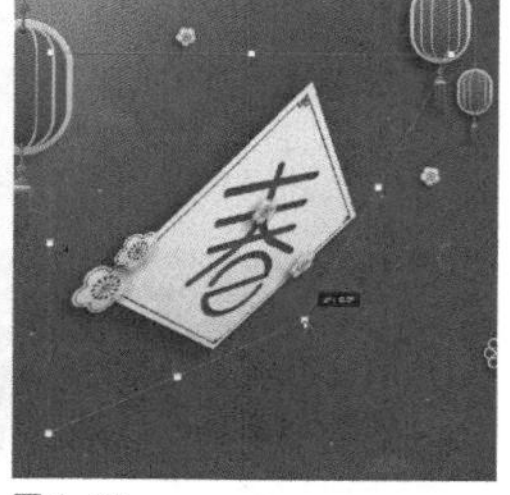
图1-78

◆ 5. 透视

命令：“编辑>变换>透视”菜单命令 **作用：**对图像应用透视变换

选择“编辑>变换>透视”菜单命令，可以对图像应用透视变换。拖曳定界框4个角的控制点，可以在水平或垂直方向上对图像应用透视变换，如图1-79和图1-80所示。

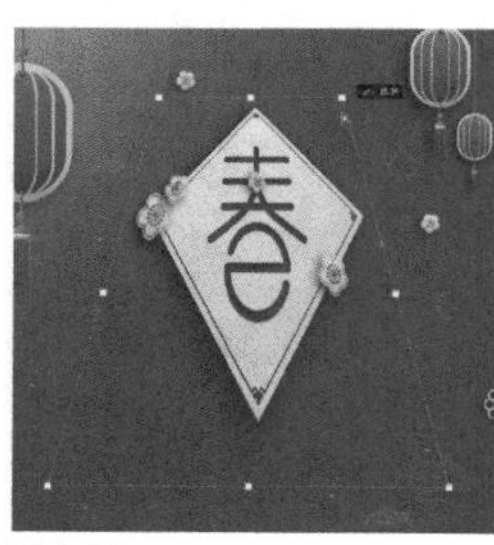
图1-79

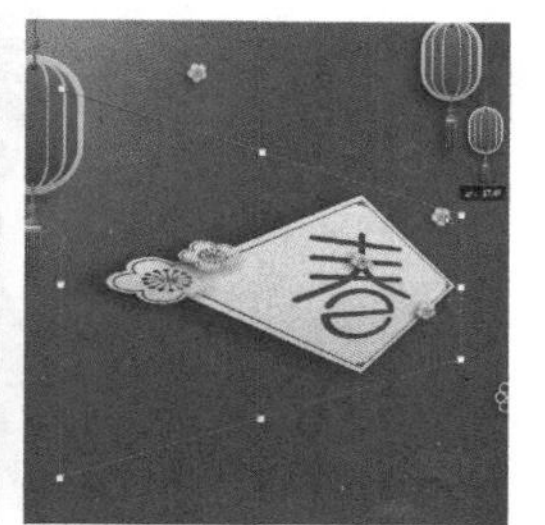
图1-80

◆ 6. 变形

命令：“编辑>变换>变形”菜单命令 **作用：**对图像的局部进行扭曲

选择“编辑>变换>变形”菜单命令，可以对图像的局部进行扭曲。选择该菜单命令时，图像上会出现变形网格和锚点，拖曳锚点或调整锚点的方向线，可对图像进行更加自由和灵活的变形处理，如图1-81所示。

图1-81

◆ 7. 水平 / 垂直翻转

命令：“编辑>变换>水平翻转”“编辑>变换>垂直翻转”菜单命令 **作用：**将图像在水平方向上进行翻转

选择“编辑>变换>水平翻转”菜单命令，可以将图像在水平方向上进行翻转，如图1-82所示。选择“编辑>变换>垂直翻转”菜单命令，则可将图像在垂直方向上进行翻转，如图1-83所示。

图1-82

图1-83

1.5 选区的创建与羽化

要在Photoshop 2020中处理图像的局部效果，需要为图像指定一个有效的编辑区域，这个区域就是选区。

1.5.1 课堂案例：制作一张简单海报

实例位置	实例文件 >CH01> 课堂案例：制作一张简单海报
素材位置	素材文件 >CH01> 跳舞 .jpg、紫色背景 .jpg
视频名称	课堂案例：制作一张简单海报
技术掌握	魔棒工具和羽化命令的用法

本案例主要使用“魔棒工具” 抠出卡通人物的图像，然后将其移至背景图像，再使用“羽化”命令绘制光环效果。

操作步骤

01 选择“文件 > 打开”菜单命令，打开“素材文件 >CH01> 紫色背景 .jpg”文件，如图 1-84 所示。

图 1-84

02 用相同方法打开“素材文件 >CH01> 跳舞 .jpg”文件，然后在工具箱中选择“魔棒工具” ，设置“容差”为 10，接着在灰色背景处单击，创建背景图像选区，如图 1-85 所示。

图 1-85

03 此时，可以看到卡通人物的中间一部分灰色区域未被选中，按住 Shift 键，单击该区域以加选选区，如图 1-86 所示；然后按 Delete 键，删除选区中的图像，效果如图 1-87 所示。

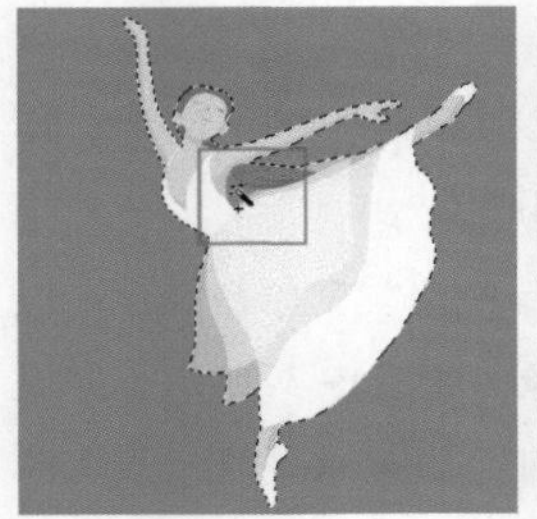
图 1-86

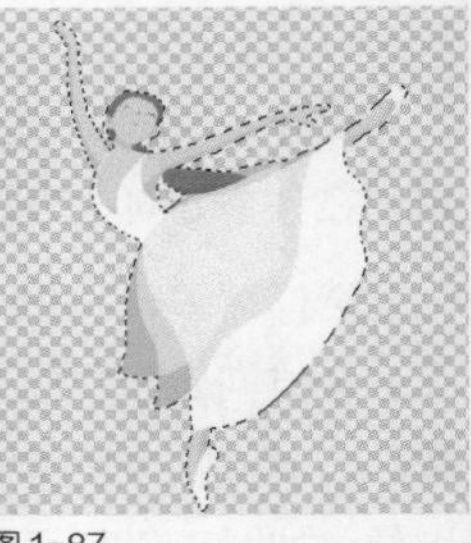
图 1-87

04 按 Ctrl+D 组合键可取消选区。选择“移动工具” ，将抠出的素材拖曳至“紫色背景 .jpg”文件中，如图 1-88 所示。

图 1-88

05 新建一个图层，选择“椭圆选框工具” ，按住鼠标左键并在图像中拖曳，绘制一个圆形选区，如图 1-89 所示。

图 1-89

06 选择“选择 > 修改 > 羽化”菜单命令，设置“羽化半径”为 80 像素，如图 1-90 所示。单击 确定 按钮，将选区填充为白色，并将图层调整至卡通人物图层下方，如图 1-91 所示。

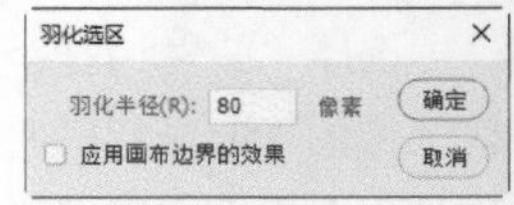

图 1-90

图 1-91

07 选择“选择 > 变换选区”菜单命令，适当缩小选区尺寸，如图 1-92 所示；然后按 Delete 键删除选区中的图像，得到光环效果，如图 1-93 所示。

图 1-92

图 1-93

> 小提示
>
> 直接抠出的人物图像边缘比较生硬，适当羽化可使其效果更加自然。

1.5.2 选框工具

命令：“矩形选框工具”、“椭圆选框工具” **作用：**创建选区并编辑选区内的像素

Photoshop 2020提供了很多用于创建选区的工具，通过这些工具可以快捷地创建出规范的选区，如“矩形选框工具”和“椭圆选框工具”。选择“矩形选框工具”，在图像上按住鼠标左键拖曳鼠标即可创建一个选区，如图1-94所示。按住Shift键的同时，在图像上按住鼠标左键拖曳鼠标即可创建正方形选区，如图1-95所示。“椭圆选框工具”与“矩形选框工具”的使用方法一致。

图 1-94

图 1-95

> 小提示
>
> 在创建完选区以后，如果要移动选区内的图像，可以按 V 键选择“移动工具”，然后将鼠标指针放在选区内；当鼠标指针变成时，拖曳鼠标即可移动选区内的图像，如图 1-96 所示。

图 1-96

1.5.3 套索工具

套索工具主要用于绘制不规则的图像区域，通过该工具可以创建比较复杂的选区，具有较强的手动性。套索工具主要有3种，即“套索工具”、“多边形套索工具”和“磁性套索工具”。

◆ 1. 套索工具

命令：“套索工具” **作用：**自由绘制选区

使用“套索工具”可以非常自由地绘制

形状不规则的选区。选择“套索工具”，在图像上按住鼠标左键，即可拖曳鼠标绘制选区；当松开鼠标左键时，选区自动闭合，如图1-97和图1-98所示。

图1-97

图1-98

> 小提示
>
> 当使用“套索工具”绘制选区时，如果在绘制过程中按住 Alt 键，则松开鼠标左键以后（不松开 Alt 键），Photoshop 2020 会自动切换到“多边形套索工具”。

◆ 2. 多边形套索工具

命令：“多边形套索工具” **作用：**绘制多边形选区

“多边形套索工具”与“套索工具”的使用方法类似。“多边形套索工具”适合用来创建一些转角比较明显的选区，如图1-99所示。

图1-99

> 小提示
>
> 在使用“多边形套索工具”绘制选区时按住 Shift 键，可以在水平方向、垂直方向或 45° 方向上绘制直线。另外，按 Delete 键可以删除最近绘制的直线。

◆ 3. 磁性套索工具

命令：“磁性套索工具” **作用：**自动识别对象的边缘以绘制选区

“磁性套索工具”可以自动识别对象的边缘以绘制选区，特别适合用于快速选择与背景对比强烈且边缘复杂的对象。选择该工具时，其工具属性栏如图1-100所示。其中“宽度”可以用于设置捕捉像素的范围，“对比度”可以用于设置捕捉的灵敏度，“频率”可以用于设置创建定位点的频率。使用“磁性套索工具”时，套索边界会自动对齐图像的边缘，如图1-101所示。当选完比较复杂的边缘后，可以按住Alt键切换至“多边形套索工具”，以选择转角比较明显的边缘部分。

图1-100

图1-101

1.5.4 快速选择工具和魔棒工具

自动选择工具可以通过识别图像中的颜色快速绘制选区，包括“快速选择工具”和“魔棒工具”。

◆ 1. 快速选择工具

命令：“快速选择工具” **作用：**通过调节画笔大小来选择区域

使用“快速选择工具”可以利用可调整的圆形画笔迅速绘制出选区，其工具属性栏如图1-102所示。当拖曳画笔时，选区范围不但会向外扩张，还可以自动寻找并沿着图像的边缘来绘制选区。

图1-102

快速选择工具常用选项介绍

- **新选区**：单击该按钮，可以用画笔创建一个新的选区。
- **添加到选区**：单击该按钮，可以用画笔在原有选区的基础上添加新的选区。
- **从选区减去**：单击该按钮，可以用画笔在原有选区的基础上减去当前绘制的选区。
- **画笔选项**：单击“画笔选项”右侧的按钮，可以在弹出的“画笔选项”面板中设置画笔的大小、硬度、间距、角度和圆度，如图1-103所示。在绘制选区的过程中，可以按“]”键和“[”键增大或减小画笔的大小。

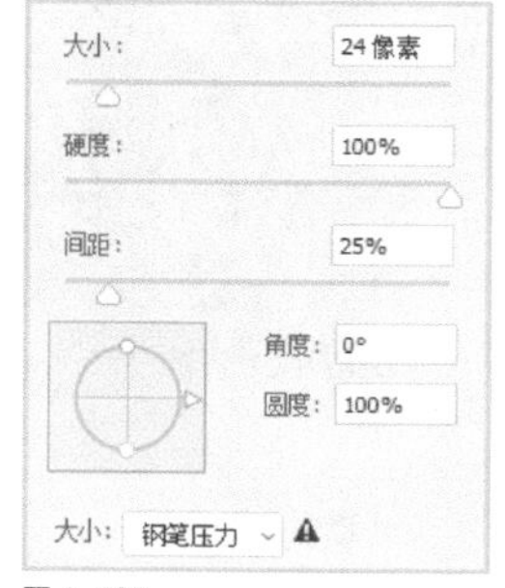

图1-103

◆ 2. 魔棒工具

命令：“魔棒工具” **作用**：通过调整容差来选择区域

“魔棒工具”是一种比较智能的选区工具。使用“魔棒工具”能在一些背景较为单一的图像中快速创建图像选区，因此“魔棒工具”在实际工作中的使用频率相当高，其工具属性栏如图1-104所示。

图1-104

在“魔棒工具”的工具属性栏中，容差是影响“魔棒工具”功能的重要选项，其取值范围为0~255。容差越低，对像素相似程度的要求越高，所选颜色的范围就越小，图1-105所示为容差为6时的选区效果。容差越高，对像素相似程度的要求越低，所选颜色的范围就越广，图1-106所示为容差为30时的选区效果。

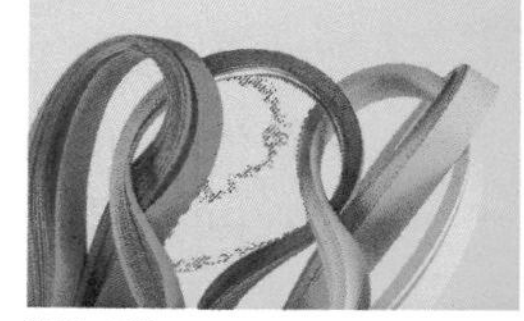

图1-105

图1-106

1.5.5 羽化选区

命令：“选择>修改>羽化”菜单命令 **作用**：通过建立选区和选区周围像素之间的转换边界来模糊边缘 **快捷键**：Shift+F6

羽化选区，即通过建立选区和选区周围像素之间的转换边界来柔化边缘，羽化半径的大小决定了羽化效果的强弱。先使用“磁性套索工具”或其他选区工具创建选区，然后选择“选择>修改>羽化”菜单命令或按Shift+F6组合键，在弹出的“羽化选区”对话框中定义选区的羽化半径，如图1-107所示；接着按Ctrl+J组合键，复制选区内的图像，羽化后的效果如图1-108所示。

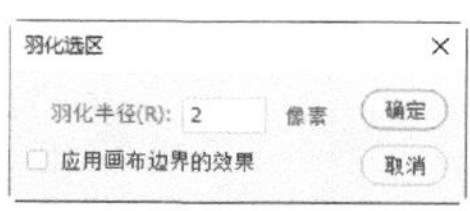

图1-107

图1-108

小提示

如果选区较小，而羽化半径又设置得很大，那么Photoshop 2020会弹出一个警告对话框，如图1-109所示。单击 确定 按钮，表示应用当前设置的羽化半径。此时选区可能会变得非常模糊，甚至可能在画面中观察不到，但是选区仍然存在。

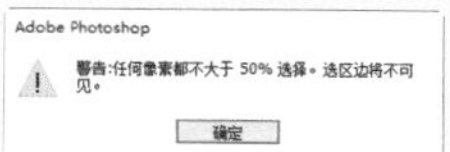

图1-109

1.6 绘画与图像修饰

使用Photoshop 2020的绘画工具、修饰工具不仅能够绘制插画，还能轻松地对有缺陷的图片进行美化处理。Photoshop 2020中的常用绘画工具和修饰工具包括“画笔工具”、“污点修复画笔工具”、“修复画笔工具”、“修补工具”、“内容感知移动工具”和“红眼工具”等。

1.6.1 课堂案例：美化人物皮肤

实例位置	实例文件 >CH01> 课堂案例：美化人物皮肤 .psd
素材位置	素材文件 >CH01> 模特 .jpg
视频名称	课堂案例：美化人物皮肤
技术掌握	修复画笔工具和减淡工具的操作

在自然拍摄的照片中，人物的脸部皮肤通常比较粗糙，因此需要使用一些简单的工具对其进行美化。

操作步骤

01 打开“素材文件 >CH01> 模特 .jpg”文件，如图 1-110 所示。按 Ctrl+J 组合键，复制一个图层，选择“污点修复画笔工具”，在人物面部斑点的部分单击，效果如图 1-111 所示。

图 1-110

图 1-111

02 选择“磁性套索工具”，在人物皮肤处多次单击，创建除五官外的皮肤选区，如图 1-112 所示。接着选择“选择 > 修改 > 羽化”菜单命令，设置“羽化半径”为 4 像素，再选择“滤镜 > 模糊 > 表面模糊”菜单命令，打开“表面模糊”对话框，参数设置如图 1-113 所示。单击 确定 按钮并取消选区后，得到的效果如图 1-114 所示。

图 1-112

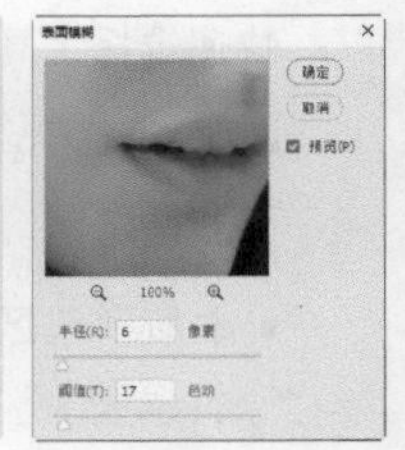

图 1-113

图 1-114

> 小提示
>
> 使用“表面模糊”滤镜可以让皮肤显得更加光滑、细腻，但是其半径数值不宜设置得过大，否则会使皮肤失去质感。

03 若人物的皮肤比较暗淡，可以用“减淡工具”在人物的脸部涂抹，提亮色调，效果如图 1-115 所示。

图 1-115

04 选择“海绵工具”，使用该工具在人物嘴唇上涂抹，以提高色彩饱和度，效果如图 1-116 所示。

图1-116

小提示

“海绵工具” 可以精确地改变图像局部的色彩饱和度，用户可选择降低饱和度（去色）或增加饱和度（加色），流量越大效果越明显，启用喷枪样式可在一处持续产生效果。注意，如果使用该工具在灰度模式（不是RGB模式中的灰度）的图像中操作，将会产生提高或降低灰度对比度的效果。

1.6.2 画笔工具

使用“画笔工具” ，可以用前景色绘制各种线条，同时可利用它来修改通道和蒙版。“画笔工具” 是使用频率较高的工具之一，其工具属性栏如图1-117所示。

图1-117

画笔工具选项介绍

- **画笔预设选取器：** 单击属性栏左侧第2个按钮，打开“画笔预设”选取器，在这里可以选择画笔类型，设置画笔的大小和硬度等。

- **切换“画笔设置”面板** ：单击该按钮，可以打开“画笔设置”面板。

- **模式：** 可用于设置绘画颜色与现有像素的混合方法，图1-118和图1-119所示分别为使用“正常”模式和“溶解”模式绘制时的笔迹效果。

- **不透明度：** 设置绘制出的颜色的不透明度。所设置的数值越大，笔迹的不透明度越高，图1-120所示为不透明度为100%时的绘制效果；数值越小，笔迹的不透明度越低，图1-121所示为不透明度为50%时的绘制效果。

图1-118

图1-119

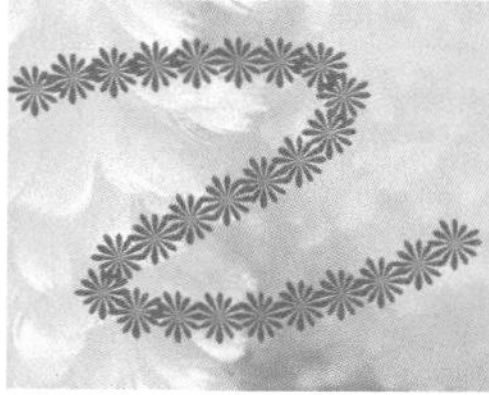
图1-120

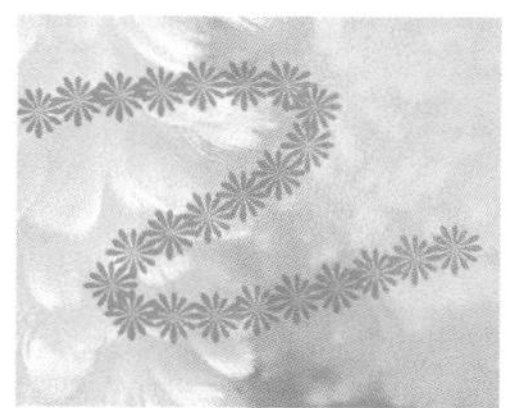
图1-121

- **流量：** 流量为将鼠标指针移到某个区域上方时，应用颜色的速率。在某个区域上方进行绘画操作时，如果一直按住鼠标左键，应用的颜色量就将根据流动速率增大，直至达到设置的不透明度。例如，如果将不透明度和流量都设置为10%，则鼠标指针每次移到某个区域上方时，应用的颜色就会以10%的比例接近画笔颜色，除非释放鼠标左键，并再次在该区域上方进行绘画操作，否则颜色的不透明度不会超过10%。

- **启用喷枪样式的建立效果** ：单击该按钮后，可以启用“喷枪”功能，此时Photoshop 2020会根据单击次数来确定画笔笔迹的填充数量。例如，关闭“喷枪”功能时，每单击一次就会绘制一个笔迹，如图1-122所示；而启用“喷枪”功能后，按住鼠标左键不放，即可持续绘制笔迹，如图1-123所示。

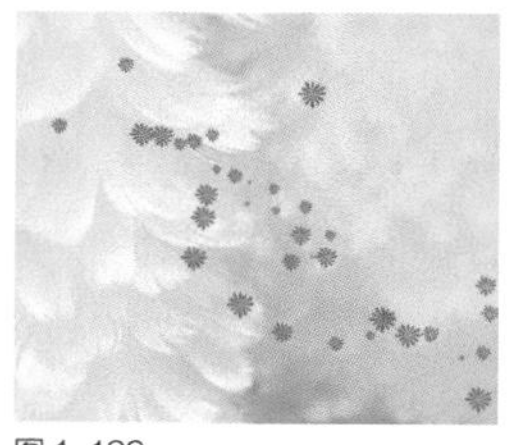
图1-122

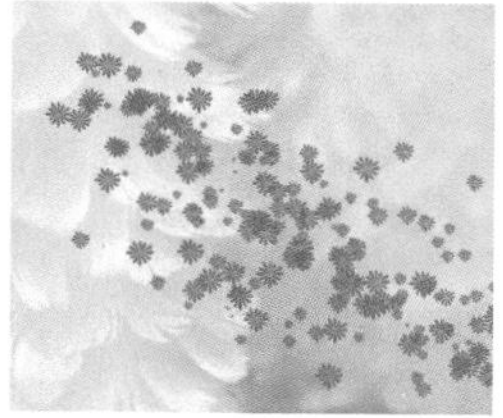
图1-123

在认识其他绘画工具及修饰工具之前，用户需要对“画笔设置”面板有所了解。“画笔设置”面板是非常重要的面板，可以在此设置绘画工具、修饰工具的笔刷种类、画笔大小和硬度等属性。

打开“画笔设置”面板的方法主要有以下4种。

第1种：在工具箱中选择“画笔工具”，然后在其工具属性栏中单击“切换画笔设置面板”按钮。

第2种：选择“窗口>画笔”菜单命令。

第3种：直接按F5键。

第4种：在“画笔预设”面板中单击“切换画笔设置面板”按钮。

打开的“画笔设置”面板如图1-124所示。

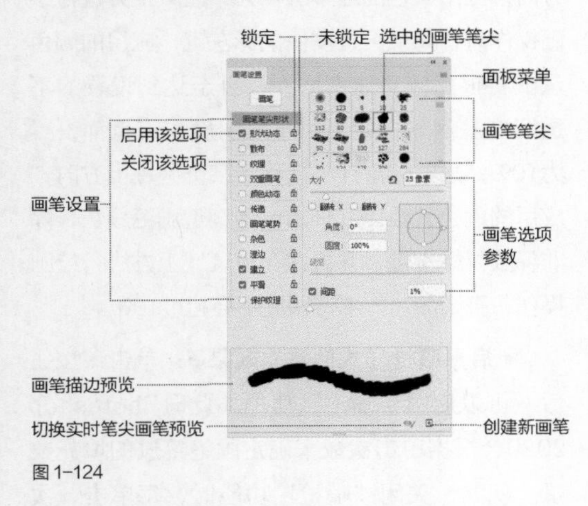

图1-124

“画笔设置”面板选项介绍

- 画笔：单击该按钮，可打开“画笔”面板。
- **画笔设置**：单击其中的画笔设置选项，可以切换到与该选项相对应的面板。
- **启用/关闭选项**：处于选中状态的选项处于启用状态，处于取消选中状态的选项处于关闭状态。
- **锁定/未锁定**：图标代表该选项处于锁定状态，图标代表该选项处于未锁定状态；锁定状态与未锁定状态可以相互切换。
- **选中的画笔笔尖**：显示处于选中状态的画笔笔尖。
- **画笔笔尖**：显示Photoshop 2020所提供的预设画笔笔尖。
- **面板菜单**：单击按钮，可以打开“画笔设置”面板菜单。
- **画笔选项参数**：用来设置画笔的相关参数。
- **画笔描边预览**：选择一个画笔后，可以在预览框中预览该画笔的外观形状。
- **切换实时笔尖画笔预览**：使用毛刷笔尖时，会在画布中实时显示笔尖的形状。
- **创建新画笔**：将当前设置的画笔保存为一个新的预设画笔。

1.6.3 图像修复工具

在通常情况下拍摄的数码照片容易出现各种缺陷，Photoshop 2020的图像修复工具可以修复带有缺陷的照片。图像修复工具包括“污点修复画笔工具”、“修复画笔工具”、“修补工具”和“红眼工具”等。

◆ 1. 污点修复画笔工具

命令：“污点修复画笔工具” **作用**：自动从所修饰区域的周围取样进行修复

“污点修复画笔工具”不需要设置取样点，因为它可以自动从所修饰区域的周围进行取样，将需要修复的区域与图像自身进行匹配，从而快速修复污点，其工具属性栏如图1-125所示。打开需要修复的图像，如图1-126所示，选择“污点修复画笔工具”，设置合适的画笔大小，单击图像中有瑕疵的地方。修复后的效果如图1-127所示。

图1-125

图1-126

图1-127

◆ 2. 修复画笔工具

命令：“修复画笔工具” **作用：**自定义源点修复图像

“修复画笔工具” 既可以校正图像中的瑕疵，也可以用图像中的像素作为样本进行绘制，将样本像素的纹理、光照、透明度和阴影与所修复的像素进行匹配，从而使修复后的像素能不留痕迹地融入图像的其他部分。其工具属性栏如图1-128所示。

图1-128

修复画笔工具选项介绍

● **源：**设置用于修复的像素的源。选择“取样”选项时，可以使用当前图像的像素来修复图像；选择“图案”选项时，可以使用某个图案作为取样点。

● **对齐：**选中该复选框后，可以连续对像素进行取样，即使释放鼠标也不会丢失当前的取样点；取消选中“对齐”复选框后，则会在每次停止并重新开始绘制时，使用初始取样点中的样本像素。

选中需要修复的图像，选择“修复画笔工具” ，然后按住Alt键，同时单击右下角的日期区域周围的图像进行取样，如图1-129所示。接着在需要修复的日期区域中，按住鼠标左键进行拖曳，如图1-130所示。通过多次取样进行修复操作后，效果如图1-131所示。

图1-129

图1-130

图1-131

◆ 3. 修补工具

命令：“修补工具” **作用：**用图像中的其他区域修补画面

通过“修补工具” ，可以用图像中的其他区域修补不理想的区域，也可以用图案来修补画面，其工具属性栏如图1-132所示。

图1-132

打开需要修补的图像，选择“修补工具” ，为图像中需要修补的部分创建选区，如图1-133所示；然后将选区移动到干净的区域，重复刚才的操作直至图像被完全修补，效果如图1-134所示。

图1-133

图1-134

◆ 4. 红眼工具

命令：“红眼工具” **作用：**修复闪光灯导致的红眼

使用“红眼工具” 可以快速修复人物照片中由闪光灯造成的红眼，如图1-135所示。选择“红眼工具” ，单击照片中人物的红眼区域即可，如图1-136所示。

图1-135

图1-136

1.6.4 仿制图章工具

命令：“仿制图章工具” **作用：**将图像的一部分绘制到同一图像的另一个位置上

“仿制图章工具” 和“修复画笔工具” 的使用方法类似。可以先将图像的一部分绘制到同一图像的另一个位置，或绘制到具有相同颜色模式的任何一个打开的图像上，也可以将一个图层的一部分绘制到另一个图层上。“仿制图章工具” 对复制对象或修复图像中的缺陷非常有用，其工具属性栏如图1-137所示。

图1-137

仿制图章工具选项介绍

- **切换仿制源面板** ：打开或关闭“仿制源”面板。
- **对齐：**选中该复选框后，可以连续对像素进行取样，即使释放鼠标也不会丢失当前取样点。

> 小提示
>
> 如果取消选中“对齐”复选框，则每次停止并重新开始绘制时，使用的是初始取样点中的样本像素。

- **样本：**从指定的图层中进行取样。

1.6.5 橡皮擦工具

命令：“橡皮擦工具” **作用：**擦除图像

使用“橡皮擦工具” 可以将像素更改为背景色或透明，其工具属性栏如图1-138所示。如果使用该工具在“背景”图层或锁定了透明像素的图层中进行擦除，则擦除的像素将变成背景色，如图1-139所示。如果使用该工具在普通图层中进行擦除，则擦除的像素将变成透明，如图1-140所示。

图1-138

图1-139

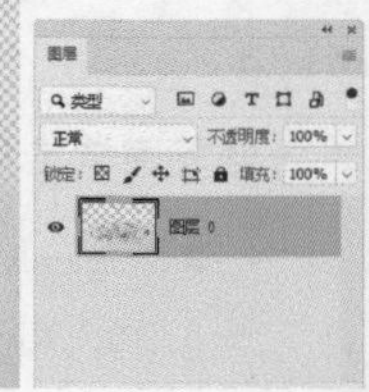

图1-140

1.6.6 渐变工具

命令：“渐变工具” **作用：**创建多种颜色渐变效果

使用“渐变工具” 可以在整个图像或选区内填充渐变色，并且可以创建多种颜色混合的效果，其工具属性栏如图1-141所示。“渐变工具” 的应用非常广泛，不仅可用于填充图像，还可用于填充图层蒙版、快速蒙版和通道等。

图1-141

渐变工具选项介绍

- **编辑渐变色** ：显示了当前的渐变颜色，单击右侧的按钮，可以打开“渐变拾色器”面板，并在其中选择预设的渐变色，如图1-142所示。如果直接单击“点按可编辑渐变”按钮 ，则会弹出“渐变编辑器”对话框，在该对话框中可以编辑渐变颜色或保存渐变颜色，如图1-143所示。

图1-142

图1-143

- **渐变类型**：单击“线性渐变”按钮 ，可以以直线方式创建从起点到终点的渐变，如图1-144所示；单击“径向渐变”按钮 ，可以以圆形方式创建从起点到终点的渐变，如图1-145所示；单击“角度渐变”按钮 ，可以围绕起点从逆时针方向产生渐变，如图1-146所示；单击“对称渐变”按钮 ，可以使用均衡的线性渐变在起点的任意一侧创建渐变，如图1-147所示；单击“菱形渐变”按钮 ，可以以菱形方式从起点向外产生渐变，终点为菱形的一个角，如图1-148所示。

图1-144

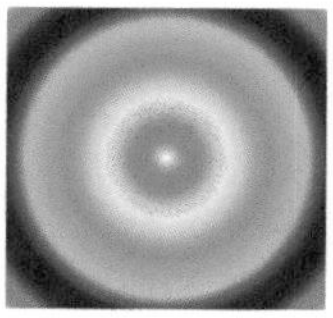

图1-145

图1-146

图1-147

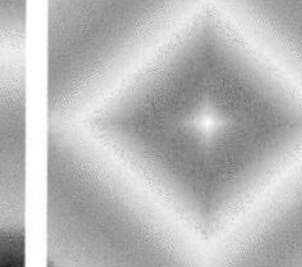
图1-148

- **模式**：用来设置应用渐变时的混合模式。
- **不透明度**：用来设置渐变效果的不透明度。
- **反向**：用来转换渐变条中的颜色顺序，得到反向的渐变效果。
- **仿色**：选中该复选框时，可以使渐变效果更加平滑，主要用于防止打印时出现条带化现象，但该效果在计算机屏幕上并不能明显地体现出来。
- **透明区域**：选中该复选框可创建透明渐变；取消选中只能创建实色渐变。

1.6.7 减淡工具和加深工具

命令：“减淡工具” 和“加深工具”

作用：对图像进行减淡/加深处理

使用“减淡工具” 和“加深工具” 可以对图像局部进行减淡/加深处理。

◆ 1. 减淡工具

使用“减淡工具” 可以对图像进行减淡处理，即通过提高图像的亮度来校正曝光度，其工具属性栏如图1-149所示。使用“减淡工具” 在某个区域上方绘制的次数越多，该区域就会变得越亮。图1-150所示为原图，使用“减淡工具” 进行处理后，效果如图1-151所示。

图1-149

图1-150

图1-151

◆ 2. 加深工具

“加深工具” 和“减淡工具” 的原理

相同，但效果相反。“加深工具” 可以降低图像的亮度，通过压暗图像来校正图像的曝光度，其工具属性栏如图1-152所示。使用“加深工具” 在某个区域上方绘制的次数越多，该区域就会变得越暗。

范围：中间调　曝光度：50%　保护色调

图 1-152

1.7 调色

现代平面广告设计由色彩、图形和文案三大要素组成，而图形和文案都离不开色彩。色彩在平面广告中有着特殊的诉求力，甚至从某种意义来说，它是第一位的。本节主要介绍Photoshop 2020中与调色有关的命令，以及怎样调出能吸引眼球的色调。

1.7.1 课堂案例：调出唯美黄昏色调

实例位置	实例文件 >CH01> 课堂案例：调出唯美黄昏色调 .psd
素材位置	素材文件 >CH01> 小女孩 .jpg
视频名称	课堂案例：调出唯美黄昏色调
技术掌握	练习色相 / 饱和度、可选颜色和曲线的操作

本案例要求图像达到一个温暖的黄色调效果，对颜色饱和度要求较高，使用“色相/饱和度”“曲线”等命令能够达到这样的效果。在实际工作中，我们经常需要根据客户要求或产品性质，将画面色调设计成黄色、粉色或蓝色等。通过对本案例的学习，读者可以举一反三，调出任意一种想要的色调。

操作步骤

01 打开“素材文件 >CH01> 小女孩 .jpg”文件，如图 1-153 所示。

图 1-153

02 由于图像的整体颜色偏绿，因此需要减少画面中的绿色。在“图层”面板下方单击“创建新的填充或调整图层”按钮 ，在弹出的下拉列表中选择“可选颜色”命令，切换至“属性”面板，选择“黄色”进行调整，减少青色、增加黄色，效果如图 1-154 所示。

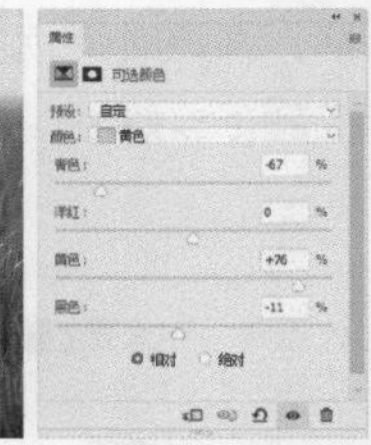

图 1-154

03 为了让画面更加通透、明亮，可以用“曲线”命令进行调整。创建一个“曲线”调整图层，然后在“属性”面板中为曲线添加节点，并向上拖曳，如图 1-155 所示。

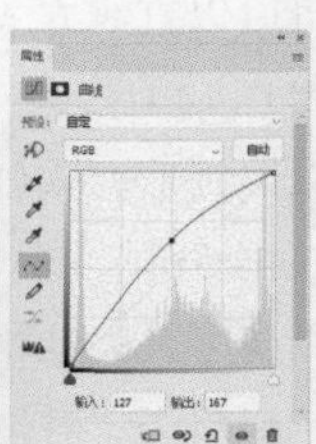

图 1-155

04 创建一个“色相 / 饱和度”调整图层，选择“黄色”进行调整，适当调整色相，增加其饱和度，如图 1-156 所示。

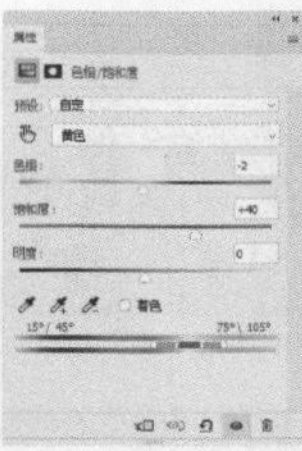

图 1-156

05 经过调整后，我们可以看到小女孩四肢的颜色较暗，此时可以选择“套索工具” ，在工具属性栏中设置“羽化”为 10 像素，然后为手部和腿部创建选区，如图1-157所示。

图1-157

06 创建一个“曲线”调整图层，然后在“属性”面板中添加两个节点以调整曲线，完成图像色调的调整，效果如图1-158所示。

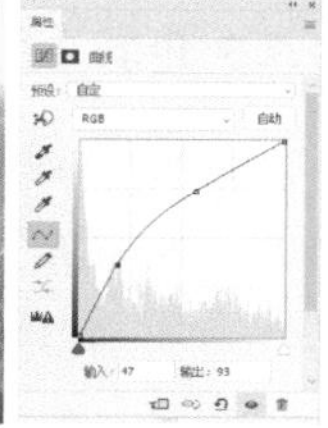

图1-158

1.7.2 色阶

命令：“图像>调整>色阶”菜单命令 **作用：**调整图像的阴影、中间调和高光 **快捷键：**Ctrl+L

“色阶”命令是一个非常强大的颜色与色调调整工具，它可用于对图像的阴影、中间调和高光等进行调整，从而校正图像的色调范围，达到色彩平衡的效果。此外，“色阶”命令还可以用来分别对各个通道进行调整，以校正图像的色彩。打开一张图像，如图1-159所示；选择“图像>调整>色阶”菜单命令或按Ctrl+L组合键，打开“色阶”对话框，如图1-160所示；移动“色阶”对话框中的滑块来增强明暗对比，效果如图1-161所示。

图1-159

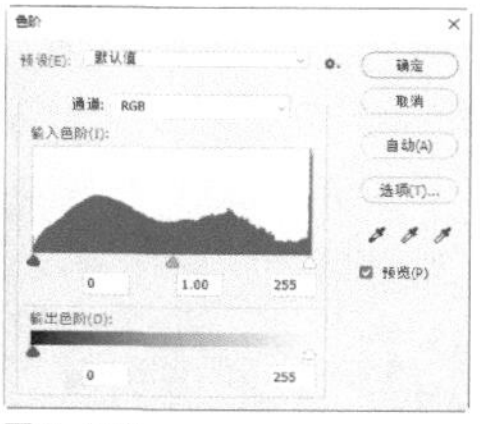

图1-160

图1-161

1.7.3 曲线

命令：“图像>调整>曲线”菜单命令 **作用：**对图像的色调进行精确的调整 **快捷键：**Ctrl+M

“曲线”命令是功能非常强大和重要的调整命令，也是在实际工作中使用频率很高的调整命令。“曲线”命令同时具备“亮度/对比度”“阈值”“色阶”等命令的功能。通过调整曲线的形状，可以对图像的色调进行精确的调整。打开一张图像，如图1-162所示；选择“图像>调整>曲线”菜单命令或按Ctrl+M组合键，打开“曲线”对话框，如图1-163所示；拖曳曲线进行调整，效果如图1-164所示。

图1-162

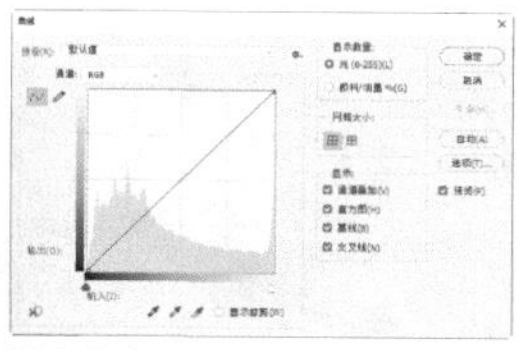

图1-163

图1-164

1.7.4 色相/饱和度

命令：“图像>调整>色相/饱和度”菜单命令 **作用：**调整图像的色相、饱和度和明度 **快捷键：**Ctrl+U

使用“色相/饱和度”命令可以调整整个图像或选区内图像的色相、饱和度和明度，同时还可以对单个通道进行调整。该命令是实际工作中使用频率很高的调整命令。打开一张图像，如图1-165所示；选择“图像>调整>色相/饱和度”菜单命令或按Ctrl+U组合键，打开“色相/饱和度”对话框，如图1-166所示；在“色相/饱和度”对话框中调整各项参数，效果如图1-167所示。

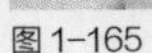

图1-165

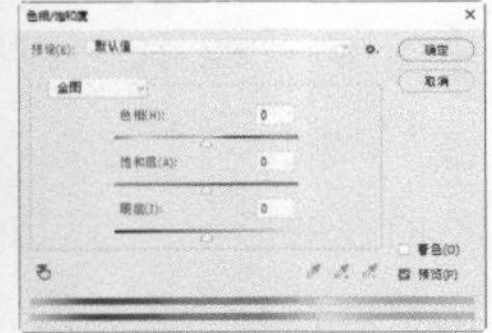

图1-166

图1-167

- **全图：**选择“全图”时，色彩调整针对整个图像，也可以为要调整的颜色选取一个预设颜色范围。
- **色相：**用于调整图像的色彩倾向，拖曳滑块或直接在对应的文本框中输入数值即可进行调整。
- **饱和度：**用于调整图像中像素的颜色饱和度，数值越高颜色越浓，反之则越淡。
- **明度：**用于调整图像中像素的明暗程度，数值越高图像越亮，反之则越暗。
- **着色：**该复选框被选中时，可以消除图像中的黑白或彩色元素，将图像转变为单色调。

1.7.5 色彩平衡

命令：“图像>调整>色彩平衡”菜单命令 **作用：**控制图像的颜色分布，使图像整体达到色彩平衡 **快捷键：**Ctrl+B

使用“色彩平衡”命令可以校正图像的偏色。同时，我们也可以根据自己的喜好和制作需要，通过“色彩平衡”命令调制需要的颜色，以便获得更好的画面效果。打开一张图像，如图1-168所示；选择“图像>调整>色彩平衡”菜单命令或按Ctrl+B组合键，打开“色彩平衡”对话框，如图1-169所示。

图1-168

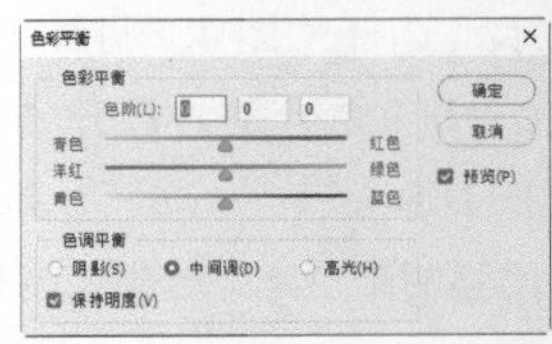

图1-169

通过调整“青色-红色”“洋红-绿色”“黄色-蓝色”在图像中所占的比例更改图像颜色，可以手动输入数值，也可以通过拖曳滑块进行调整。例如，向右拖曳“黄色-蓝色”滑块，可以在图像中增加蓝色，同时减少其补色黄色，如图1-170所示；向右拖曳“青色-红色”滑块，可以在图像中增加红色，同时减少其补色青色，如图1-171所示。

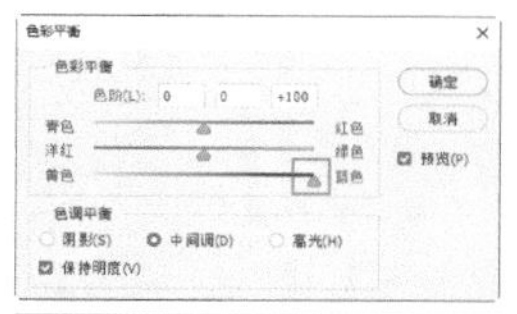

图1-170

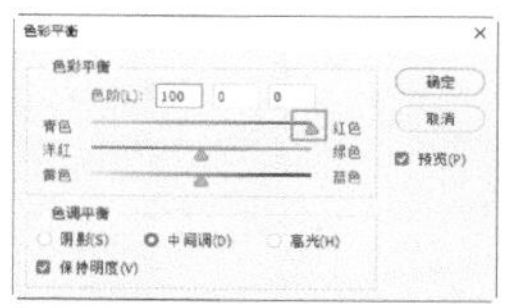

图1-171

1.7.6 照片滤镜

命令：“图像>调整>照片滤镜”菜单命令

作用：实现图像的各种特殊效果

使用“照片滤镜”命令可以模仿在相机镜头前添加彩色滤镜的效果，以便调整通过镜头传输的光的色彩平衡、色温和胶片曝光。可使用“照片滤镜”选取一种颜色，并将其色相调整应用到图像中。

打开一张图像，如图1-172所示；选择“图像>调整>照片滤镜”菜单命令，打开“照片滤镜”对话框，在“滤镜”下拉列表中选择一种预设的效果应用到图像中，如图1-173所示；单击确定按钮，得到的图像效果如图1-174所示。如果要自己设置滤镜的颜色，可以选中“颜色”单选项，然后重新选择颜色。

图1-172

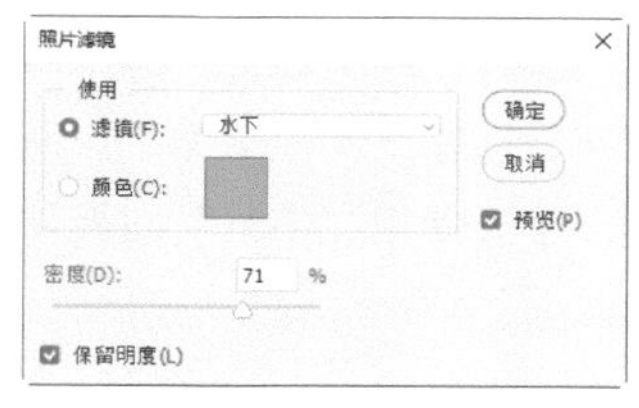

图1-173

图1-174

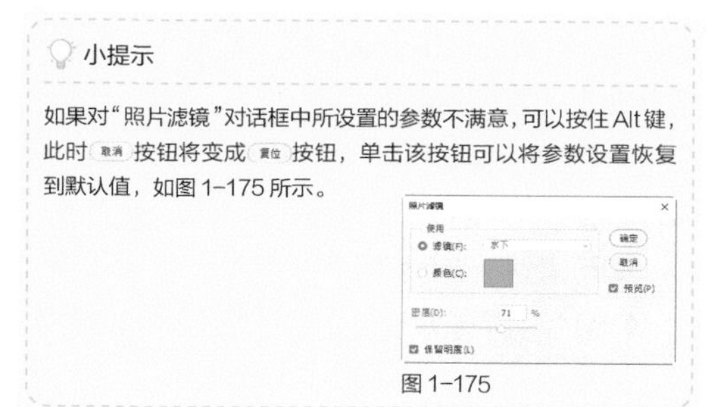

小提示

如果对“照片滤镜”对话框中所设置的参数不满意，可以按住Alt键，此时取消按钮将变成复位按钮，单击该按钮可以将参数设置恢复到默认值，如图1-175所示。

图1-175

1.8 文字与路径

文字在平面设计中有着非常重要的地位，它不仅可以传达与作品相关的讯息，还可以起到美化版面、强化主体的作用。Photoshop 2020中的文字由基于矢量的文字轮廓组成，可以用于表现字母、数字和符号。同时，文字与路径相结合，能够产生极具创意的文字效果。

1.8.1 课堂案例：制作网店促销文字

实例位置	实例文件 >CH01> 课堂案例：制作网店促销文字 .psd
素材位置	素材文件 >CH01> 绿叶 .psd
视频名称	课堂案例：制作网店促销文字
技术掌握	文字工具和钢笔工具的使用方法

本案例制作的是网店促销文字，制作时不仅输入了单个文字，还输入了段落文字。通过本案例，读者可以学会使用“字符”面板和“段落”面板的方法。

操作步骤

01 新建一个图像文件，选择“渐变工具”，单击工具属性栏中的按钮，打开“渐变编辑器”对话框，设置渐变颜色为从淡绿色（R:212，G:247，B:236）到白色，如图1-176所示。

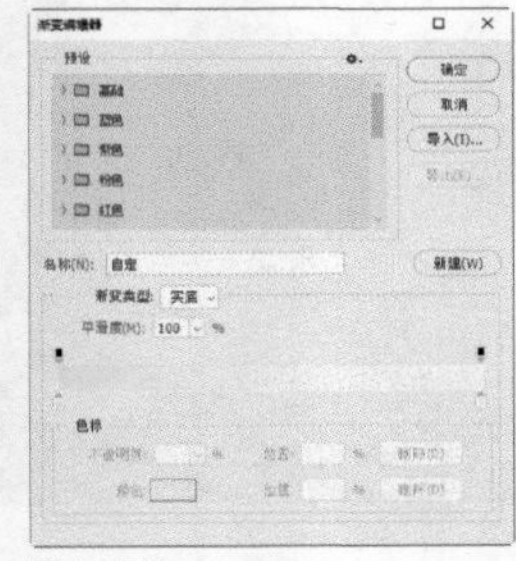

图 1-176

02 在工具属性栏中设置渐变方式为“径向渐变”，然后在图像中间按住鼠标左键向外拖曳，即可得到渐变色背景，如图1-177所示。

图 1-177

03 选择“矩形工具”，在工具属性栏中设置工具模式为“形状”，“描边”为墨绿色（R:55，G:84，B:80），描边大小为3.22像素，如图1-178所示；然后在图像中绘制一个矩形，如图1-179所示。

04 选择“横排文字工具”，在工具属性栏中设置字体为“华文中宋”，颜色为墨绿色（R:55，G:84，B:80），然后分别输入单个文字，调整为不同大小，排列成图1-180所示的样式。

图 1-178

图 1-179

图 1-180

05 在“图层”面板中选中“初”图层，按住Ctrl键，单击文字图层，创建文字选区，如图1-181所示。

图 1-181

06 选择“矩形选框工具”，单击工具属性栏中的“从选区减去”按钮，在文字上下分别绘制两个矩形选区，如图1-182所示；减去部分选区，效果如图1-183所示。

图 1-182

图 1-183

07 新建一个图层，设置前景色为翠绿色，按 Alt+Delete 组合键填充选区，得到部分“初”字的填充效果，如图 1-184 所示。

08 使用相同的方法，分别选中其他几个文字，创建文字选区，减去相应选区，填充颜色，得到图 1-185 所示的效果。

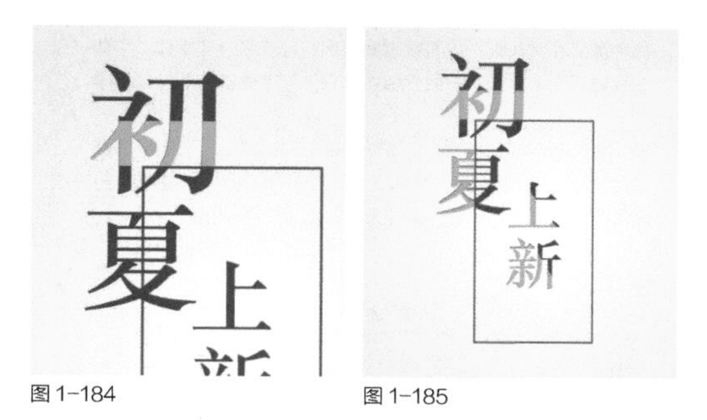

图 1-184　　图 1-185

> 小提示
>
> 除了可以使用“矩形选框工具” 在文字中绘制选区外，还可以使用“多边形套索工具” 在文字中绘制三角形选区，从而得到不同的填充效果。

09 选择“横排文字工具” ，在“夏”字下方输入文字“2020”，然后打开“字符”面板，设置字体为“Bodoni Bd BT”，其他参数设置如图 1-186 所示，得到的文字效果如图 1-187 所示。

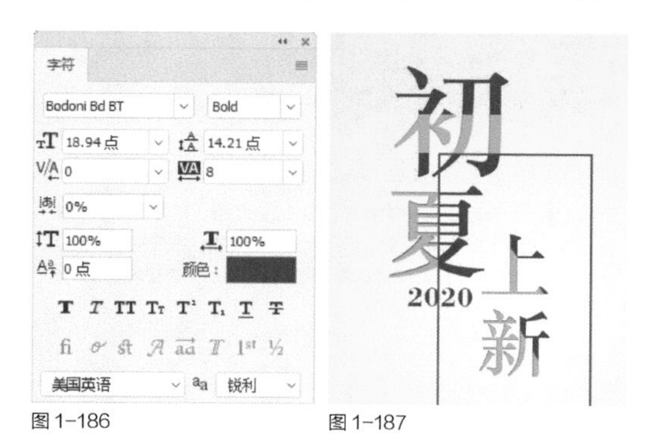

图 1-186　　图 1-187

10 在“2020”的下方继续输入其他文字，适当调整文字大小，效果如图 1-188 所示。

11 新建一个图层，选择“矩形选框工具” ，在文字下方绘制两个矩形选区，并将其填充为墨绿色（R:55，G:84，B:80），效果如图 1-189 所示。

图 1-188

图 1-189

12 选择“直排文字工具” ，在较大的矩形中输入一行文字，将其填充为白色，然后创建一个文本框，输入一段竖排段落文字，效果如图 1-190 所示。

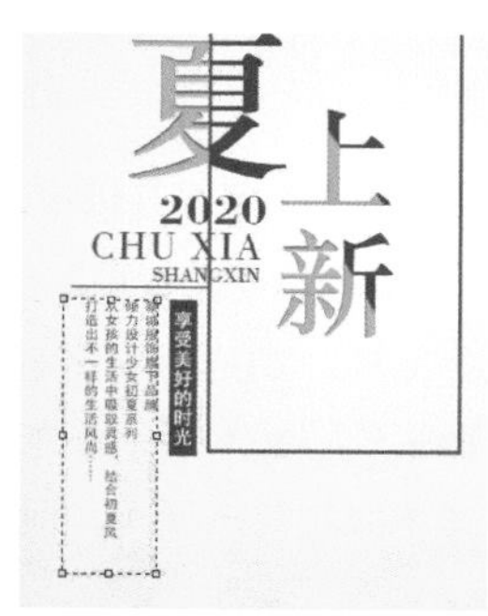

图 1-190

13 打开“素材文件 >CH01> 绿叶 .psd”文件，使用“移动工具” 分别将素材图像拖曳至当前编辑的图像中，并参照图 1-191 所示的方式进行排列，完成本案例的制作。

图 1-191

1.8.2 文字工具

Photoshop 2020提供了两种输入文字的工具，分别是“横排文字工具” T.和“直排文字工具” IT.。“横排文字工具” T.可以用来输入横向排列的文字，“直排文字工具” IT.可以用来输入竖向排列的文字。

下面以“横排文字工具” T.为例，讲解文字工具的参数选项。在“横排文字工具” T.的工具属性栏中，可以设置字体的系列、样式、大小、颜色和对齐方式等，如图1-192所示。

图1-192

横排文字工具选项介绍

● **切换文本取向** IT：如果当前使用“横排文字工具” T.进行文字输入，如图1-193所示，那么选中文本后，在工具属性栏中单击“切换文本取向”按钮 IT，即可将横向排列的文字更改为竖向排列的文字，如图1-194所示。

图1-193

图1-194

● **设置字体系列**：输入文字以后，如果要更改字体的系列，可以先选中文本，如图1-195所示；然后在工具属性栏中打开“设置字体系列”下拉列表，选择想要的字体即可，如图1-196和图1-197所示。

图1-195

图1-196

图1-197

小提示

在实际工作中，往往要用到各种各样的字体，而一般计算机中的字体种类又非常有限，这时就需要用户自己安装一些字体（字体可以在互联网上下载）。下面介绍如何将外部字体安装到计算机中。

第1步：打开“此电脑”，进入系统安装盘符（一般为C盘），然后找到“Windows”文件夹，如图1-198所示；接着，打开该文件夹，找到“Fonts”文件夹，如图1-199所示。

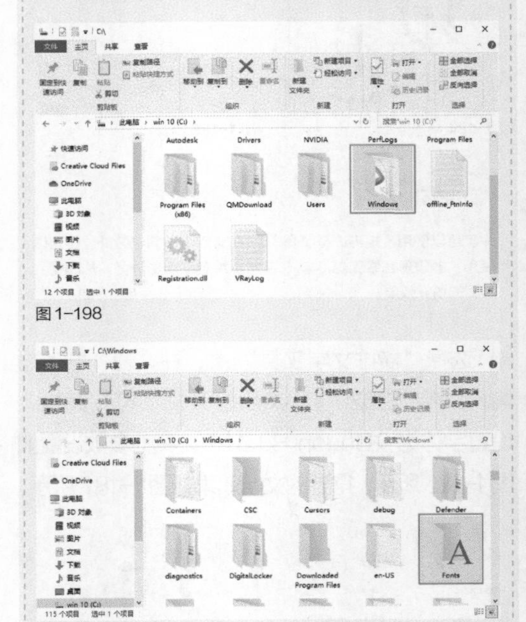

图1-198

图1-199

第2步：选择想要安装的字体，按Ctrl+C组合键复制，然后按Ctrl+V组合键将其粘贴到“Fonts”文件夹中。在安装字体时，系统会弹出一个“正在安装字体”对话框以显示字体安装进度，如图1-200所示。

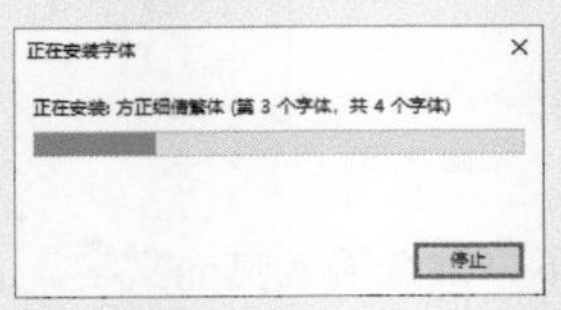

图1-200

安装好字体并重新启动Photoshop 2020后，就可以在工具属性栏中的“设置字体系列”下拉列表中找到所安装的字体。注意，系统中安装的字体越多，使用文字工具处理文字的速度就越慢。

● **设置字体样式：**输入英文后，可以在工具属性栏中设置字体的样式，如图1-201所示。

● **设置字体大小：**如果在输入文字后想要更改字体的大小，可以直接在工具属性栏中输入字体大小的数值，也可以在下拉列表中选择预设的字体大小，如图1-202所示。

● **设置消除锯齿的方法：**输入文字后，可以在工具属性栏中为文字指定一种消除锯齿的方式，如图1-203所示。

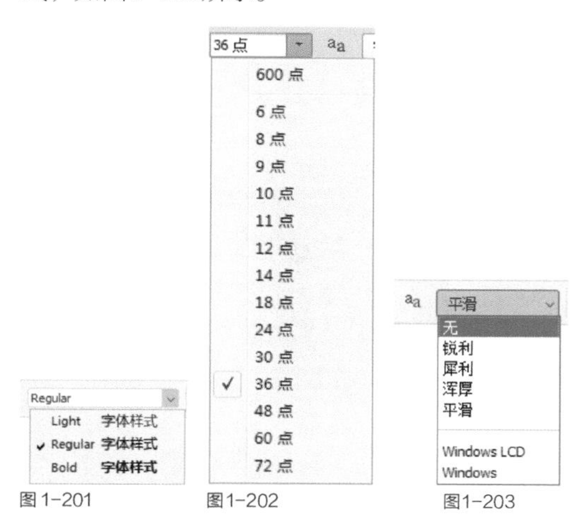

图1-201 图1-202 图1-203

● **设置文本对齐方式：**在文字工具的工具属性栏中，提供了3种设置文本段落对齐方式的按钮。选中文本后，单击所需要的对齐方式按钮，就可以使文本按指定方式对齐。

● **设置文本颜色：**输入文本时，文本颜色默认为前景色；如果要修改文本颜色，可以先选中文本，然后打开“拾色器（文本颜色）”对话框，或单击工具属性栏中的色块，然后在打开的对话框中设置需要的颜色，如图1-204所示。

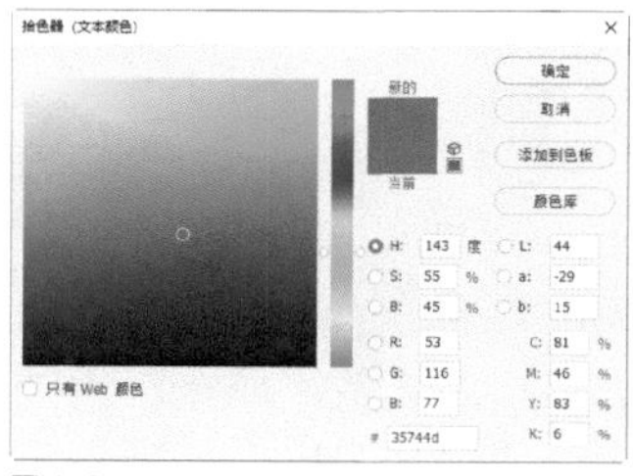

图1-204

● **创建文字变形：**单击该按钮即可打开“变形文字”对话框，在该对话框中可以选择文字变形的方式。

● **切换字符和段落面板：**单击该按钮即可打开“字符”面板和“段落”面板。

1.8.3 钢笔工具

使用Photoshop 2020中的“钢笔工具”可以绘制很多种图形，该工具的绘图模式有“形状”“路径”“像素”3种，如图1-205所示。在绘图前，我们首先要在工具属性栏中选择一种绘图模式。

图1-205

● **形状：**在工具属性栏中选择“形状”绘图模式，可以在单独的一个形状图层中创建形状，并保留在“路径”面板中，如图1-206所示。

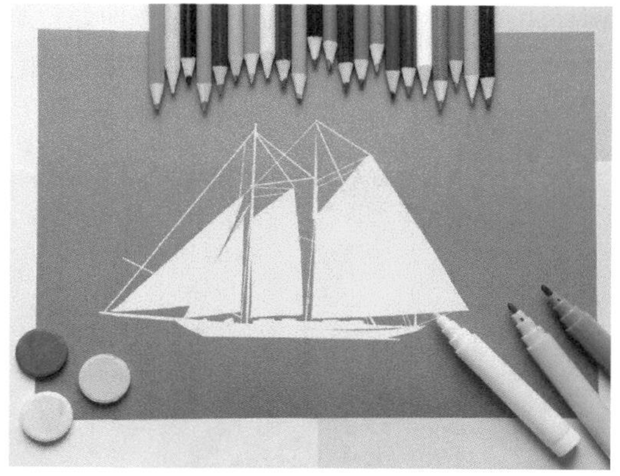

图1-206

● **路径**：在工具属性栏中选择“路径”绘图模式，可以创建工作路径；工作路径不会出现在“图层”面板中，只出现在“路径”面板中，如图1-207所示。路径可以转换为选区或用来创建矢量蒙版，当然也可以用来描边或填充。

图1-207

● **像素**：在工具属性栏中选择“像素”绘图模式，可以在当前图像上创建位图图像，如图1-208所示。这种绘图模式不能创建矢量图像，因此“路径”面板也不会出现路径。

图1-208

打开一张素材图片，选择“钢笔工具”，然后在工具属性栏中选择“路径”绘图模式，接着在图像上按住鼠标左键并拖曳鼠标创建一个平滑点，再将鼠标指针放在下一个位置，按住鼠标左键并拖曳鼠标创建第2个平滑点，注意控制好曲线的走向，如图1-209所示。运用同样的操作绘制出海星的形状，如图1-210所示。最后按Ctrl+Enter组合键将路径转化为选区，复制选区内的图像，如图1-211所示。

图1-209

图1-210

图1-211

1.9 蒙版与通道

在Photoshop 2020中处理图像时，常常需要隐藏不需要的图像，蒙版就是这样一种可以隐藏图像的工具。蒙版就像一块布，可以遮盖处理区域的局部或全部。用户对处理区域进行模糊、上色等操作时，被蒙版遮盖起来的部分不会受到影响。通道多用于抠取复杂的图像，蒙版与通道结合使用时，能绘制出美丽的画面。

1.9.1 课堂案例：制作沙滩海报

实例位置	实例文件 >CH01> 课堂案例：制作沙滩海报 .psd
素材位置	素材文件 >CH01> 海滩 .jpg、树 .jpg、海水 .jpg、多个图像 .psd
视频名称	课堂案例：制作沙滩海报
技术掌握	通道抠图和剪贴蒙版的使用

在抠取边缘比较复杂的图像时，运用通道可以较为完整地抠出图像；同时，添加剪贴蒙版可以在不更改图像信息的情况下进行绘制。

操作步骤

01 打开“素材文件 >CH01> 海滩 .jpg、树 .jpg”文件，如图 1-212 和图 1-213 所示。

图 1-212

图 1-213

02 选择“树 .jpg”文件，打开“通道”面板，复制一个“蓝 拷贝”通道，然后按 Ctrl+I 组合键使其反相，如图 1-214 所示。

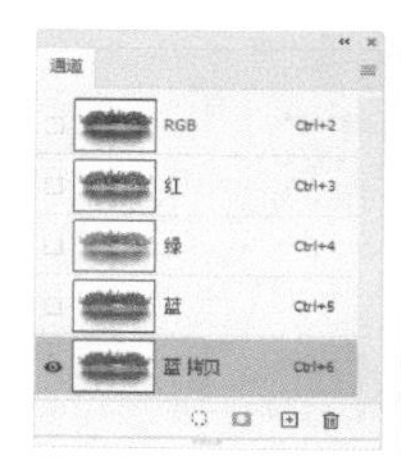

图 1-214

03 按 Ctrl+L 组合键调整色阶，使图像明暗对比更加明显，如图 1-215 所示。使用“画笔工具”将树干部分涂抹成白色，接着在“通道”面板中单击“将通道载入选区”按钮，将图像载入选区，如图 1-216 所示。切换至 RGB 模式，按 Ctrl+J 组合键复制选区内图像，效果如图 1-217 所示。

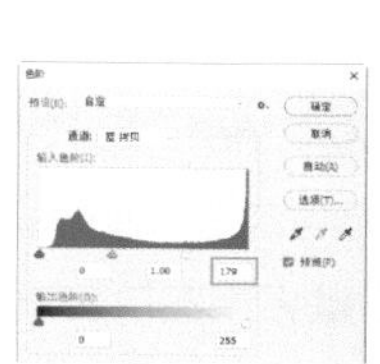

图 1-215

图 1-216

图 1-217

04 将抠出的素材拖曳至合适的位置，如图1-218所示。然后打开“素材文件 >CH01> 多个图像 .psd”文件，使用“移动工具”将素材分别拖曳至合适的位置，如图 1-219 所示。

图 1-218

图 1-219

05 使用“横排文字工具”输入主题文字，如图 1-220 所示。选择“图层 > 图层样式 > 渐变叠加”菜单命令，添加“渐变叠加”效果和“外发光”效果，其他参数设置如图 1-221 所示，效果如图 1-222 所示。

06 打开“素材文件 >CH01> 海水 .jpg”文件，使用“移动工具”将其拖曳至当前编辑的图像中，然后按 Alt+Ctrl+G 组合键将该图像设置为文字图层的剪贴蒙版，如图 1-223 所示，效果如图 1-224 所示。

图1-220

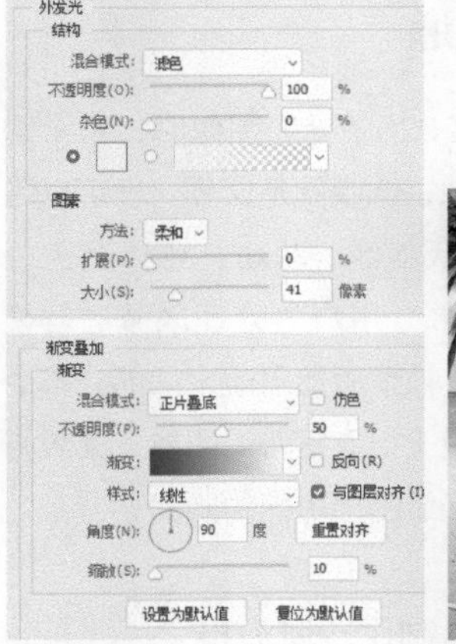

图 1-221

图1-222

图1-223

图 1-224

07 新建图层，使用“椭圆选框工具” 在文字下方绘制选区，并将选区填充为黑色，如图1-225所示。适当模糊该选区，并降低图层的不透明度，效果如图1-226所示。

图1-225

图1-226

08 新建一个图层，选择“矩形选框工具” ，在画面底部绘制3个细长的矩形，将其填充为浅灰色，效果如图1-227所示。

图1-227

1.9.2 图层蒙版

图层蒙版是在实际工作中使用频率较高的工具，可以用来隐藏、合成图像等。另外，在创建和调整图层、填充图层，以及为智能对象添加智能滤镜时，Photoshop 2020会自动为图层添加一个图层蒙版，我们可以在图层蒙版中对调色范围、填充范围及滤镜应用区域进行调整。在Photoshop 2020中，图层蒙版遵循“黑透、白不透”的工作原理。

◆ 1. 图层蒙版的工作原理

打开一个文档，如图1-228所示。该文档中包含两个图层，即“背景”图层和“图层1”图层，其中“图层1”图层有一个图层蒙版，并且图层蒙版为白色。按照图层蒙版“黑透、白不透”的工作原理，此时图像窗口中将完全显示“图层1”图层的内容。

图1-228

如果要显示“背景”图层的全部内容，可以先选中“图层1”图层的蒙版，然后将蒙版填充为黑色，如图1-229所示。

图1-229

如果要以半透明的方式显示当前图像，则可以用灰色填充“图层1”图层的蒙版，如图1-230所示。

图1-230

> 小提示
>
> 除了可以在图层蒙版中填充颜色外，我们还可以在图层蒙版中填充渐变效果，如图1-231所示。同时，我们也可以使用“画笔工具”编辑蒙版，如图1-232所示。
>
> 
>
> 图1-231
>
> 图1-232

◆ 2. 创建图层蒙版

创建图层蒙版的方法有很多，可以直接在“图层”面板中创建，也可以从选区或图像中生成。下面介绍两种常用的创建图层蒙版的方法。

第1种：选中要添加图层蒙版的图层，然后在“图层”面板下单击“添加图层蒙版”按钮，如图1-233所示，即可为当前图层添加一个图层蒙版，如图1-234所示。

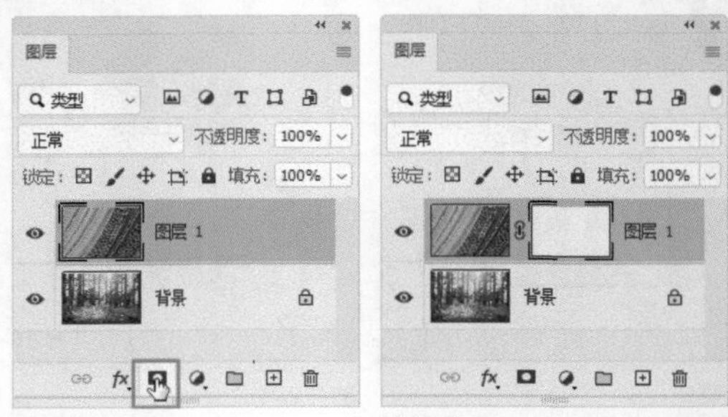

图1-233　图1-234

第2种：如果当前图像中存在选区，如图1-235所示，则单击“图层”面板下的“添加图层蒙版”按钮，即可基于当前选区为图层添加图层蒙版，而选区以外的图像将被蒙版隐藏，如图1-236所示。

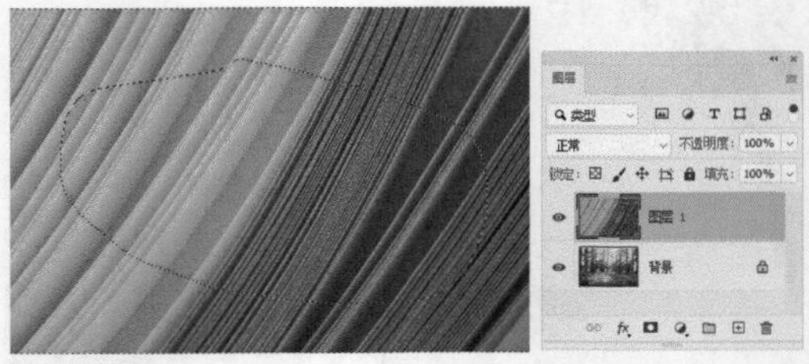

图1-235

图1-236

> 小提示
>
> 创建选区蒙版后，我们可以在“属性”面板中调整“羽化”数值，以模糊蒙版，制作朦胧的效果。

1.9.3 剪贴蒙版

剪贴蒙版技术非常重要，利用剪贴蒙版可以通过一个图层中的图像来控制处于其上层的图像的显示范围，并可以针对多个图像生效。此外，用户可以为一个或多个调整图层创建剪贴蒙版，使其只针对一个图层进行调整。

打开一个文档，如图1-237所示。这个文档中包含3个图层，即一个“背景”图层、一个“图层1”图层和一个“水果”图层。下面以这个文档为例，讲解创建剪贴蒙版的3种常用方法。

图1-237

第1种：选中“水果”图层，选择“图层>创建剪贴蒙版”菜单命令或按Alt+Ctrl+G组合键，即可将“水果”图层和“图层1”图层创建为一个剪贴蒙版组。创建剪贴蒙版后，“水果”图层就只显示“图层1”图层的区域，如图1-238所示。

图1-238

> 小提示
>
> 剪贴蒙版虽然可以应用在多个图层中，但这些图层必须是相邻的，不能是隔开的。

第2种：在“水果”图层的名称上单击鼠标右键，然后在弹出的快捷菜单中选择“创建剪贴蒙版”命令，如图1-239所示，即可将“水果”图层和“图层1”图层创建为一个剪贴蒙版组。

图1-239

第3种：按住Alt键，将鼠标指针放在“水果”图层和“图层1”图层之间的分隔线上，待鼠标指针变成↓□时单击，如图1-240所示。这样就可以将“水果”图层和“图层1”图层创建为一个剪贴蒙版组，如图1-240所示。

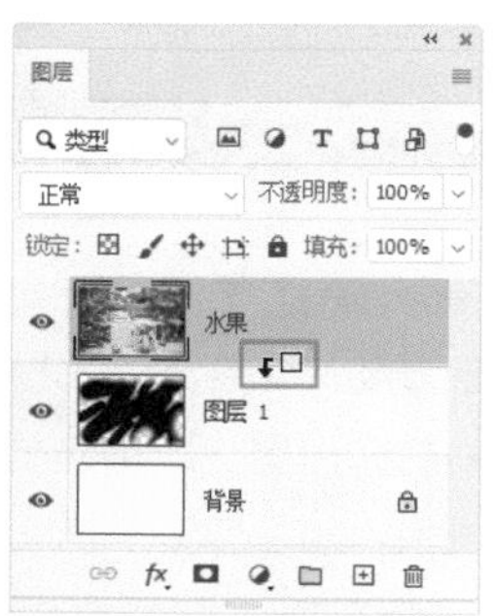

图1-240

1.9.4 用通道抠图

使用通道抠取图像是一种非常主流的抠图方法，常用于抠取毛发、云朵、烟雾及半透明的婚纱等。通道抠图主要是利用图像的色相差别或明度差别来创建选区。在操作过程中可以重复使用“亮度/对比度”“曲线”“色阶”等命令，以及“画笔工具”“加深工具”“减淡工具”等对通道进行调整，以得到最精确的选区。

首先需要将图像中的沙粒利用通道抠出来，如图1-241所示。切换到“通道”面板可以观察到，“红”通道的主体物与背景的明暗对比最强，复制一个“红”通道，如图1-242所示，按Ctrl+I组合键使其反相，同时调整色阶，使其明暗对比更加明显，如图1-243所示。

图1-241

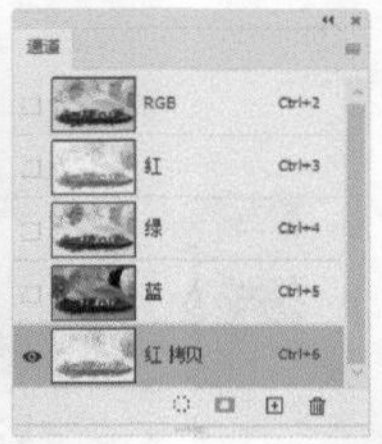

图1-242

图1-243

将需要抠出的沙粒部分涂抹成白色，如图1-244所示；然后创建选区，切换至RGB模式，按Ctrl+J组合键复制选区内容，即可完美抠出需要的图像，效果如图1-245所示。

图1-244

图1-245

1.10 滤镜

滤镜主要用于制作各种特殊效果，其功能非常强大，不仅可以调整照片，还可以制作出绚丽无比的创意图像，如图1-246和图1-247所示。

图1-246

图1-247

1.10.1 课堂案例：制作素描图像效果

实例位置	实例文件 >CH01> 课堂案例：制作素描图像效果 .psd
素材位置	素材文件 >CH01> 古镇 .jpg
视频名称	课堂案例：制作素描图像效果
技术掌握	液化工具的使用

本案例制作一张素描效果图，主要目的是练习如何同时使用多个滤镜并在滤镜库中进行叠加，从而得到特殊图像效果。

操作步骤

01 打开“素材文件 >CH01> 古镇 .jpg”文件，按 Ctrl+J 组合键复制图层，如图 1-248 所示。

图 1-248

02 设置图像前景色为黑色，背景色为白色，选择“滤镜 > 滤镜库”菜单命令，打开“滤镜库（50%）”对话框，展开“素描”滤镜组，选择“绘图笔”滤镜，如图 1-249 所示；单击 确定 按钮，得到黑白线条图像效果，如图 1-250 所示。

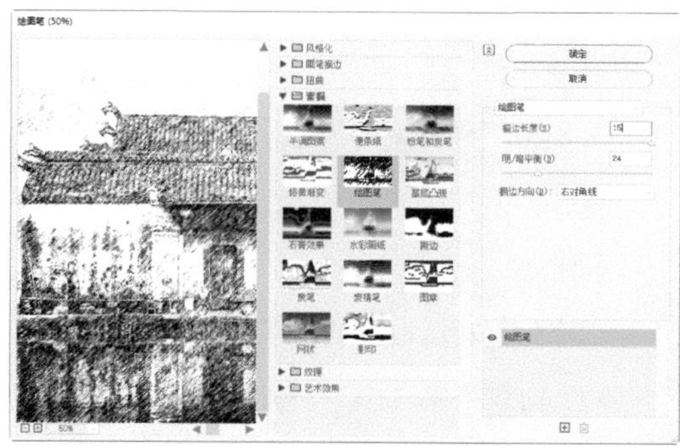

图 1-249

图 1-250

03 选中“背景”图层，按 Ctrl+J 组合键复制图层，并在“图层”面板中将“背景拷贝”图层放至顶层，如图 1-251 所示。

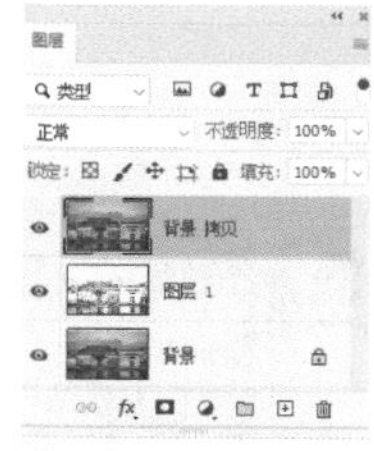

图 1-251

04 选择“滤镜 > 风格化 > 查找边缘”菜单命令，再选择“图像 > 调整 > 去色”菜单命令，得到黑白线条图像效果，如图 1-252 所示。

图 1-252

05 在“图层”面板中将该图层的混合模式设置为“正片叠底”，“不透明度”设置为 50%，达到加强图像边缘的效果，如图 1-253 所示。

图 1-253

06 选择“图层 > 新建调整图层 > 色相 / 饱和度”菜单命令，在打开的对话框中保持默认设置，在“属性”面板中选中“着色”复选框，然后拖曳滑块设置颜色，如图 1-254 所示。完成后的画面效果如图 1-255 所示。

图 1-254

图1-255

1.10.2 滤镜库

“滤镜库”是一个集合了多个常用滤镜组的对话框。可以对一张图像应用一个或多个滤镜，或对同一图像多次应用同一滤镜。此外，还可以使用其他滤镜替换原有滤镜。

选择“滤镜>滤镜库”菜单命令，打开“滤镜库”对话框，如图1-256所示。Photoshop 2020在“滤镜库”对话框中，提供了风格化、画笔描边、扭曲、素描、纹理和艺术效果6组滤镜。

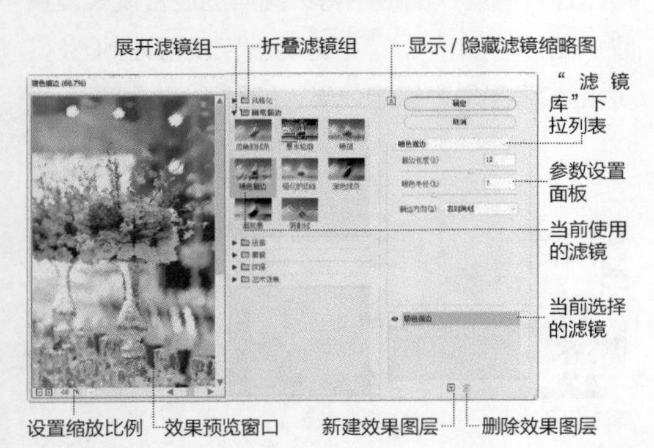

图1-256

- **效果预览窗口：** 用来预览滤镜效果。
- **当前使用的滤镜：** 处于灰底状态表示滤镜正在被使用。
- **参数设置面板：** 单击“滤镜库”中的一个滤镜，右侧的参数设置面板就会显示该滤镜的参数选项。
- **“滤镜库”下拉列表：** 单击下拉按钮，可以在弹出的下拉列表中选择一个滤镜。
- **新建效果图层** ：单击该按钮即可在滤镜效果列表中添加一个滤镜效果图层；选择需要添加的滤镜效果并设置参数，就可以增加一个滤镜效果。

1.10.3 液化

“液化”滤镜是用于修饰图像和创建艺术效果的强大工具。“液化”滤镜的使用方法比较简单，其可以实现推、拉、旋转、扭曲和收缩等变形效果，并且可用于修改图像的任何区域（“液化”滤镜只能应用于8位/通道或16位/通道的图像）。选择“滤镜>液化”菜单命令，打开“液化”对话框，如图1-257所示。

图1-257

“液化”对话框中的选项介绍

- **“向前变形工具”** ：可用于向前推动像素，如图1-258所示。

图1-258

> 小提示
>
> 用“液化”对话框中的“向前变形工具”在图像上按住鼠标左键并拖曳鼠标，即可进行变形操作。变形效果集中在画笔中心区域。

● **"重建工具"**：用于恢复已变形的图像。在已变形的区域按住鼠标左键并拖曳鼠标进行涂抹，可以使变形区域的图像恢复到原来的效果，如图1-259所示。

图1-259

● **"褶皱工具"**：可以使像素向画笔的中心区域移动，使图像产生内缩效果。

● **"膨胀工具"**：可以使像素向画笔中心区域以外的方向移动，使图像产生向外膨胀的效果，如图1-260所示。

图1-260

● **"左推工具"**：使用"左推工具"在图像上按住鼠标左键，向上拖曳鼠标时，像素会向左移动；向下拖曳鼠标时，像素会向右移动；按住Alt键向上拖曳鼠标时，像素会向右移动；按住Alt键向下拖曳鼠标时，像素会向左移动。

● **"抓手工具"**/**"缩放工具"**：这两个工具的使用方法与工具箱中的相应工具完全相同。

● **画笔工具选项**：该选项组下的参数主要用来设置当前使用工具的各种属性。

● **画笔重建选项**：该选项组下的参数主要用来设置重建方式。

● **"恢复全部"按钮** 恢复全部(A)：单击该按钮即可取消所有的变形效果，包括冻结区域。

1.10.4 高斯模糊

"高斯模糊"滤镜可以使图像产生一种朦胧的效果。打开一张图像，如图1-261所示，选择"滤镜>模糊>高斯模糊"菜单命令，打开"高斯模糊"对话框，如图1-262所示。应用"高斯模糊"滤镜后的效果如图1-263所示。

"半径"用于计算指定像素平均值的区域大小，平均值越大，产生的模糊效果越明显。

图1-261

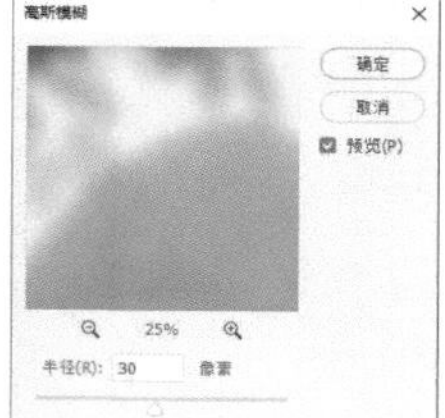

图1-262

图1-263

1.10.5 USM锐化

"USM锐化"滤镜可以用于查找图像颜色发生明显变化的区域，然后将其锐化。打开一张图像，如图1-264所示，选择"滤镜>锐化>USM锐化"菜单命令，打开"USM锐化"对话框，如图1-265所示。应用"USM锐化"滤镜后的效果如图1-266所示。

图1-264

图1-265

资源获取验证码：03070

图 1-266

USM锐化对话框选项介绍

- **数量**：用来设置锐化效果的精细程度。
- **半径**：用来设置图像锐化的半径范围。
- **阈值**：只有相邻像素之间的差值达到所设置的阈值时，图像才会被锐化；阈值越高，被锐化的像素就越少。

1.11 课后习题

掌握Photoshop 2020中各项工具的使用方法后，能够熟练运用相关工具并自由操作就是我们学习的目的。下面的课后习题主要是练习多种工具结合使用的方法，并对图像进行擦除、变换等调整。

课后习题：制作瑜伽广告

实例位置	实例文件 >CH01> 课后习题：制作瑜伽广告 .psd
素材位置	素材文件 >CH01> 纹理 .jpg、瑜伽 .jpg、五彩缤纷 .psd、桃花 .psd、树叶 .psd
视频名称	课后习题：制作瑜伽广告
技术掌握	广告的创意表现手法

本习题将使用“橡皮擦工具”擦除图像中多余的部分，从而做出炫光人像效果，再添加文字，得到广告图像。本习题主要练习“橡皮擦工具”的画笔样式、大小、不透明度等属性的设置和应用方法，案例效果如图1-267所示。

图 1-267

01 新建一个图像文件，打开“素材文件 >CH01> 纹理 .jpg、五彩缤纷 .psd”文件，使用“移动工具”将其拖曳至当前编辑的图像中；放到画面中后，使用“橡皮擦工具”对图像进行适当擦除，效果如图 1-268 所示。

图 1-268

02 新建一个图层，选择“套索工具”，在图像上方绘制一个不规则选区，填充为深红色（R:115，G:17，B:21），效果如图 1-269 所示。

图 1-269

03 选择“橡皮擦工具”，在红色区域周围进行擦除，使其边缘与彩色底纹自然融合，效果如图 1-270 所示。

图 1-270

04 打开“素材文件 >CH01> 瑜伽 .jpg”文件，使用“移动工具”将其拖曳至当前编辑的图像中，使用“橡皮擦工具”在瑜伽图像上、下两处进行擦除，并将该图像的不透明度恢复为 100%，效果如图 1-271 所示。

图 1-271

05 选择“横排文字工具”，在画面中输入文字，并添加桃花图像和树叶图像，如图 1-272 所示。

图 1-272

课后习题：绘制茶品标志

实例位置	实例文件 >CH01> 课后习题：绘制茶品标志 .psd
素材位置	素材文件 >CH01> 印章 .psd
视频名称	课后习题：绘制茶品标志
技术掌握	钢笔工具的使用方法

本习题主要练习路径调整的方法，使用“钢笔工具”绘制路径并进行调整即可得到标志图像，如图1-273所示。

鲜茶
FRESH TEA

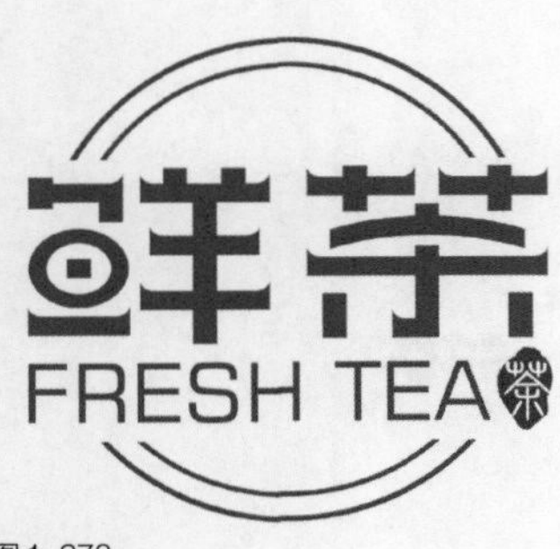

图1-273

01 新建一个文档，选择“横排文字工具” T.，在工具属性栏中设置字体为“方正黑体”，“填充”为任意颜色，在图像中输入文字，如图1-274所示。

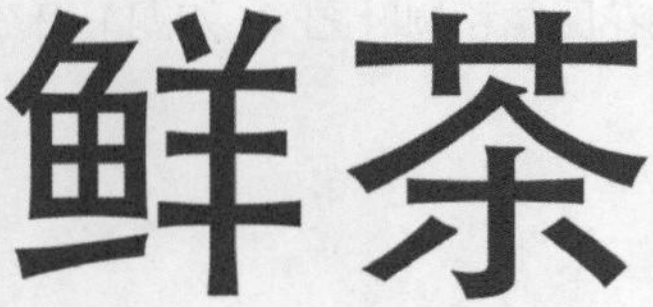

鲜茶

图1-274

02 隐藏文字图层，选择“文字 > 创建工作路径”菜单命令，得到文字路径，如图1-275所示。结合钢笔工具组中的多种编辑工具，通过添加锚点和删除锚点的方式编辑文字路径，得到特殊的文字形状，如图1-276所示。

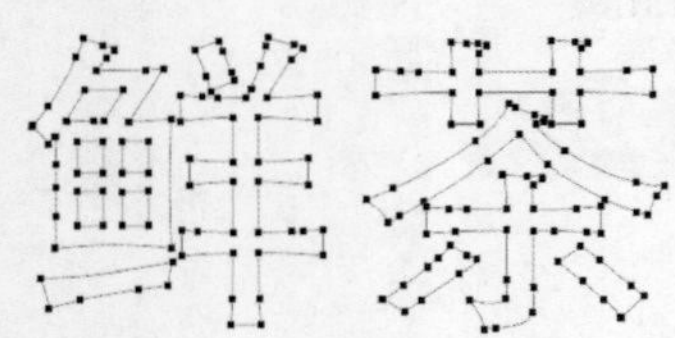

图1-275

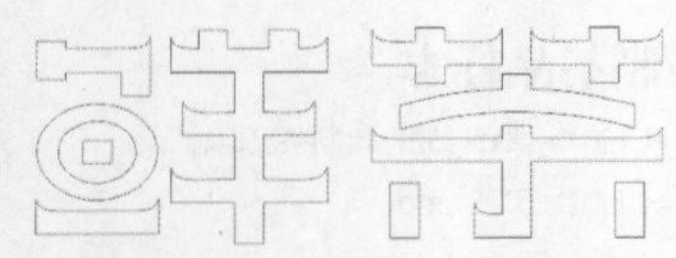

图1-276

03 新建一个图层，按Ctrl+Enter组合键，将路径转换为选区，将选区填充为绿色（R:0，G:97，B:47），然后输入其他文字，如图1-277所示。

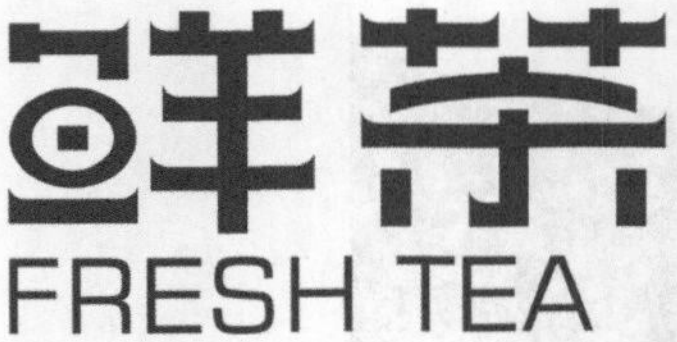

鲜茶
FRESH TEA

图1-277

04 选择“椭圆工具” ○.，绘制两个描边圆形，效果如图1-278所示。

鲜茶
FRESH TEA

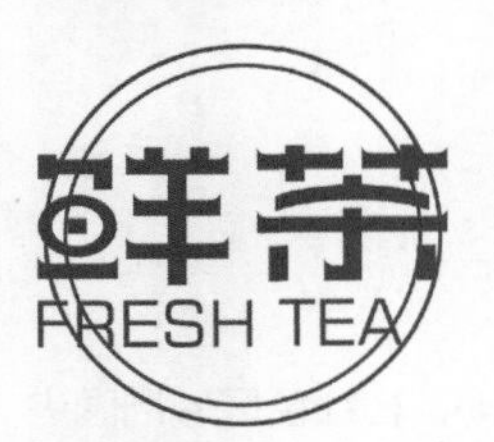

图1-278

05 选择“矩形工具” □.，在描边圆形中绘制矩形，在矩形上单击鼠标右键，在弹出的快捷菜单中选择“减去顶层形状”命令，将描边圆形切割开；最后添加“印章.psd”图像，即可得到茶品标志，效果如图1-279所示。

鲜茶
FRESH TEA

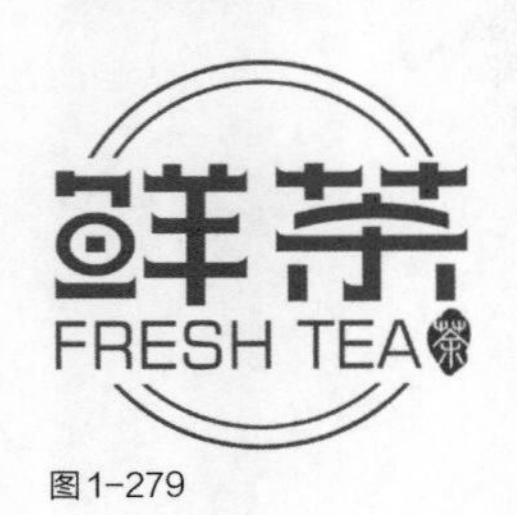

图1-279

标志设计

本章导读

本章首先介绍了什么是标志，并分析了如何设计一个好的标志，然后详细讲解了如何通过软件进行绘制、设计符合企业品牌要求的标志。

学习要点

标志的含义

如何设计一个好标志

餐厅标志设计

宠物店标志设计

音乐电台标志设计

Photoshop

2.1 标志设计相关知识

在学习标志设计之前，我们先来了解一些标志设计的相关知识，以便在今后的设计工作中更好地应用，制作符合需求的标志。

2.1.1 什么是标志

标志是一种表明事物特征的记号，以单纯、易识别的图形或文字符号为直观语言，具有表达意义、情感和指引行动的作用。

随着商业全球化趋势的日渐增强，标志设计的质量被越来越多的客户看重。有的大型企业甚至会花重金设计一个好的标志，因为标志折射出的是一个企业的视觉形象，能带给企业更高的关注度，增强企业的可识别性。设计师不仅需要为客户设计出精美、有意义的标志，还应考虑设计出的标志是否具有企业特性，能否给看到标志的人留下强烈的视觉印象。

2.1.2 如何设计一个好标志

一个成功的标志需要的不仅是创意或技巧。标志最终要放入各种场合，因此要让它无论在什么地方，都有良好的表现力和可识别性。所以，在设计标志时，设计师就需要考虑如何让标志发挥作用。成功的标志有一些共同的特点，归纳起来主要有以下3点。

◆ 1. 简单易识别

过于复杂的标志设计会引起沟通障碍，因此标志不宜显得过于拥挤。将过多元素糅合在一个标志中，容易变成大杂烩。其实，只需要少量的元素就可以设计出一个视觉效果强烈的标志。图2-1所示的标志仅由简单的几何图形和字母组合而成。

图 2-1

◆ 2. 能适应各种尺寸

标志通常需要应用到不同场合、不同物料中。因此，设计师需要注意，一个好的标志一定要能够适应各种尺寸。无论是应用在户外广告牌上，还是应用在包装或名片上，标志都一样要表现良好，如图2-2所示。

图 2-2

如果一个标志里面有太多细节，那么当标志缩小时，里面的细节就会显得模糊不清，较少的细节使标志在尺寸较小时，仍然具有良好的表现能力。

◆ 3. 能准确传达业务特征

一个好的标志不仅要能够传达企业精神、提高企业形象，还要能够传达该企业的业务特征。图2-3所示为一家物流公司的标志，该标志直接使用了汽车的外形作为造型基础，并在其之上加以变形，使该标志能准确传达公司的业务特征。

荣升物流

图 2-3

2.2 餐厅标志设计

实例位置	实例文件 >CH02> 餐厅标志设计 .psd
素材位置	素材文件 >CH02> 祥云 .psd、圆盘 .jpg
视频名称	餐厅标志设计
技术掌握	对文字进行变形编辑

设计思路指导

第1点：设计餐厅标志时，要讲究简洁，便于引起注意，使人能够瞬间辨认。

第2点：运用合理的图形，使标志具有独特性，给人深刻的视觉印象。

第3点：在绘制过程中，应准确把握餐具和文字的抽象形态。

案例背景分析

本案例制作一家餐厅的标志。该餐厅是一个中餐环保餐厅，因此，在设计标志时应从中式餐饮的角度出发，将餐具和文字组合在一起，配以中式风格特有的祥云图案，从而体现餐厅的特性。在色彩上，用黑色和红色进行搭配，使标志有独特的韵味。标志效果如图2-4所示。

图 2-4

2.2.1 制作碗和筷子的图案

根据餐厅的特征，首先对碗和筷子的图案以及其中的祥云图案进行绘制。

01 选择“文件 > 新建”菜单命令，打开“新建文档”对话框，设置文件名称为“餐厅标志设计”，“宽度”和“高度”均为 13 厘米，“分辨率”为 300 像素 / 英寸，如图 2-5 所示。单击 创建 按钮即可新建图像文件。

图 2-5

02 单击“图层”面板底部的“创建新图层”按钮 ，新建“图层 1”图层，选择“椭圆选框工具” ，在图像中绘制一个圆形选区，再设置前景色为红色（R:173，G:30，B:42），接着按Alt+Delete组合键填充选区，效果如图2-6所示。

图 2-6

03 选择“矩形选框工具” ，在圆形上方绘制一个矩形选区，并按 Delete 键删除选区内的图像，得到半圆形图像，如图 2-7 所示。

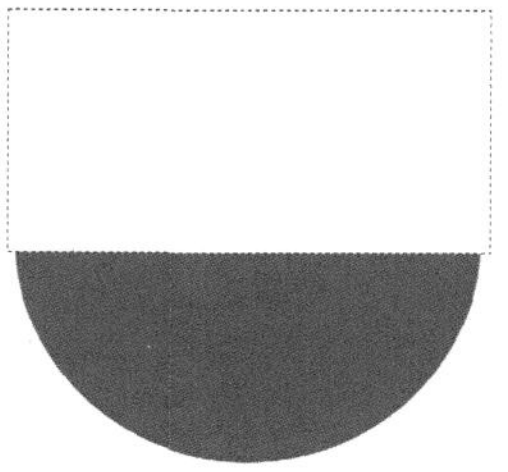
图 2-7

04 使用“矩形选框工具” 在半圆形底部绘制一个较小的矩形选区，填充为红色（R:173，

G:30，B:42），完成红色碗的绘制，如图 2-8 所示。

图 2-8

05 打开“素材文件 >CH02> 祥云 .psd”文件，使用“移动工具” 将其拖曳至当前编辑的图像中，按 Ctrl+T 组合键，适当调整图像大小，放到红色碗图像中，如图 2-9 所示。

图 2-9

06 选择“钢笔工具” ，在工具属性栏中设置工具模式为“形状”，“填充”为红色（R:173，G:30，B:42），“描边”为“无”，如图 2-10 所示；然后绘制一只筷子，如图 2-11 所示。这时，“图层”面板中将自动出现“形状 1”图层。

图 2-10

图 2-11

07 按 Ctrl+J 组合键复制“形状 1”图层，并使用“移动工具” 将其移动到一侧，如图 2-12 所示。

图 2-12

08 继续使用“钢笔工具” ，在工具属性栏中设置“填充”为黑色，然后在筷子图像的左侧绘制一个祥云图像，如图 2-13 所示。

图 2-13

09 按 Ctrl+J 组合键复制祥云图像，选择“编辑 > 变换 > 水平翻转”菜单命令，再选择“编辑 > 变换 > 缩放”菜单命令，适当缩小图像，并向上移动，效果如图 2-14 所示。

图 2-14

2.2.2 制作文字

输入文字，并对其形状进行编辑，使文字与图案相呼应。

01 设置前景色为黑色，选择“横排文字工具” ，在工具属性栏中设置字体为“方正黄草简体”，然后在图像中输入文字“素”，并适当调整文字大小，如图 2-15 所示。

图 2-15

02 选择“文字 > 转换为形状”菜单命令，将文字图层转换为形状图层，如图 2-16 所示。然后使用工具箱中的“直接选择工具” 选中文字上的锚点，适当拉长部分笔画，效果如图 2-17 所示。

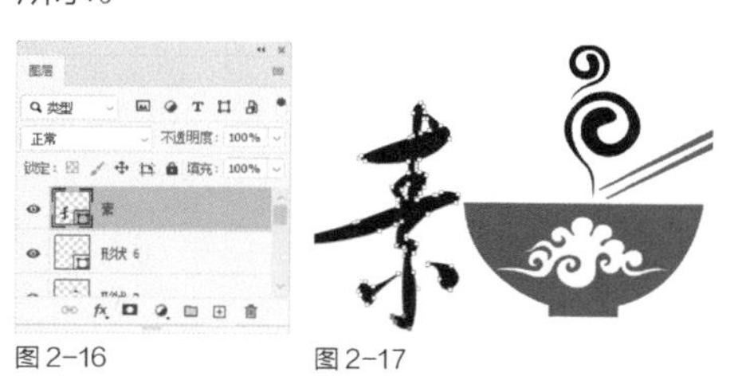

图 2-16　　图 2-17

03 使用“横排文字工具” 在“素”字的上方和右侧分别输入文字“食”和“者”，并在工具属性栏中设置字体为“方正行楷简体”，再适当调整文字大小，如图 2-18 所示。

图 2-18

04 在“图层”面板中选中“食”图层，选择“文字 > 转换为形状”菜单命令，将其转换为形状图层，再使用“直接选择工具” 对文字笔画进行编辑，如图 2-19 所示。

05 使用相同的方式，选中“者”图层，使用“直接选择工具” 对文字笔画进行编辑，得到的文字效果如图 2-20 所示。

图 2-19　　图 2-20

06 选择“横排文字工具” ，在工具属性栏中设置字体为“方正宋黑简体”，在祥云图像与文字之间输入两行字母，并适当调整文字大小，将其填充为黑色，得到的标志图像的平面设计效果如图 2-21 所示。

图 2-21

07 按住 Ctrl 键，选中除“背景”图层以外的所有图层，选择“图层 > 合并图层”菜单命令，将标志图像所在图层合并为一个，重命名为“餐厅标志”，如图 2-22 所示。

图 2-22

08 打开“素材文件 >CH02> 圆盘 .jpg”文件，选择“移动工具” ，将餐厅标志图像拖曳到圆盘图像中，并适当调整大小，放到左侧圆盘的上方；然后按 Ctrl+J 组合键复制图层，将其放到右侧圆盘底的中间位置，即可完成本案例的制作，效果如图 2-23 所示。

图 2-23

2.3 宠物店标志设计

实例位置	实例文件 >CH02> 宠物店标志设计 .psd
素材位置	素材文件 >CH02> 户外背景 .jpg
视频名称	宠物店标志设计
技术掌握	绘制趣味性的动物图案

设计思路指导

第1点：宠物店标志的设计讲究趣味性，要求能够在短时间内引起观看者的注意。

第2点：设计宠物店标志时可以选择相差较大的颜色，使视觉效果更加丰富。

第3点：熟练使用“钢笔工具”绘制充满趣味性的图形。

案例背景分析

本案例为设计一家宠物连锁店的标志，该宠物店的主要业务为收留、照顾和治疗宠物。因此，其标志需要具有亲和力与趣味性。在制作时，首先确定要使用哪种动物的抽象卡通图标作为主要元素，然后绘制基本外形，再通过蓝色和橘黄色的对比使其形象生动、活泼，给人们留下深刻的印象，效果如图2-24所示。

图 2-24

2.3.1 绘制卡通图标外形

将动物图案与趣味性相结合，可以使画面更加活泼、有趣。

01 按 Ctrl+N 组合键，新建一个图像文件，选择“椭圆选框工具”，绘制一个椭圆形选区，然后单击工具属性栏中的“与选区交叉”按钮，再绘制一个选区，并使其与之前的选区部分重叠，如图 2-25 所示。

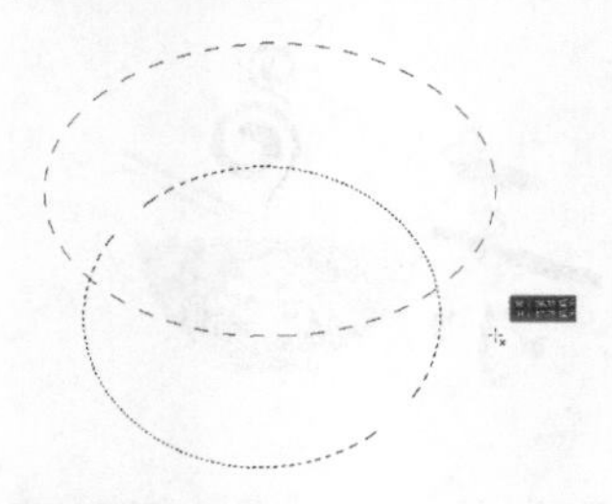
图 2-25

02 单击“图层”面板底部的“创建新图层”按钮，新建“图层 1”图层，然后在“图层”面板中双击该图层的名称，重命名为“头部”；设置前景色为蓝色（R:44，G:180，B:202），按 Alt+Delete 组合键填充选区，完成后按 Ctrl+D 组合键取消选区，如图 2-26 所示。

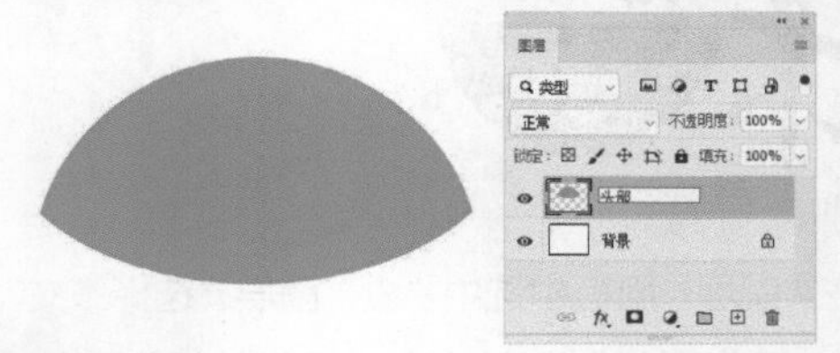

图 2-26

03 新建一个图层，将其重命名为“身子”并调整至“头部”图层下方，使用“椭圆选框工具”绘制一个椭圆形选区，填充为黄色（R:251，G:193，B:0），如图 2-27 所示。

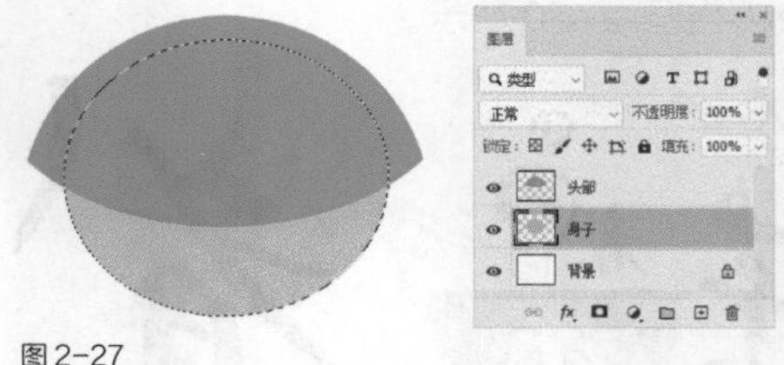

图 2-27

04 选择“选择 > 变换选区”菜单命令，此时选区周围将出现变换框，将鼠标指针放置到变换框任意一个角的控制点上，按住 Alt 键向内拖曳，向中心缩小选区，在变换框内双击确认变换；再按 Delete 键删除选区中的图像，得到黄色环形图像，如图 2-28 所示。

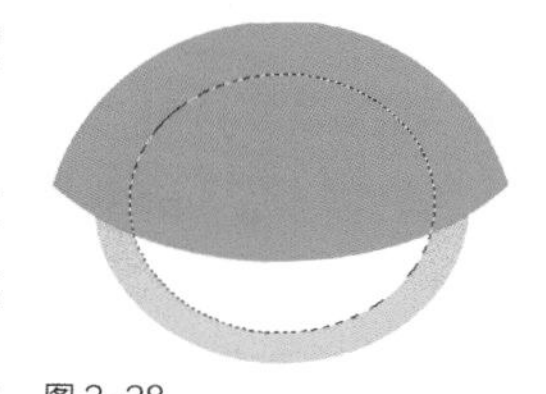
图 2-28

05 选择“矩形选框工具” ，在黄色环形底部绘制一个矩形选区，填充相同的黄色，如图 2-29 所示；按 Ctrl+D 组合键取消选区。

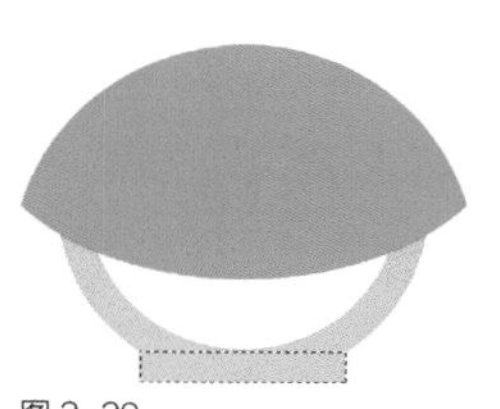
图 2-29

06 新建一个图层，将其命名为“眼睛”。选择“椭圆选框工具” ，按住 Shift 键，在头部图像中绘制一个圆形选区，填充为白色，然后中心缩小选区，填充为深蓝色（R:30，G:50，B:100），如图 2-30 所示。

07 按 Ctrl+J 组合键复制“眼睛”图层，使用“移动工具” 将其移动到右侧，如图 2-31 所示。

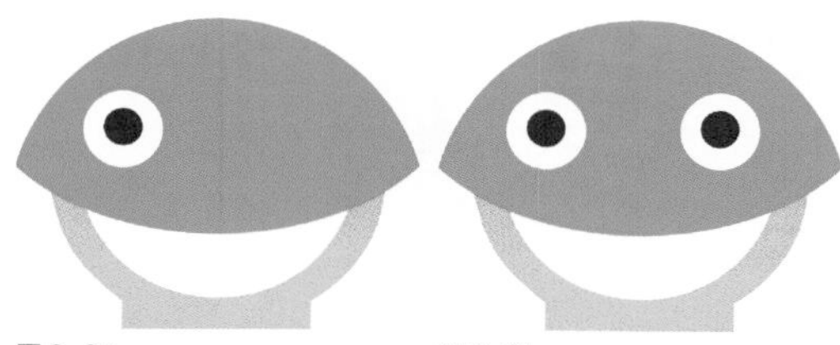
图 2-30　　图 2-31

08 选择“钢笔工具” ，在头部图像中间绘制鼻子和嘴的路径，按 Ctrl+Enter 组合键将路径转换为选区，填充为深蓝色（R:30，G:50，B:100），效果如图 2-32 所示。

图 2-32

09 使用“钢笔工具” 绘制卡通图标的左手轮廓，如图 2-33 所示。

10 按 Ctrl+Enter 组合键将路径转换为选区，填充为深蓝色（R:30，G:50，B:100），然后按 Ctrl+J 组合键复制图像，选择“编辑 > 变换 > 水平翻转”菜单命令，将翻转后的图像放到身子右侧，如图 2-34 所示。

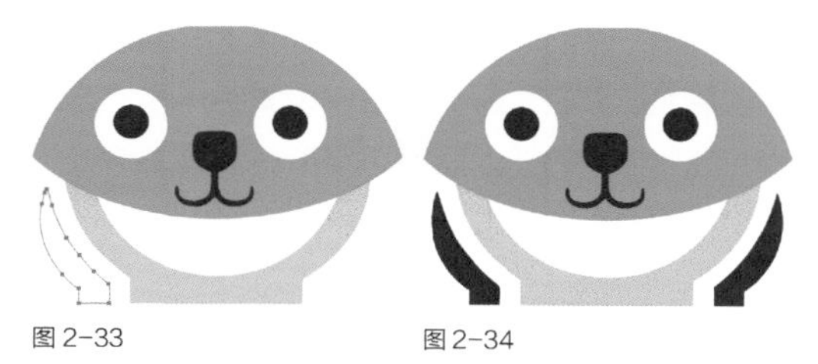
图 2-33　　图 2-34

11 使用“钢笔工具” 绘制一个爱心图像，放到卡通图标中间，效果如图 2-35 所示。

12 新建一个图层，将其命名为“左耳”，在头部图像左侧绘制一个耳朵轮廓，如图 2-36 所示。

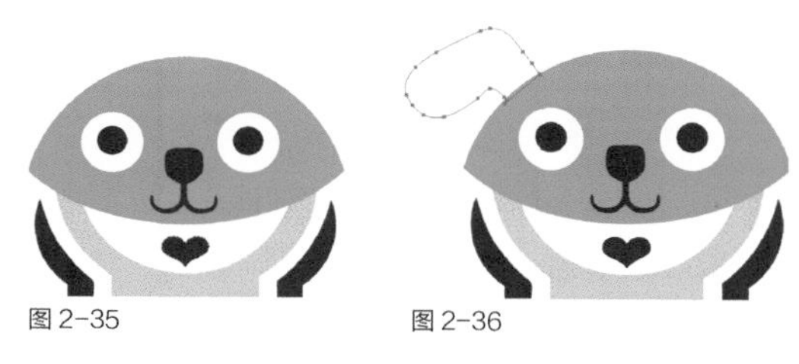
图 2-35　　图 2-36

13 将路径转换为选区，填充为黄色（R:251，G:193，B:0），然后在“图层”面板中将该图层调整至底层，如图 2-37 所示。

图 2-37

14 在左耳图像中绘制一个曲线图形，填充为白色，如图 2-38 所示；然后复制左耳图像，对其应用“水平翻转”命令，放到头部右侧，如图 2-39 所示。

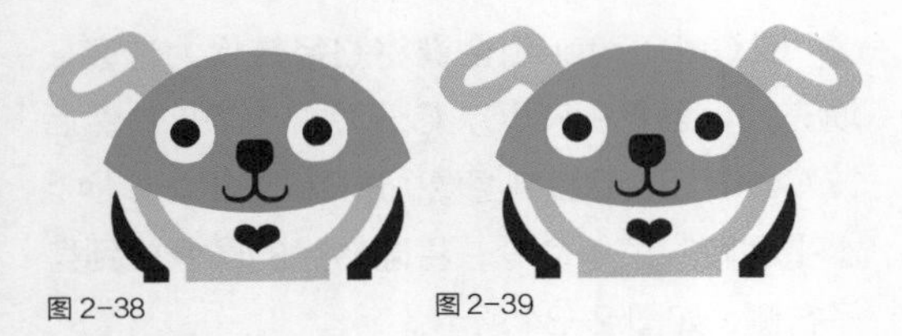

图 2-38　　图 2-39

15 选择“横排文字工具” T，在卡通图标下方输入店名，并在工具属性栏中设置字体为“方正少儿简体”，“填充”为蓝色（R:44，G:180，B:202），即可得到宠物店标志，效果如图 2-40 所示。

图 2-40

2.3.2 制作应用效果图

为标志图像添加图层样式，制作立体应用效果。

01 按住 Ctrl 键，选中除“背景”图层以外的所有图层。选择“图层 > 合并图层”菜单命令，将标志图像所在图层合并为一个，并将其重命名为“宠物店标志”，如图 2-41 所示。

图 2-41

02 打开“素材文件 >CH02> 户外背景 .jpg”文件，使用“移动工具”将合并后的宠物店标志图像拖曳至户外背景图像中，如图 2-42 所示。

图 2-42

03 选择“图层 > 图层样式 > 斜面和浮雕”菜单命令，打开“图层样式”对话框，设置“样式”为“外斜面”，“方法”为“雕刻清晰”，并设置其他参数，如图 2-43 所示。单击 确定 按钮即可得到图像的浮雕效果，如图 2-44 所示。

04 按 Ctrl+J 组合键复制图层，得到“宠物店标志 拷贝”图层，如图 2-45 所示。

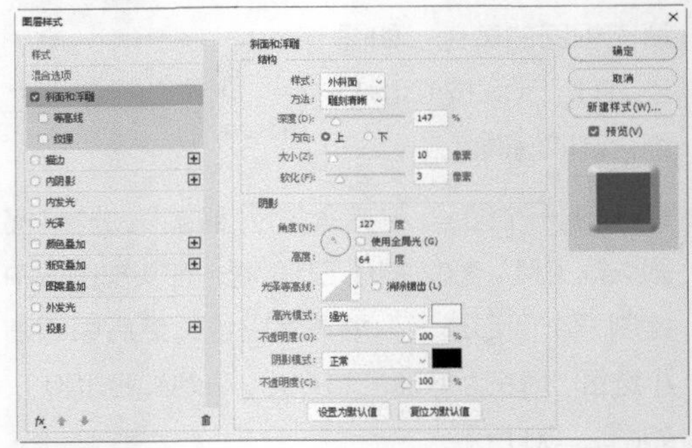

图 2-43

图 2-44　　图 2-45

05 选择“图层 > 图层样式 > 斜面和浮雕”菜单命令，打开“图层样式”对话框，修改“方法”为“平滑”，再调整其他参数，如图 2-46 所示。

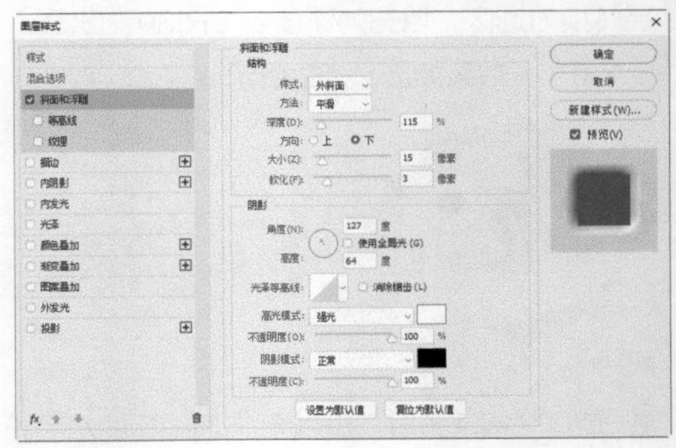

图 2-46

06 选中“图层样式”对话框左侧的“投影”复选框，设置投影颜色为黑色，“混合模式”为“正片叠底”，再设置其他参数，如图 2-47 所示。单击 确定 按钮得到立体标志图像，完成本案例的制作，如图 2-48 所示。

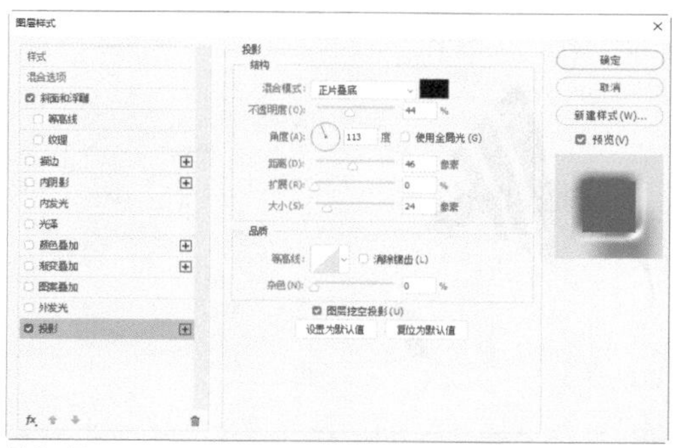

图 2-47

图 2-48

2.4 音乐电台标志设计

实例位置	实例文件 >CH02> 音乐电台标志设计 .psd
素材位置	素材文件 >CH02> 木板背景 .jpg
视频名称	音乐电台标志设计
技术掌握	运用钢笔工具绘制曲线图形

设计思路指导

第1点：音乐电台标志要符合当下的时尚潮流。

第2点：音乐电台标志应具有很强的视觉感染力，以便于记忆。

第3点：要根据音乐电台的受众、音乐风格和主持风格来决定标志的风格。

第4点：运用明朗、轻快的颜色体现音乐电台的正面态度。

案例背景分析

本案例是为一家音乐电台设计标志。该电台主题风格是年轻、时尚、欢乐，因此在设计上应采用曲线图形来展现电台的多元化；再运用渐变颜色体现欢乐的感觉，带给人轻松的视觉享受。在绘制本案例的标志时，首先需要绘制标志的大体框架，然后分别填色。在绘制过程中，要始终围绕该电台的主题，将文字与图案结合进行设计，以加深该标志的影响力，给观看者留下深刻的印象，效果如图2-49所示。

图 2-49

2.4.1 绘制标志外形

绘制标志外形，要让其体现电台年轻、时尚、欢乐的主题风格。

01 按 Ctrl+N 组合键新建一个图像文件，新建“图层 1”图层，选择“椭圆选框工具”，在图像中绘制一个圆形选区，填充为黑色，如图 2-50 所示。

图 2-50

02 保持选区状态，选择“选择 > 变换选区”菜单命令，向内缩小选区，如图 2-51 所示；按 Enter 键确认变换，然后按 Delete 键删除选区内的图像，如图 2-52 所示。

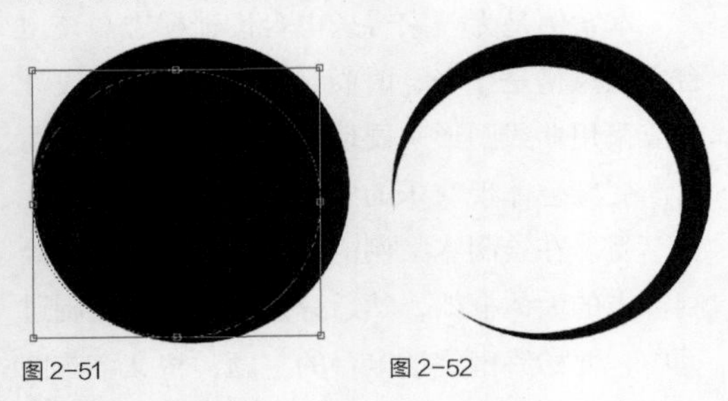

图 2-51　　图 2-52

03 选择“套索工具”，按住 Shift 键，在图像中绘制两个四边形选区，然后按 Delete 键删除选区内的图像，效果如图 2-53 所示。

04 选择“钢笔工具”，在工具属性栏中设置工具模式为“路径”，然后在已有图像的空白处绘制一个图形，如图 2-54 所示。

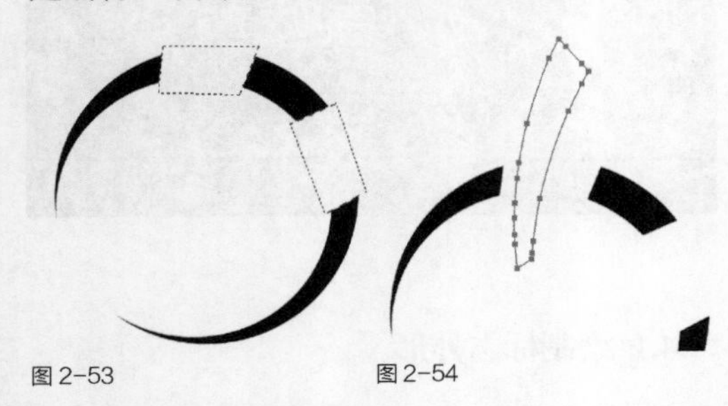

图 2-53　　图 2-54

05 新建“图层 2”图层，按 Ctrl+Enter 组合键，将路径转换为选区，填充为黑色，保持选区状态，选择“选择 > 变换选区”菜单命令，缩小并移动选区，效果如图 2-55 所示。

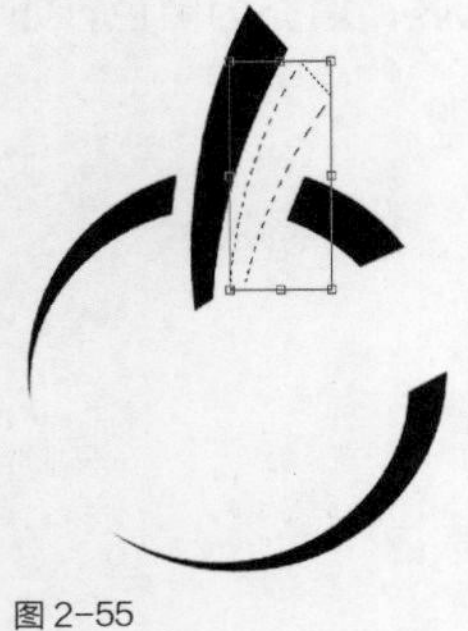

图 2-55

06 按 Enter 键确认变换，并将其填充为黑色。然后使用相同的方式，通过变换和填充选区得到第 3 个较小的图像，效果如图 2-56 所示。

07 在“图层”面板中选中“图层 1”图层和“图层 2”图层，选择“图层 > 图层编组”菜单命令，得到“组 1”图层组，如图 2-57 所示。

图 2-56　　图 2-57

08 选择“图层 > 图层样式 > 渐变叠加”菜单命令，打开“图层样式”对话框，设置渐变颜色从黄色（R:221，G:179，B:38）到淡黄色（R:245，G:214，B:109），再到土黄色（R:155，G:104，B:10），其他参数设置如图 2-58 所示。

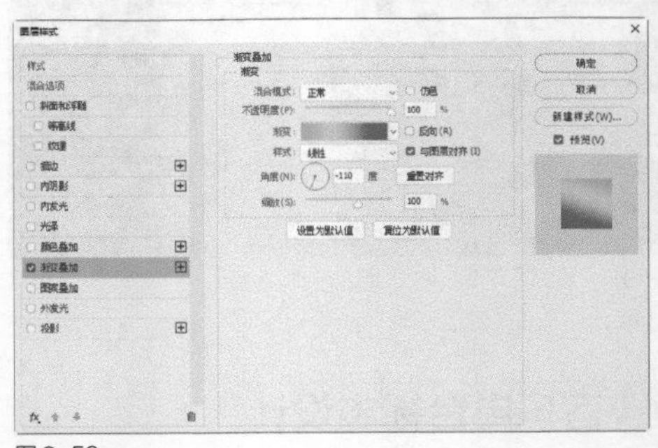

图 2-58

09 单击确定按钮得到渐变叠加效果，“组 1”图层组将显示为添加图层样式后的状态，如图 2-59 所示。

图 2-59

10 单击“图层”面板底部的“创建新组”按钮 ，新建一个图层组，然后在该组中新建一个图层。用“钢笔工具”绘制一个曲线图形，并填充为黑色，如图 2-60 所示。

图 2-60

11 复制两次黑色曲线图形，分别选中相应图形，按 Ctrl+T 组合键，缩小图像后调整位置，效果如图 2-61 所示。

图 2-61

12 选择“图层 > 图层样式 > 渐变叠加”菜单命令，打开“图层样式”对话框，设置渐变颜色从橘红色（R:196，G:91，B:7）到橘黄色（R:255，G:210，B:0），其他参数设置如图 2-62 所示。

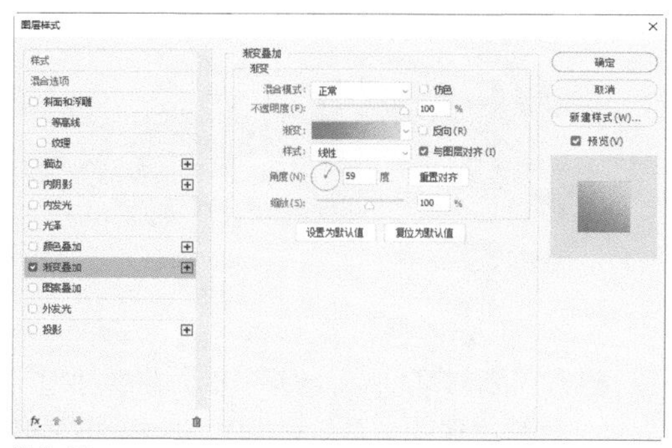

图 2-62

13 单击 确定 按钮，得到渐变叠加效果，如图 2-63 所示。

图 2-63

14 选择“横排文字工具” ，在标志图像右侧输入文字，并在工具属性栏中设置字体为“方正正黑简体”，如图 2-64 所示。

图 2-64

15 打开“图层样式”对话框，对文字应用“渐变叠加”样式，并设置颜色为从黄色（R:243，G:212，B:108）到土黄色（R:201，G:150，B:56），其他参数设置如图 2-65 所示，单击 确定 按钮得到渐变填充文字效果，如图 2-66 所示。

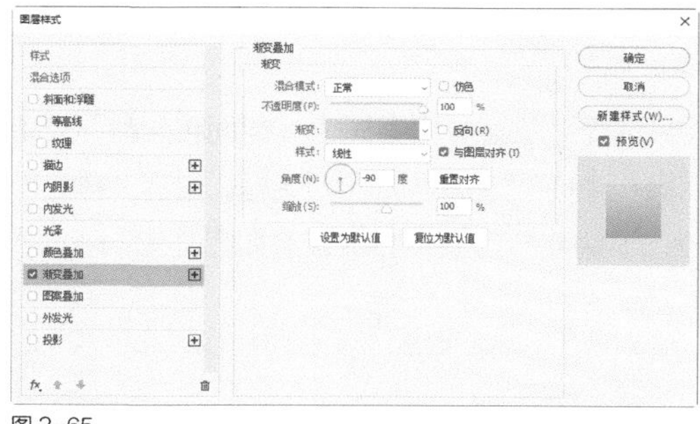

图 2-65

图 2-66

16 选择“横排文字工具” T.，在渐变色文字下方再输入一行文字，并设置字体为方正兰亭纤黑体，填充为橘黄色（R:208，G:159，B:63），得到标志图像的平面设计图，如图 2-67 所示。

图 2-67

2.4.2 制作柔和浮雕效果

为标志图像添加浮雕样式，制作出立体效果。

01 在“图层”面板中选中“组 1”图层组和“组 2”图层组，按 Ctrl+E 组合键合并图层，并将其重命名为“标志”，如图 2-68 所示。

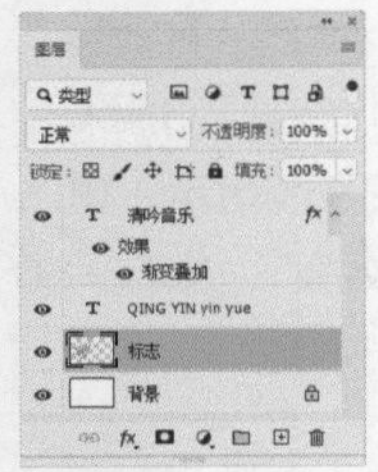
图 2-68

02 选择“图层 > 图层样式 > 斜面和浮雕”菜单命令，打开“图层样式”对话框，设置“样式”为“内斜面”，其他参数设置如图 2-69 所示。

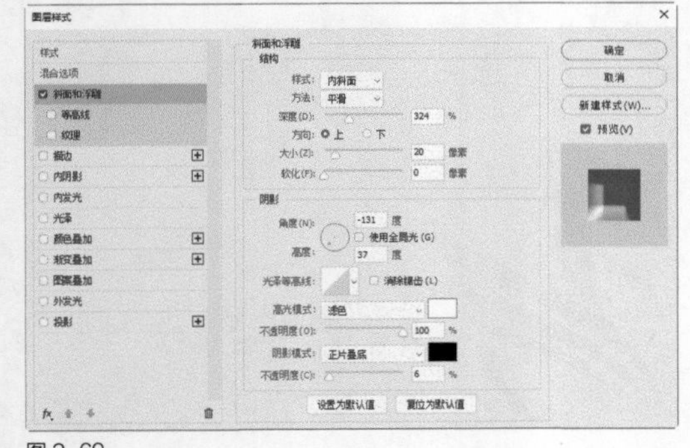
图 2-69

03 在“图层样式”对话框中选中“投影”复选框，设置投影颜色为黑色，其他参数设置如图 2-70 所示。

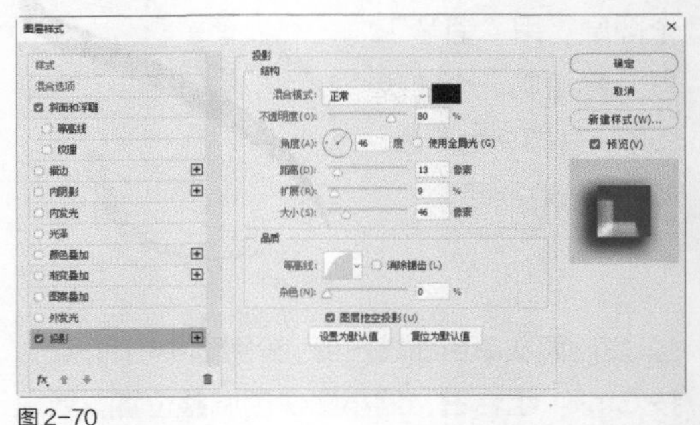
图 2-70

04 单击 确定 按钮，得到添加图层样式后的图像效果，如图 2-71 所示。

图 2-71

05 选中两个文字图层，按 Ctrl+E 组合键合并图层，然后对其应用与图像相同的图层样式，效果如图 2-72 所示。

图 2-72

06 打开“素材文件 >CH02> 木板背景 .jpg”文件，选择“移动工具” 将其拖曳至当前编辑的图像中，适当调整图像大小，使其布满整个画面，完成本案例的制作，效果如图 2-73 所示。

图 2-73

2.5 课后习题

本章主要介绍了与标志设计相关的知识，以及绘制标志时的设计思路和操作方法，多加练习即可设计出企业所需要的标志。

课后习题：校园广播站标志设计

实例位置	实例文件 >CH02> 课后习题：校园广播站标志设计 .psd
素材位置	无
视频名称	课后习题：校园广播站标志设计
技术掌握	运用椭圆选框工具绘制标志

本习题的内容是设计一个校园广播站的标志。该标志以圆形作为抽象声波图像，再添加字母“b”进行变形组合，效果如图2-74所示。

百灵校园广播

图 2-74

01 使用“椭圆选框工具” 绘制圆形选区，填充为蓝色，然后向中心缩小选区，填充为不同的颜色，如图 2-75 所示。

图 2-75

02 继续深入绘制标志，使用矩形选框工具框选部分图像，按 Delete 键删除图像，得到如图 2-76 所示的效果。

图 2-76

03 完善图像细节，效果如图 2-77 所示。

图 2-77

04 输入广播站名称，效果如图 2-78 所示。

百灵校园广播

图 2-78

课后习题：奶茶店标志设计

实例位置	实例文件 >CH02> 课后习题：奶茶店标志设计 .psd
素材位置	无
视频名称	课后习题：奶茶店标志设计
技术掌握	用钢笔工具绘制奶茶店标志

本习题的内容是设计奶茶店标志。该标志是应用文字的直接变形效果，制作“胖乎乎”的文字外形，让标志显得形象又可爱，再将其填充为黄色，让标志符合奶茶的特性，效果如图2-79所示。

图 2-79

01 选择“钢笔工具”，分别绘制“奶茶”的各笔画，并填充为黄色，如图 2-80 所示。

图 2-80

02 为文字添加描边，设置描边颜色为深土黄色，如图 2-81 所示。

图 2-81

03 使用“钢笔工具”在文字中绘制高光，填充为白色，效果如图 2-82 所示。

图 2-82

04 使用“钢笔工具”绘制图像的外轮廓以及装饰图案，再添加一行文字，如图 2-83 所示。

图 2-83

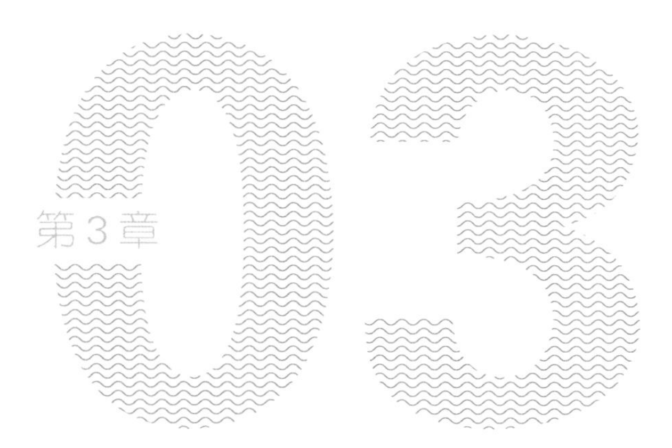

字体设计

本章导读

本章首先介绍了什么是字体设计，并对字体设计的风格进行了分析，详细讲解了如何通过软件绘制、设计出符合要求的字体。

学习要点

什么是字体设计

字体设计的风格

变形字体设计

装饰字体设计

底纹字海报设计

Photoshop

3.1 字体设计相关知识

在学习字体设计之前，我们首先来了解一些字体设计的相关知识。通过对这些知识的学习，我们能在今后的设计工作中更好地应用这些知识，制作出符合需求的字体。

3.1.1 什么是字体设计

字体设计就是按视觉设计规律设计字体。字体设计要遵循一定的字体塑造规格和设计原则，对文字进行整体的、精心的安排，使之既能传情达意，又有令人赏心悦目的美感。设计出的字体不仅要体现字体自身的美感，还要与整个作品形成和谐、统一的效果。

字体设计能够突出企业或产品的文化和内容。经过精心设计的标准字体与普通印刷字体的差异在于，它是根据企业或品牌的个性而设计的，对字体的形态、粗细，文字间的连接与配置，统一的造型等，都做了细致、严谨的规划，比普通字体更美观、更具特色。文字的变形处理可以让人直观地感受产品本身的魅力，如图3-1所示，再与标志图像相结合，就是完美的组合。

图3-1

3.1.2 字体设计的风格

字体设计可以强化其独特的风格。通过笔画粗细的变化，颜色、外形的改变，可以得到特有的字体效果。下面我们来对字体设计的常见风格进行分析。

◆ 1. 稳重挺拔

字体的造型规整、富有力度，给人以简洁爽朗的现代感，有较强的视觉冲击力。这种具有独特个性的字体，适用于科技类主题。

◆ 2. 活泼有趣

字体的造型生动活泼，有鲜明的节奏感、韵律感，色彩丰富、明快，可以给人以生机盎然的感觉。这种字体如果运用在儿童用品、运动休闲，以及时尚产品中，可以使用户快速识别产品、提升产品知名度。图3-2和图3-3中的两组字体如果分别运用到儿童节活动海报和商品夏季促销中，可以起到很好的宣传作用。

图3-2

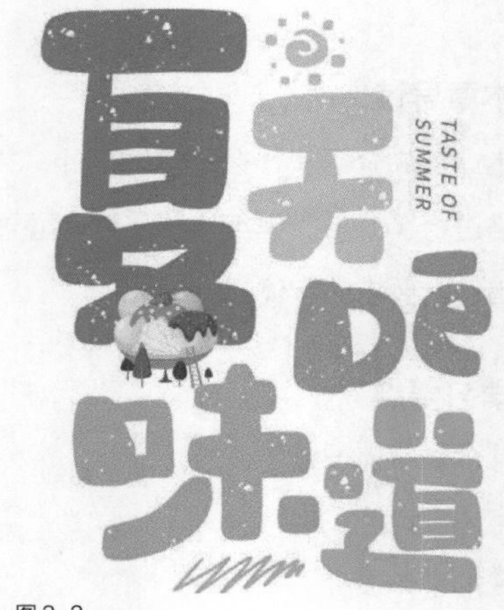

图3-3

◆ 3. 秀丽柔美

字体设计优美、清新，给人以秀丽柔美的感觉。这种类型的字体如果运用在女性化妆品、日常生活用品或服务业产品中，可以给用户带来美好的感受、加深用户的印象。

◆ 4. 苍劲古朴

字体设计朴实无华、有古风之韵，能够给人以怀旧的感觉，一般用于传统产品、民间艺术品中。图3-4所示的字体就可以应用到传统文化产品的宣传海报中。

图3-4

3.2 变形字体设计

实例位置	实例文件 >CH03> 变形字体设计 .psd
素材位置	素材文件 >CH03> 花朵 .psd、底纹背景 .jpg
视频名称	变形字体设计
技术掌握	文字变形编辑

设计思路指导

第1点：文字变形前需要设想变形效果。

第2点：合理调整笔画形状，使文字更具有独特性，给人强烈的视觉冲击。

第3点：在绘制的过程中，应准确把握文字形态。

案例背景分析

本案例为设置一个变形字体。该字体需与花朵搭配，因此在设计上，我们可以将文字形态做得圆滑一些，颜色以清淡为主，再配以花朵和一些图形作为点缀，体现文字的特性和其独特的韵味。文字设计效果如图3-5所示。

图3-5

3.2.1 编辑文字笔画

输入文字，然后将文字转换为形状，编辑文字笔画。

01 打开“素材文件 >CH03> 底纹背景 .jpg”文件，选择“椭圆选框工具” ，按住 Shift 键，在图像中绘制一个圆形选区，如图 3-6 所示。

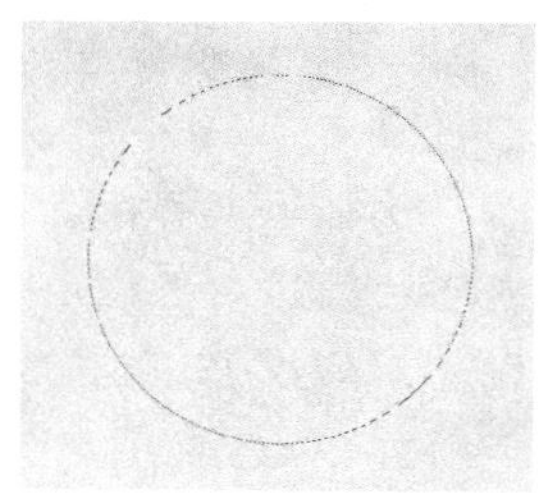

图3-6

02 单击“图层”面板底部的“创建新图层”按钮 ，新建“图层 1”图层，设置前景色为紫蓝色（R:133，G:126，B:181），接着按 Alt+Delete 组合键填充选区，效果如图 3-7 所示。

图3-7

03 选择“图层 > 图层样式 > 投影”菜单命令，打开“图层样式”对话框，设置投影颜色为黑色，其他参数设置如图 3-8 所示，完成后单击 确定 按钮，得到图像投影效果，如图3-9所示。

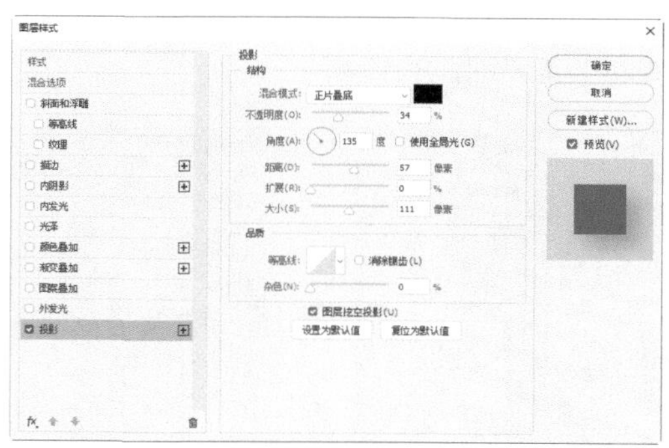

图3-8

图 3-9

04 使用“横排文字工具”T，在圆形图像中输入文字“遇”，然后选中文字，在工具属性栏中设置字体为“方正准圆简体”，“填充”为淡紫色（R:213，G:208，B:231），如图 3-10 所示。

05 选择“文字 > 转换为形状”菜单命令，将文字转换为形状，得到形状图层，如图 3-11 所示。

图 3-10　　图 3-11

06 选择“直接选择工具”，选中文字下方的部分锚点向下拖曳，得到较长的笔画效果，如图 3-12 所示。

07 选中文字下方的部分锚点，按 Ctrl+T 组合键，出现变换框，然后选中变换框右侧中间的控制点，按住鼠标左键向上拖曳，得到向上倾斜的笔画效果，如图 3-13 所示。

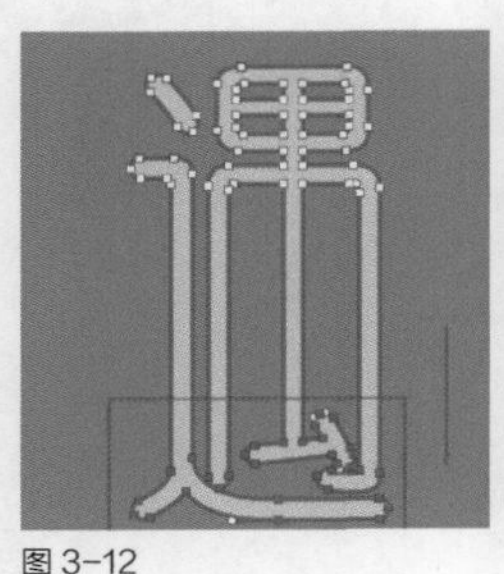

图 3-12　　图 3-13

08 结合钢笔工具组中的多种工具选中锚点进行编辑，将笔画转折处编辑得更加圆滑，效果如图 3-14 所示。

图 3-14

09 使用“直接选择工具”选中“遇”字部首的锚点，如图 3-15 所示，按 Delete 键删除该部首，效果如图 3-16 所示。

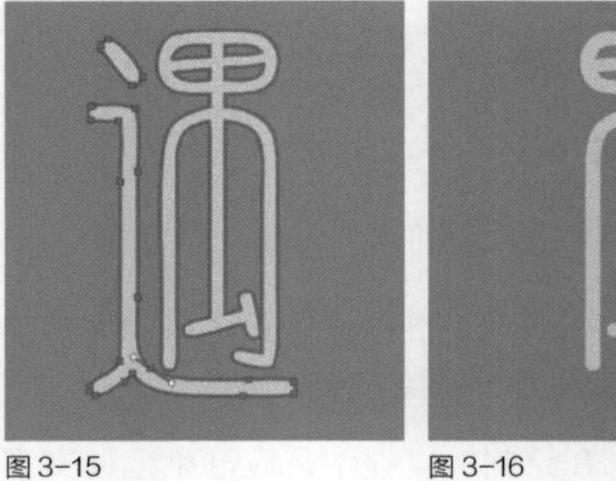

图 3-15　　图 3-16

10 新建一个图层，选择“铅笔工具”，在工具属性栏中设置“大小”为 21 像素，“不透明度”为 100%，“平滑”为 10%，如图 3-17 所示。

图 3-17

11 在文字的左上方单击，得到一个圆点，按住 Shift 键绘制其他笔画，效果如图 3-18 所示。

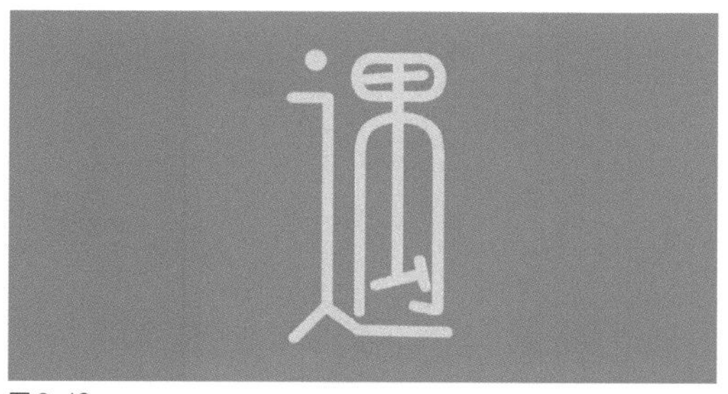

图 3-18

12 按住 Ctrl 键，选中“图层 2”图层和形状图层，如图 3-19 所示；按 Ctrl+E 组合键合并图层，重命名为“遇”，如图 3-20 所示。

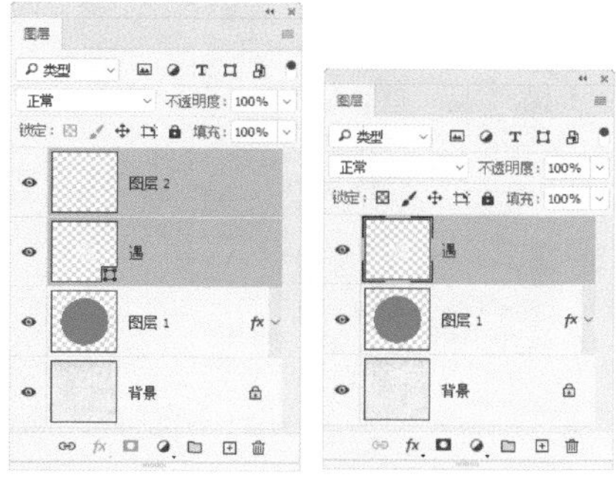

图 3-19　　图 3-20

13 制作“见”字。选择“圆角矩形工具”，在工具属性栏中设置工具模式为“形状”，“填充”为“无”，“描边”为白色，“宽度”为 25 像素，如图 3-21 所示。然后在图像中绘制一个圆角矩形，如图 3-22 所示。

图 3-21

图 3-22

14 新建一个图层，选择“铅笔工具”，在圆角矩形内绘制两条斜线，然后在圆角矩形外绘制其他笔画，得到“见”字，如图 3-23 所示。

15 在“图层”面板中选中圆角矩形所在的图层，合并图层，重命名为“见”，如图 3-24 所示。

图 3-23

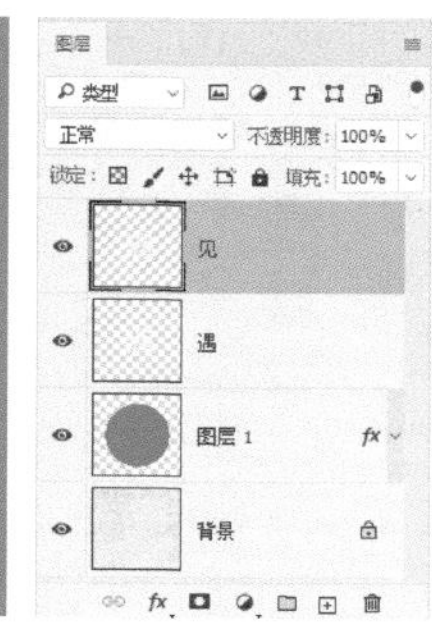

图 3-24

16 选择“横排文字工具”，输入文字“插”；然后在工具属性栏中设置字体为“方正准圆简体”，“填充”为淡紫色（R:213，G:208，B:231），如图 3-25 所示。

图 3-25

17 选择“文字 > 转换为形状”菜单命令，将文字转换为形状；使用“直接选择工具”，选中文字下半部分锚点并向下拖曳，得到较长的笔画，效果如图 3-26 所示。

18 结合钢笔工具组中的多种工具，选中文字底部的部分锚点进行编辑，将笔画转折处编辑得更加圆滑，效果如图 3-27 所示。

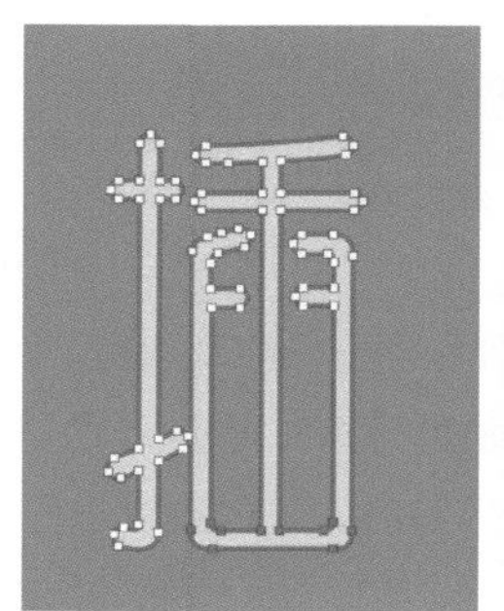

图 3-26

图 3-27

19 选择“横排文字工具” T.，输入文字“花”，在工具属性栏中设置字体为“方正准圆简体”，“填充”为白色，效果如图 3-28 所示。

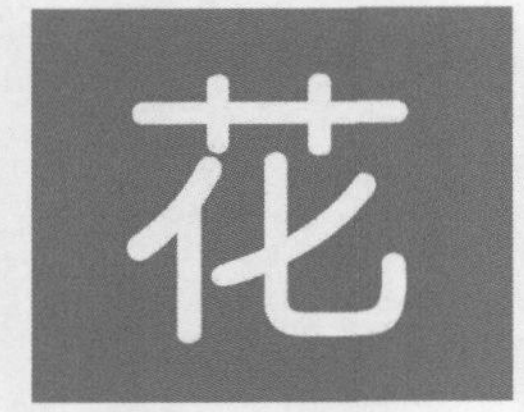

图 3-28

20 将文字转换为形状，再使用“直接选择工具” 选中文字下半部分锚点并向下拖曳，得到较长的笔画效果，如图 3-29 所示。

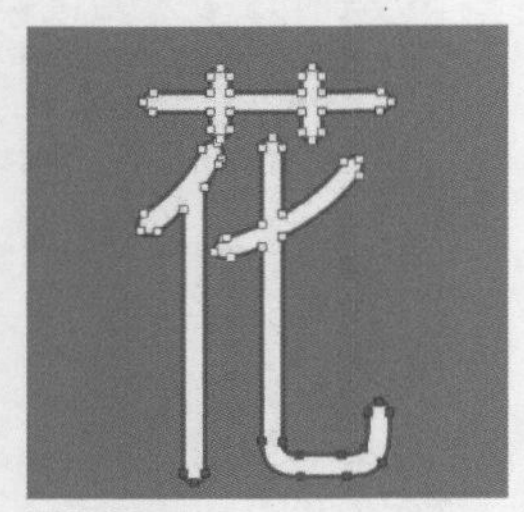

图 3-29

21 选中每一个文字所在图层，使用“移动工具” 调整文字的大小和位置，参照图 3-30 所示的方式排列。

图 3-30

22 分别选中每一个文字所在图层，选择“图层 > 图层样式 > 投影”菜单命令，打开“图层样式”对话框，设置投影颜色为黑色，其他参数设置如图 3-31 所示；单击 确定 按钮得到投影效果，如图 3-32 所示。

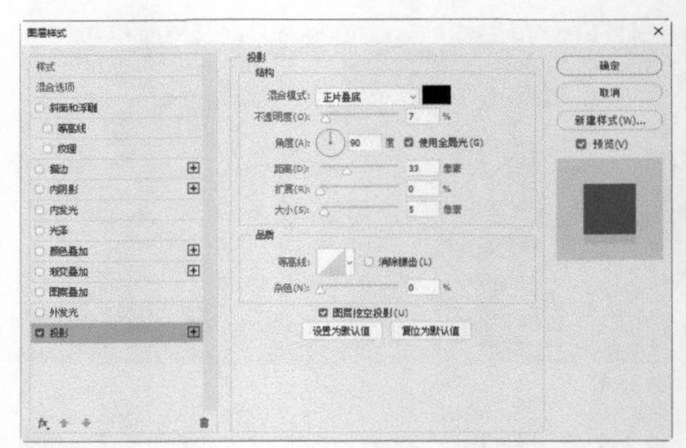

图 3-31

图 3-32

3.2.2 绘制其他图像

添加素材图像和一些几何图形作为点缀，与变形字体相呼应。

01 新建一个图层，将其放到“图层”面板的底层。用“椭圆选框工具” 绘制多个圆形选区，分别填充为橘黄色（R:224，G:173，B:142）和淡紫色（R:202，G:197，B:219），如图 3-33 所示。

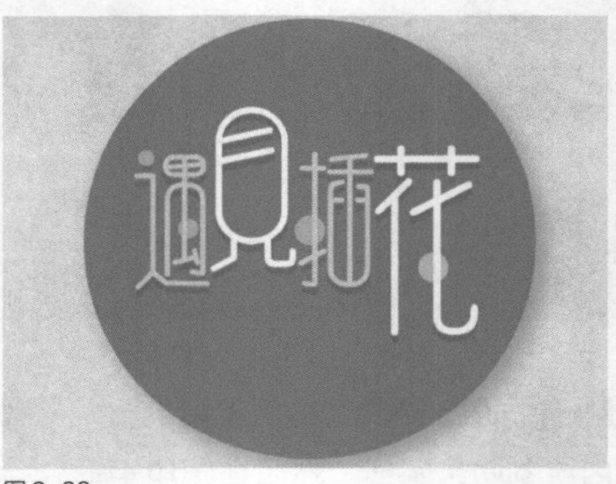

图 3-33

02 打开“素材文件 >CH03> 花朵 .psd”文件，使用“移动工具”将花朵分别拖曳到当前编辑的图像中，放到图 3-34 所示的位置。

图 3-34

03 选择“横排文字工具”，在圆形图像中输入文字，并在工具属性栏中设置字体为“方正准圆简体”，“填充”为淡紫色（R:230，G:229，B:232），再适当调整文字大小，如图 3-35 所示。

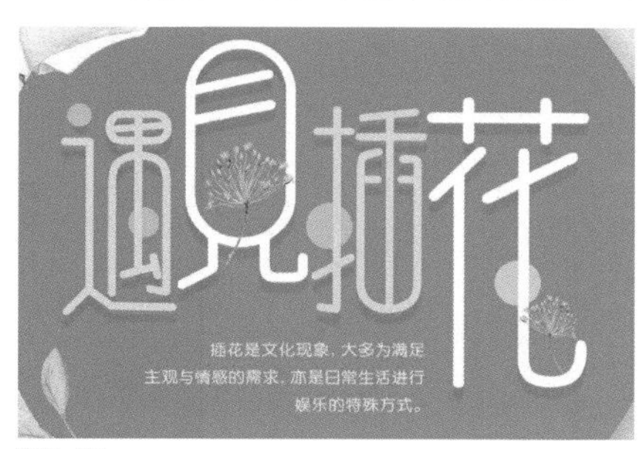

图 3-35

04 新建一个图层，设置前景色为橘黄色（R:224，G:173，B:143），选择“铅笔工具”，在工具属性栏中设置画笔“大小”为 6 像素，然后在文字周围绘制几条斜线，如图 3-36 所示。

图 3-36

05 选择“椭圆选框工具”，在圆形图像的左下方绘制一个圆形选区，填充为淡紫色（R:201，G:197，B:219），再使用“横排文字工具”在其中输入文字，并填充为白色，完成本案例的制作，如图 3-37 所示。

图 3-37

3.3 装饰字体设计

实例位置	实例文件 >CH03> 装饰字体设计 .psd
素材位置	素材文件 >CH03> 粉色背景 .jpg、钻石 .psd、建筑 .psd、白色装饰花 .psd
视频名称	装饰字体设计
技术掌握	为文字笔画添加阴影和杂色

设计思路指导

第1点：将多个几何图形组合成数字。

第2点：为文字添加滤镜，使其效果更加丰富。

第3点：为文字添加笔画转换效果，使文字更有趣味性。

案例背景分析

本案例将设计一个装饰字体。该字体要与背景图像、素材图像互相呼应，色调上也要做到统一。在设计时，通过形状工具和“横排文字工具”制作文字的基本形状，然后再为文字应用特殊效果，最后添加素材图像，让字体与整个画面和谐、统一，如图3-38所示。

图 3-38

3.3.1 制作文字组合效果

首先，绘制部分笔画，然后输入文字并加以编辑，组合成一组特殊字体。

01 按 Ctrl+N 组合键新建一个图像文件，选择“圆角矩形工具”，在工具属性栏中设置工具模式为“形状”，“填充”为红色（R:236，G:96，B:108），“描边”为无，如图 3-39 所示。

图 3-39

02 绘制两个圆角矩形，合成一个 90° 转角的图形，而“图层”面板中将自动出现两个形状图层，如图 3-40 所示。

图 3-40

03 新建一个图层，选择“椭圆选框工具”，按住 Shift 键绘制一个圆形选区，如图 3-41 所示。

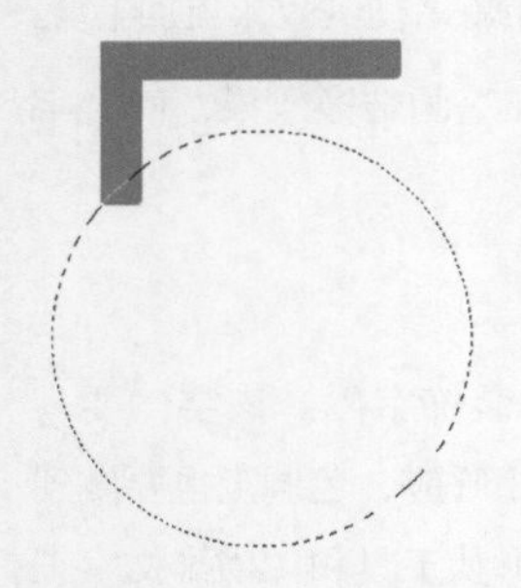
图 3-41

04 选择“编辑 > 描边”菜单命令，打开“描边”对话框，设置“宽度”为 30 像素，“颜色”为红色（R:236，G:96，B:108），“位置”为“内部”，如图 3-42 所示。单击“确定”按钮得到圆环描边效果，如图 3-43 所示。

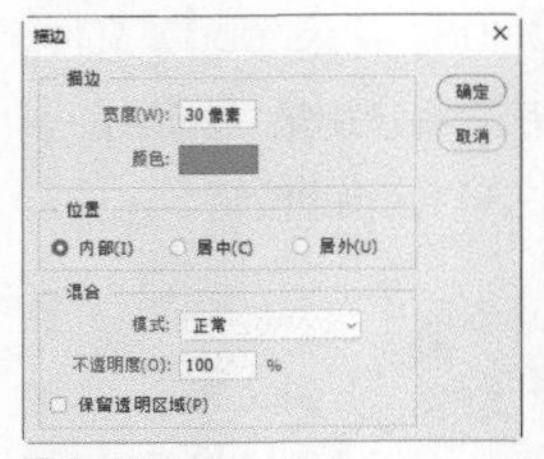

图 3-42

图 3-43

05 选择“矩形选框工具”，在圆环图像左侧绘制一个矩形选区，按 Delete 键删除选区中的图像，如图 3-44 所示。按 Ctrl+D 组合键取消选区。

图 3-44

06 按住 Ctrl 键，选中除“背景”图层以外的所有图层，如图 3-45 所示；按 Ctrl+E 组合键合并图层，如图 3-46 所示。

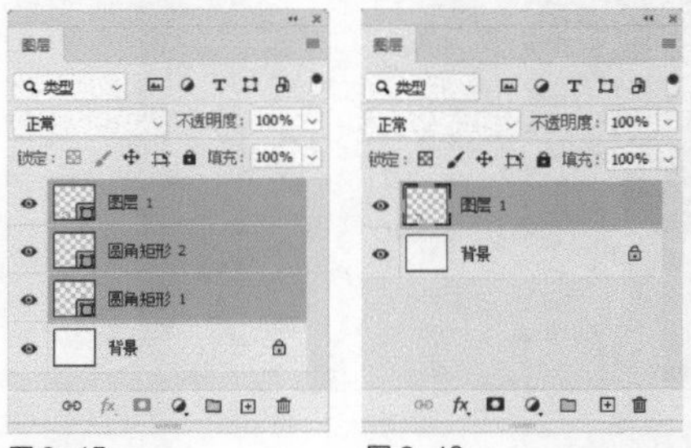

图 3-45 图 3-46

07 按住 Ctrl 键，单击“图层 1”图层，创建图像选区。选择“画笔工具”，在数字笔画的末尾处做适当的修改，得到更加圆滑的笔画效果，如图 3-47 所示。

图 3-47

08 选择“滤镜 > 杂色 > 添加杂色”菜单命令，打开“添加杂色”对话框，设置“数量”为 15%；再选中“高斯分布”单选项和“单色”复选框，如图 3-48 所示。单击“确定”按钮，得到添加杂色后的文字效果，如图 3-49 所示。

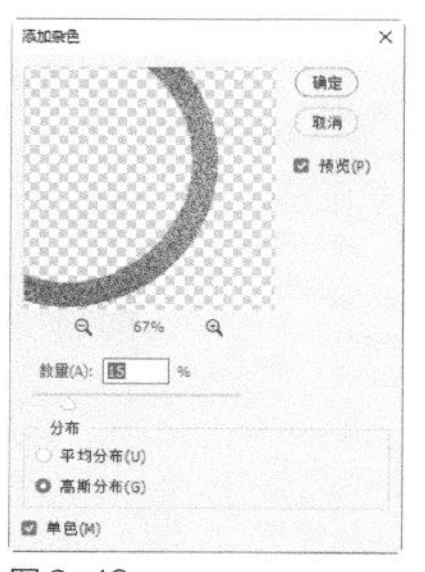

图 3-48

图 3-49

09 创建“图层1”图层的选区，选择“加深工具”，在工具属性栏中设置合适的画笔大小，再设置“范围”为“阴影”，设置“曝光度”为100%，如图 3-50 所示。然后按住鼠标左键并拖曳鼠标，在选区内涂抹，加深部分图像的颜色，如图 3-51 所示。

10 选择“套索工具”，在笔画转折处绘制选区，然后使用“加深工具”在选区中做加深处理，效果如图 3-52 所示。

图 3-50

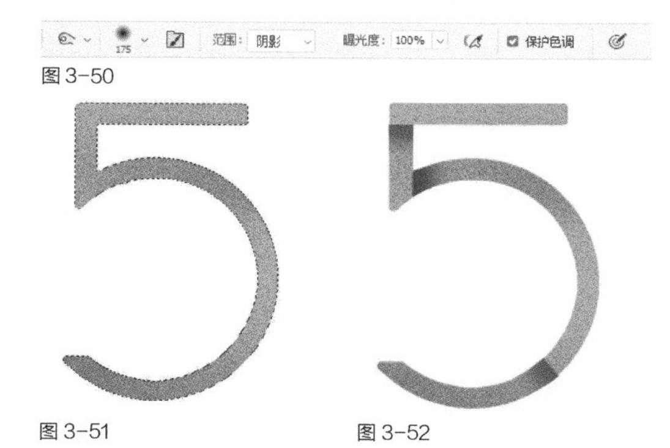

图 3-51　　图 3-52

11 选择“横排文字工具”，输入文字“2”，在工具属性栏中设置字体为“方正兰亭准黑”，“填充”为红色（R:235，G:107，B:135），效果如图 3-53 所示。

图 3-53

12 选择“文字 > 转换为形状”菜单命令，使用钢笔工具组中的工具对文字外形做适当编辑，效果如图 3-54 所示。

图 3-54

13 新建一个图层，选择“椭圆选框工具”，在图像中绘制一个圆形选区，如图 3-55 所示。

图 3-55

14 选择“编辑 > 描边”菜单命令，打开“描边”对话框，设置描边“宽度”为 40 像素，“颜色”为粉红色（R:238，G:107，B:127），如图 3-56 所示。单击确定按钮，得到描边效果，如图 3-57 所示。

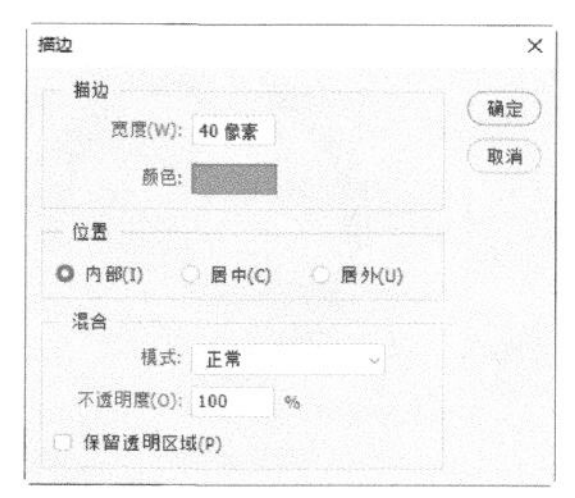

图 3-56

图 3-57

15 打开“素材文件 >CH03> 钻石 .psd”文件，使用“移动工具”将其拖曳到当前编辑的图像中，放到“O”的上方，如图 3-58 所示。

图 3-58

16 选中“2”和“O”及钻石图像所在图层，按Ctrl+E组合键合并图层，为其应用“添加杂色”滤镜，效果如图 3-59 所示。

图 3-59

17 使用“多边形套索工具”在“2”和“O”及钻石图像中绘制选区，再使用“加深工具”做加深处理，得到与“5”相同的效果，如图3-60所示。

图 3-60

3.3.2 添加装饰图像

为文字添加图层样式、制作投影效果，再添加装饰图像。

01 按住 Ctrl 键，选中除“背景”图层以外的所有图层，按 Ctrl+E 组合键合并图层，然后选择“图层 > 图层样式 > 投影”菜单命令，打开“图层样式”对话框，设置投影颜色为红色（R:218，G:70，B:89），其他参数设置如图 3-61 所示。

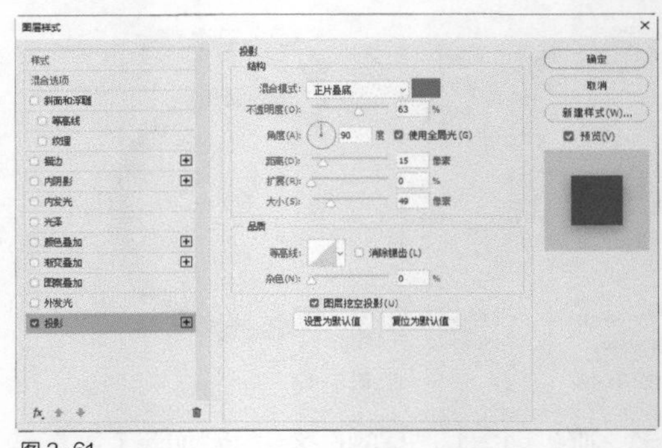

图 3-61

02 单击 确定 按钮得到图像投影效果，如图 3-62 所示。

图 3-62

03 打开“素材文件 >CH03> 粉色背景 .jpg”文件，使用“移动工具”将制作好的文字拖曳到“粉色背景 .jpg”中，如图 3-63 所示。

图 3-63

04 打开“素材文件 >CH03> 建筑 .psd”文件，使用“移动工具”将图像拖曳到粉色背景图像中，放到画面下方，如图 3-64 所示。

05 打开“素材文件 >CH03> 白色装饰花 .psd”文件，使用“移动工具”将图像拖曳到“粉色背景 .jpg”中，并将花朵分别放到文字中，如图 3-65 所示。

图 3-64

图 3-65

06 选择“横排文字工具”，在图像下方输入两行文字，在工具属性栏中设置字体为“方正中倩简体”，“填充”为红色（R:219，G:90，B:94），如图 3-66 所示。

图 3-66

07 新建一个图层，选择“矩形选框工具”，在第二行的文字中绘制一个矩形选区，如图 3-67 所示。

图 3-67

08 选择“编辑 > 描边”菜单命令，打开“描边”对话框，设置“宽度”为 3 像素，“颜色”为红色（R:219，G:90，B:94），如图 3-68 所示。

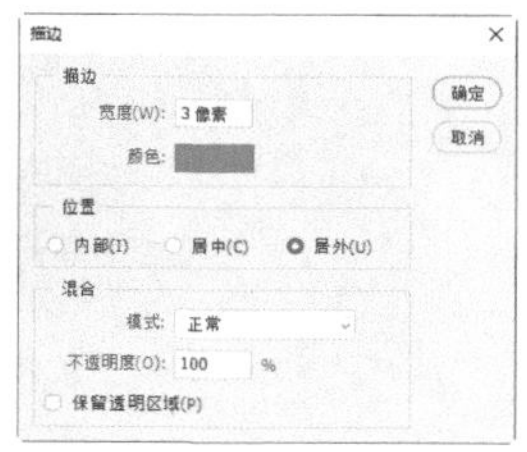

图 3-68

09 单击确定按钮得到描边效果，完成本案例的制作，如图 3-69 所示。

图 3-69

3.4 底纹字海报设计

实例位置	实例文件 >CH03> 底纹字海报设计 .psd
素材位置	素材文件 >CH03> 线条图 .jpg、耳机 .psd、线条楼房 .psd
视频名称	底纹字海报设计
技术掌握	利用图层样式制作空心文字效果

设计思路指导

第1点：选择的字体需与产品特性一致。

第2点：注意文字与背景的融合性。

案例背景分析

本案例将在海报中设计底纹字，主要用于衬托和突出产品图像。在颜色上，英文字体采用了与产品相似的深红色，并应用了空心文字效果；还添加了投影，让文字与背景巧妙地融为一体，效果如图3-70所示。

图 3-70

3.4.1 文字排版编辑

输入文字，调整文字的大小和角度，制作底纹字体效果。

01 按Ctrl+N组合键新建一个图像文件，选择“渐变工具” ，单击工具属性栏左侧的渐变色条，打开“渐变编辑器”对话框，设置颜色为从土红色（R:186，G:74，B:74）到深红色（R:123，G:14，B:13），如图 3-71 所示。

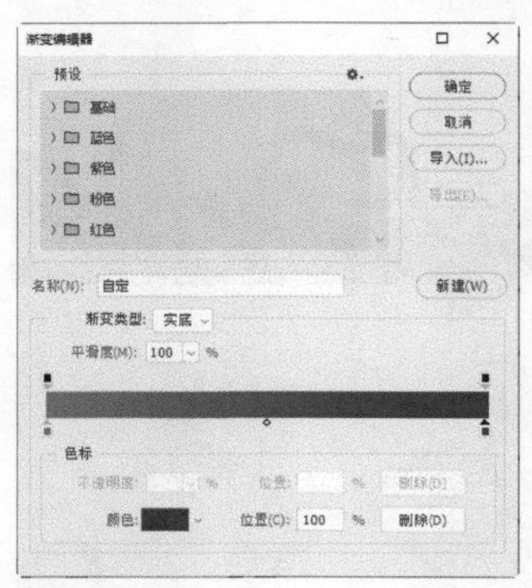

图 3-71

02 单击 确定 按钮，完成渐变色的编辑。在工具属性栏中选择渐变方式为“径向渐变”，然后按住鼠标左键，从图像内部向外拖曳，得到渐变填充效果，如图 3-72 所示。

03 打开“素材文件 >CH03> 线条图 .jpg”文件，使用“移动工具” 将其拖曳至渐变图像中，适当调整图像大小，如图 3-73 所示。

图 3-72

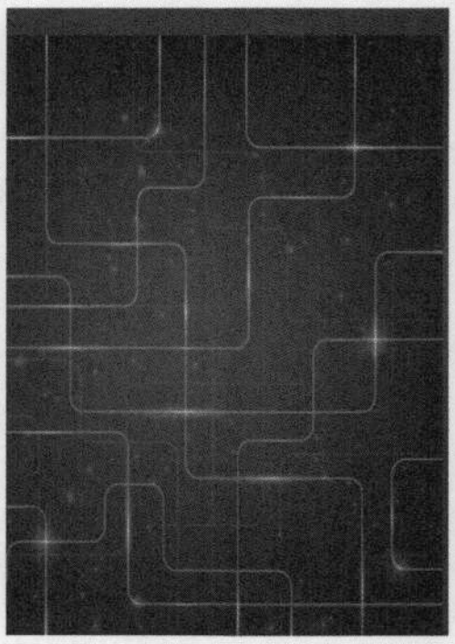

图 3-73

04 在“图层”面板中设置“不透明度”为70%，然后单击面板底部的“添加图层蒙版”按钮 ，设置前景色为黑色、背景色为白色，使用“渐变工具” 为图像应用从白色到黑色的径向渐变填充，效果如图 3-74 所示。

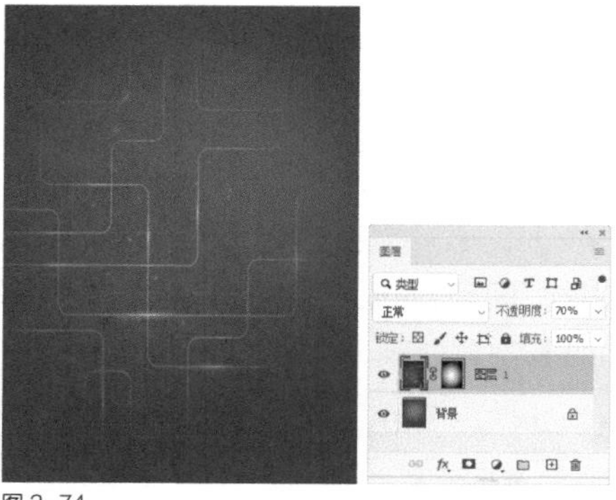

图 3-74

05 选择“横排文字工具” T，在图像中输入大写字母“MU”，并在“属性”面板中设置字体为“方正兰亭特黑 _GBK”，“颜色”为白色，如图 3-75 所示。

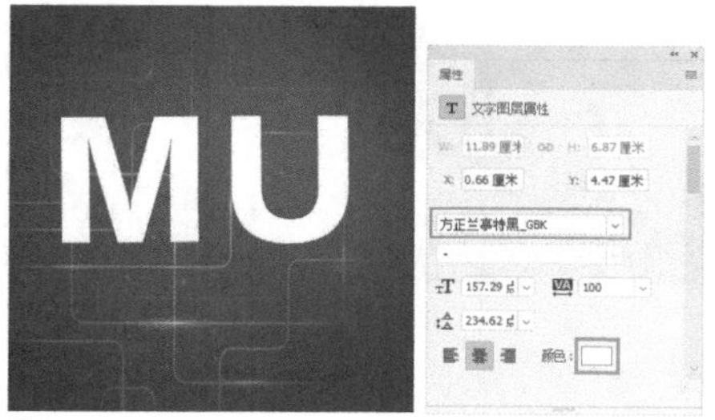

图 3-75

06 选择“图层 > 图层样式 > 投影”菜单命令，打开“图层样式”对话框，设置投影颜色为黑色，其他参数设置如图 3-76 所示。

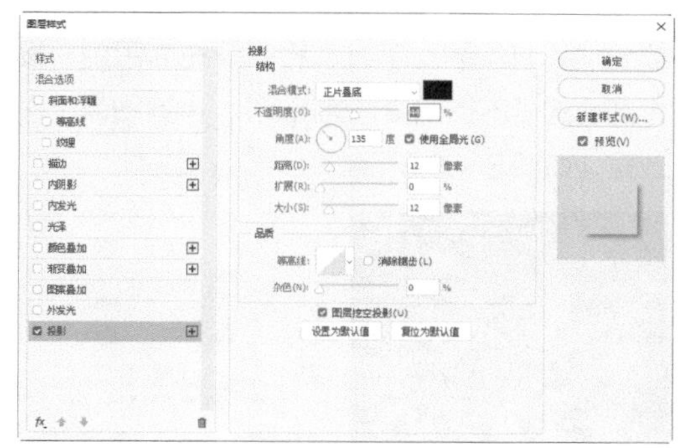

图 3-76

07 单击 确定 按钮回到画面中，在“图层”面板中设置“填充”为 0%，得到空心投影文字效果，如图 3-77 所示。

图 3-77

08 按 Ctrl+T 组合键，文字四周将出现变换框。将鼠标指针放到变换框外侧，按住鼠标左键拖曳鼠标旋转文字，如图 3-78 所示。

09 操作完成后，按 Enter 键确认变换，将文字放到画面左上方，如图 3-79 所示。

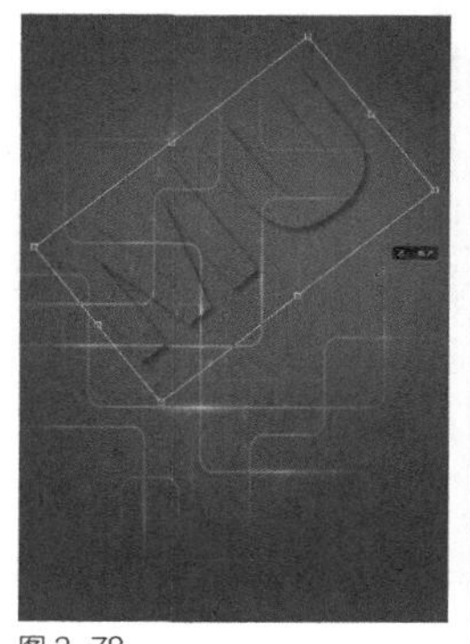

图 3-78　图 3-79

10 选择“横排文字工具” T，在图像中输入大写字母“SI”，如图 3-80 所示。

图 3-80

11 在“图层”面板中选中“MU”文字图层，单击鼠标右键，在弹出的快捷菜单中选择“拷贝图层样式”命令，如图 3-81 所示。

图 3-81

12 选中“SI”文字图层，单击鼠标右键，在弹出的快捷菜单中选择“粘贴图层样式”命令，如图 3-82 所示。得到的文字效果如图 3-83 所示。

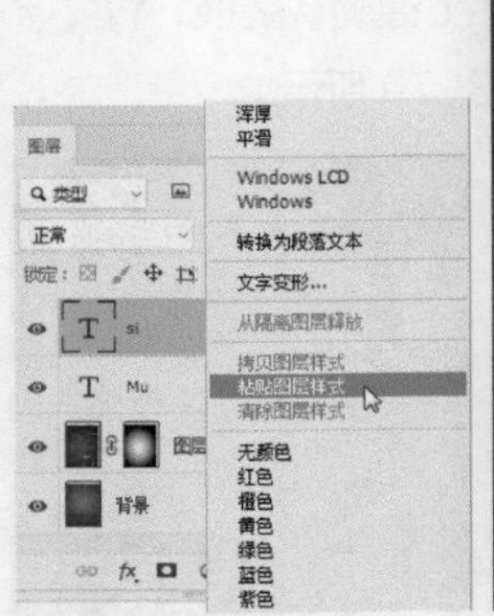

图 3-82

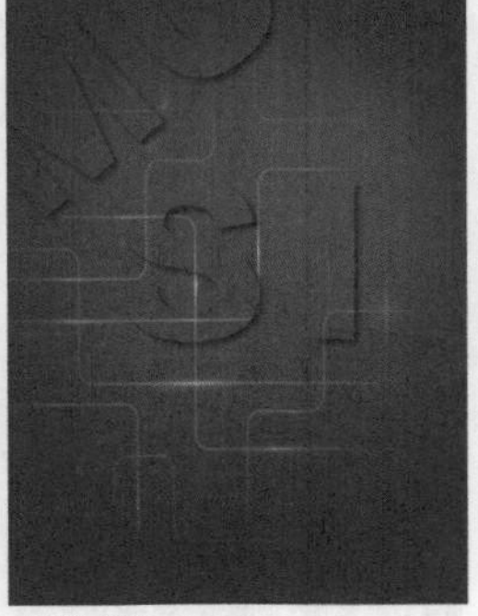
图 3-83

13 按 Ctrl+T 组合键，旋转“SI”，将其放到图 3-84 所示的位置。

14 使用相同的方法输入其余文字，并为其添加图层样式；旋转文字后放于画面右侧，如图 3-85 所示。

图 3-84

图 3-85

3.4.2 添加产品和文字

添加素材图像，调整图像的位置和效果。

01 打开“素材文件 >CH03> 耳机 .psd”文件，使用“移动工具”将其拖曳到当前编辑的图像中，并在“图层”面板中将该图层重命名为“耳机”，如图 3-86 所示。

02 按住 Ctrl 键，单击“耳机”图层，创建图像选区；然后选择任意一个选框工具，移动选区，如图 3-87 所示。

图 3-86

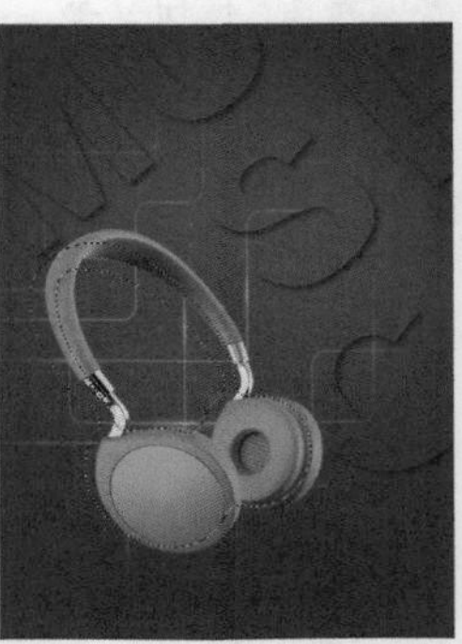
图 3-87

03 选择“选择 > 修改 > 羽化”菜单命令，打开“羽化选区”对话框，设置“羽化半径”为 30 像素，如图 3-88 所示。

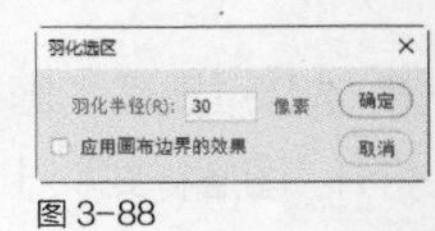

图 3-88

04 新建一个图层，将其重命名为“耳机阴影”，放到“耳机”图层下方，将其填充为黑色，设置图层的“不透明度”为 60%，得到图像投影效果，如图 3-89 所示。

图 3-89

05 打开“素材文件 >CH03> 线条楼房 .psd”文件，使用“移动工具”将其拖曳到当前编辑的图像中，放到画面下方，如图 3-90 所示。

图 3-90

06 选择“横排文字工具”，在耳机图像的右下方输入文字，并在工具属性栏中设置字体为“方正姚体简体”，“填充”为白色，然后适当调整文字大小，如图 3-91 所示，完成本案例的制作。

图 3-91

3.5 课后习题

本章主要介绍了字体设计的相关知识，以及绘制字体的设计思路和操作方法，多加练习即可设计出所需的字体。

课后习题：立体文字设计

实例位置	实例文件 >CH03> 课后习题：立体文字设计 .psd
素材位置	素材文件 >CH03> 糖果背景 .jpg
视频名称	课后习题：立体文字设计
技术掌握	图层样式的应用

本习题设计的是立体甜蜜文字。通过在文字中添加多个图层样式效果及参数的设置，得到具有立体感的文字，如图3-92所示。

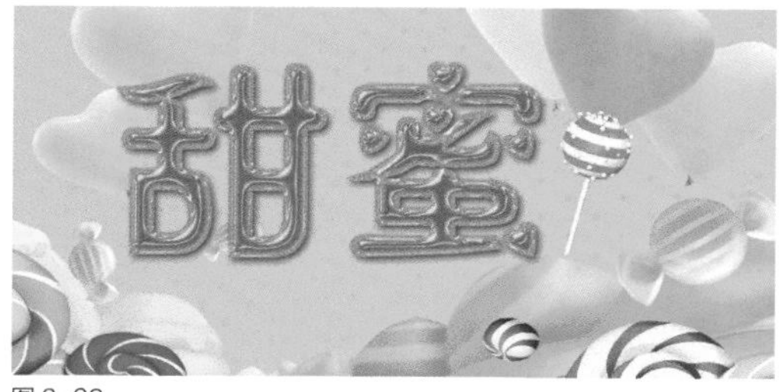

图 3-92

01 打开“素材文件 >CH03> 糖果背景 .jpg”文件，选择“横排文字工具”，在图像中输入文字，并设置字体为“汉仪秀英简体”，如图 3-93 所示。

图 3-93

02 为文字添加图层样式，分别应用“斜面和浮雕”“内发光”“颜色叠加”“投影”样式，如图 3-94 所示。

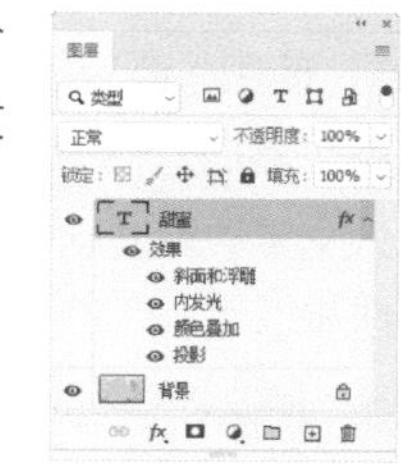

图 3-94

03 添加图层样式后，得到的文字效果如图 3-95 所示。

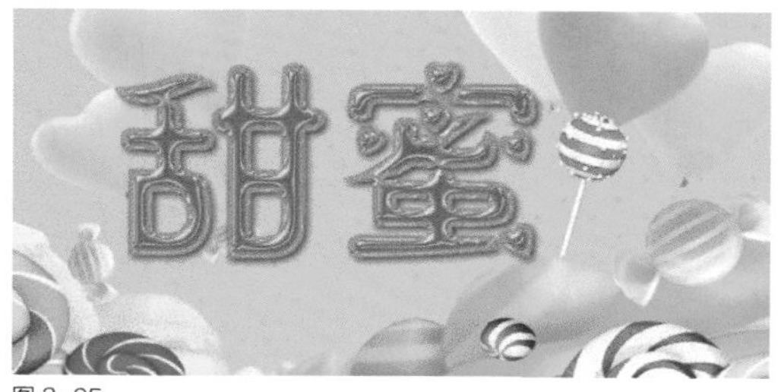

图 3-95

课后习题：母亲节海报文字设计

实例位置	实例文件 >CH03> 课后习题：母亲节海报文字设计 .psd
素材位置	素材文件 >CH03> 粉色花 .psd、圆环装饰 .psd
视频名称	课后习题：母亲节海报文字设计
技术掌握	通过钢笔工具编辑文字笔画

本习题将设计用于母亲节海报的字体。通过输入普通文字，然后对其笔画进行适当编辑而制作出该字体，效果如图3-96所示。

图 3-96

01 使用“渐变工具” 为图像应用径向渐变填充。然后选择“横排文字工具” 在图像中输入文字，设置字体为“方正姚体”，如图 3-97 所示。

02 选择“文字 > 转换为形状”菜单命令，使用钢笔工具组编辑文字外形，再应用渐变色填充，如图 3-98 所示。

图 3-97 　　图 3-98

03 选择“图层 > 图层样式 > 斜面和浮雕”菜单命令，打开“图层样式”对话框，样式参数设置如图 3-99 所示。

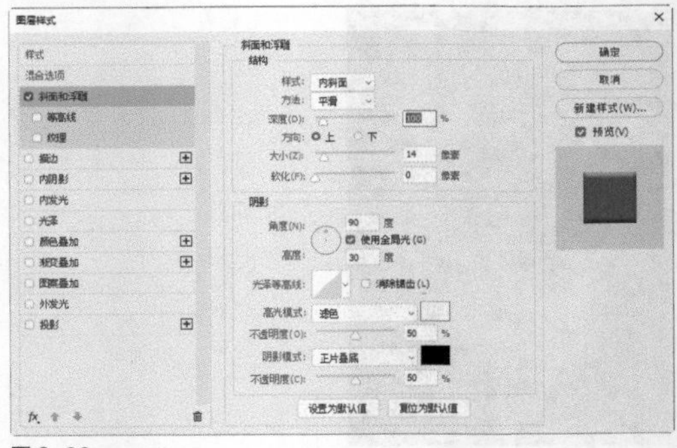

图 3-99

04 按住 Ctrl 键，单击“母亲节”文字图层，创建选区，适当进行倾斜变换后羽化选区。新建一个图层，填充为灰色，并降低图层不透明度，得到的文字投影效果如图 3-100 所示。

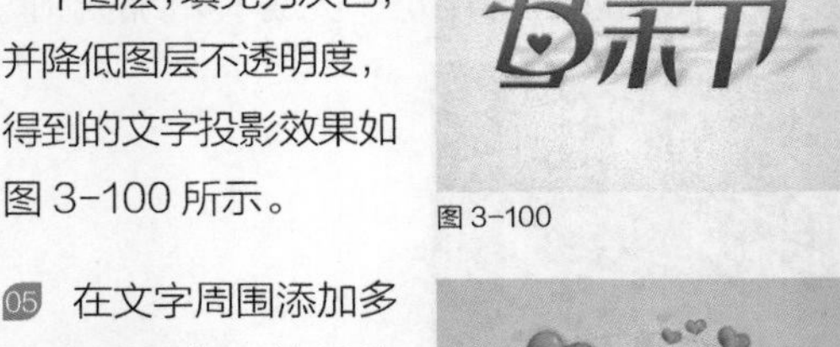

图 3-100

05 在文字周围添加多种素材图像，然后使用“横排文字工具” 在画面下方输入文字，如图 3-101 所示，完成本案例的制作。

图 3-101

海报设计

本章导读

海报作为一种广告宣传的有效媒介，可以用来树立企业形象，提高产品知名度、开拓市场、促进销售。商业海报各式各样，有不同的主题和不同的表现形式，本章将讲解多种海报的设计思路和绘制方法。

学习要点

海报能发挥的作用

歌唱大赛海报设计

饮品海报设计

车位销售海报设计

儿童节活动海报设计

Photoshop

4.1 海报设计基础知识

海报又称招贴画，是一种艺术化的大众宣传工具，多贴在街头、墙上或橱窗里，以醒目的画面吸引受众的注意。

4.1.1 海报能发挥的作用

海报作为一种用于广告宣传的有效媒介，能够很好地为企业传递信息。尤其是商业海报，充当着传递商品信息的角色，使消费者和生产厂家都可以节约时间，及时解决各种需求和问题。

◆ 1. 准确传递信息

海报准确传递个性化的信息，才能够达到预期的宣传目的，如图4-1所示。在利用海报传达个性化信息时，要注意以下两点。

第1点：信息要具有鲜明的个性。

第2点：信息要真实、可信、有效、健康。

图 4-1

◆ 2. 有利于竞争和促进销售

优秀的海报设计既能突出商品的品牌和质量的优势，又能树立良好的企业形象，同时还有利于提高商品竞争力，如图4-2所示。

图 4-2

◆ 3. 独特的审美价值

优秀的海报在传递信息的同时，还能给受众带来审美愉悦。这就是海报在实现其基本功能后延伸出的艺术价值，如图4-3所示。

图 4-3

4.1.2 常见的海报类型

从应用的角度对海报进行分类，大致可以分为商业海报、公益海报、文化艺术海报等。

商业海报用于商品的宣传、促销，以及展览会、交易会、旅游业务、邮电业务、交通业务、保险业务等的广告宣传。商业招贴广告指由商品经营者或服务提供者承担费用，通过一定的媒介和形式直接或间接地介绍所推销的商品或所提供的服务的广告，如图4-4所示。

图 4-4

公益海报用于社会宣传、公益事业（环境保护、社会公德、福利事业、交通安全、禁烟等）、社会活动等的宣传，即不以营利为目的、为公共利益服务的招贴广告。公益海报常常针对社会的热点问题，借以传达一种想法或意见，并推动相应问题的解决，如图4-5所示。

图 4-5

文化艺术（主题创作）海报用于科技、教育、艺术、体育、新闻出版等的宣传推广。文化艺术招贴广告根植于现实，传达的是特定时空的具体信息。文化艺术海报不同于公益海报，后者有一定的社会意义；文化艺术海报也不同于商业海报，后者有商业目的与功利性。文化艺术海报如图4-6所示。

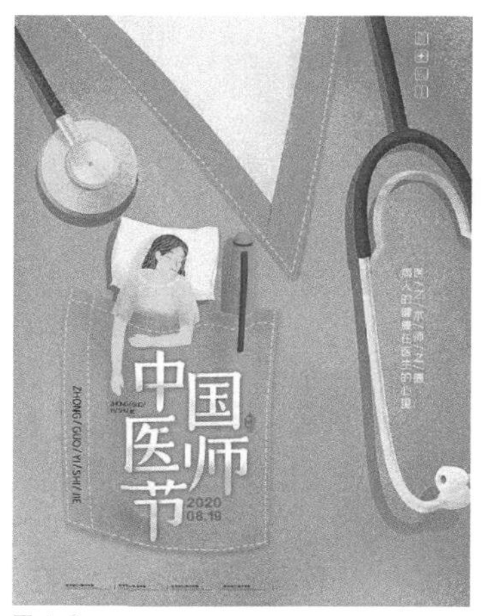

图 4-6

4.1.3 海报设计的表现手法

海报设计的表现手法有很多种，包括直接展示法、突出特征法、对比衬托法、合理夸张法和以小见大法等。

◆ 1. 直接展示法

这是一种最常见的表现手法。它将产品或主题直接、如实地展现在版面上，充分运用摄影或绘画等方式的写实表现能力，细致刻画、着力渲染产品的质感、形态和功能，将产品的质感呈现出来，给人以逼真感，使消费者对产品产生一种亲切感和信任感。

由于这种手法是直接将产品推到消费者面前，因此要十分注意画面上产品的组合和展示角度，着力突出产品的品牌和产品本身容易打动人心的地方，增强海报画面的视觉冲击力，如图4-7所示。

图4-7

◆ 2. 突出特征法

突出特征法也是一种常见的表现手法，是突出广告主题的重要手法之一。该手法运用各种方式抓住和强调产品或主题本身与众不同的特征，并把它鲜明地表现出来，以达到刺激受众的购买欲望的目的，如图4-8所示。

图4-8

◆ 3. 对比衬托法

对比衬托法是一种在趋向于对立冲突的艺术中最突出的表现手法。它把作品中所描绘的事物的性质和特点与鲜明的对照物直接对比，借彼显此、互比互衬，从对比所呈现的差别中，达到集中、简洁、曲折变化的表现效果。这种手法可以更鲜明地强调或提示产品的性能和特点，给消费者以深刻的视觉感受。

对比衬托法运用得成功，能使看似平凡的画面中隐含丰富的意味，展示主题的不同层次和深度，如图4-9所示。

图4-9

◆ 4. 合理夸张法

借助想象，对海报作品中所宣传对象的品质或特征进行合理夸大，加深受众对这些特征的印象。这种手法能更鲜明地强调或揭示事物的本质，加强作品的艺术效果，如图4-10所示。

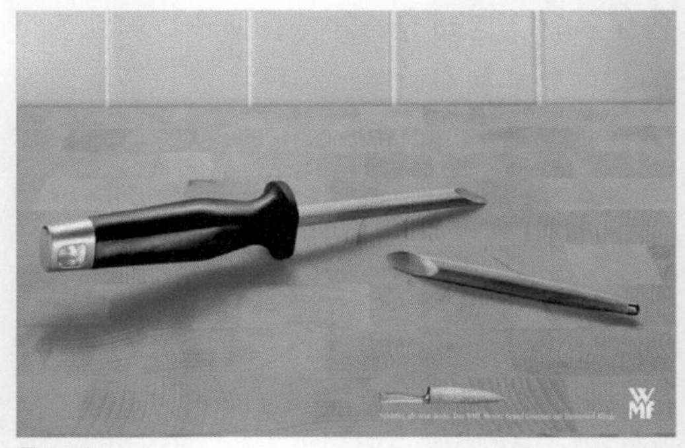
图4-10

◆ 5. 以小见大法

以小见大法是一种以小事物揭示重大主题的表现手法，可以让海报有很大的灵活性和无限的表现力，同时为受众提供广阔的想象空间。以小见大中的“小”，是画面的焦点和视觉中心，是小中寓大、以小胜大的产物，是追求简洁的体现，如图4-11所示。

图4-11

6. 运用联想法

在审美过程中，丰富的联想能突破时空的界限，扩大艺术形象的容量，加深画面的意境。联想可以使作品与受众融为一体，引发美感共鸣，如图4-12所示。

图4-12

7. 富于幽默法

富于幽默法是海报设计中常用的一种表现手法。这种手法主要是通过一些带有喜剧特征的视觉效果吸引大众的眼球，既营造了轻松、搞笑的氛围，也给受众留下了深刻的印象，如图4-13所示。

图4-13

8. 借用比喻法

借用比喻法指在设计过程中选择两个看似互不相干，实则在某些方面有相似性的事物，“以此物喻彼物”进行延伸转化，获得“婉转”的艺术表达效果。借用比喻法比较含蓄，有时难以一目了然，但观者一旦领会其意，就会回味无穷，如图4-14所示。

图4-14

9. 以情托物法

以情托物法在表现手法上侧重选择具有感情倾向的内容，以美好的感情烘托主题，真实而充分地反映这种审美感情，以达到美的意境。将这种手法运用到海报设计中，就是要通过设计作品将感情因素呈现出来，与观者产生情感共鸣，如图4-15所示。

图4-15

◆ 10. 悬念安排法

悬念安排法可营造一种悬疑气氛，驱动受众的好奇心，使其想一探究竟。这种手法能加深矛盾冲突，吸引受众的兴趣和注意力，产生引人入胜的效果，如图4-16所示。

图 4-16

◆ 11. 选择偶像法

选择偶像法抓住了人们仰慕名人、偶像的心理，将产品信息通过名人、偶像传达给受众。使用这种手法可以大大提高产品的品位、加深产品留给受众的印象，有利于树立品牌的可信度、产生不可言喻的说服力、引发受众的购买欲望。

◆ 12. 谐趣模仿法

谐趣模仿法是一种具有创意的引喻手法。它把大众所熟悉的艺术形象或社会名流作为谐趣的对象，经过巧妙的变化，呈现给受众一个崭新、奇特的画面，颇具趣味性，在无形中提升产品的品位，如图4-17所示。

图 4-17

◆ 13. 神奇迷幻法

神奇迷幻法运用夸张的方式，以丰富的想象力构造出神奇或童话般的画面，在一种奇幻的情景中再现现实。这种带有浓郁的浪漫主义风格、写意多于写实的表现手法，富于感染力，给人一种特殊的美感，可满足人们喜好奇异多变场景的审美情趣。

从创意构想开始到设计结束，想象力贯穿始终。神奇迷幻法的突出特征是它的创造性，设计师以创造性思维为基础对事物进行改造，形成特有的新形象，给观者全新观感，如图4-18所示。

图 4-18

◆ 14. 连续系列法

连续的画面能给人完整的视觉印象，产生良好的宣传效果。从视觉心理来说，人们厌弃单调的形式，追求变化。连续系列法符合“寓多样于统一之中”这一形式美的基本法则，“同”中见“异”，在统一中求变化，形成既多样又统一、既对立又和谐的艺术效果，能加强艺术感染力，如图4-19所示。

图 4-19

4.2 歌唱大赛海报设计

实例位置	实例文件 >CH04> 歌唱大赛海报设计 .psd
素材位置	素材文件 >CH04> 唱歌的女孩 .psd、翅膀 .psd、气球 .psd
视频名称	歌唱大赛海报设计
技术掌握	图层样式的编辑

设计思路指导

第1点：歌唱大赛海报需要有一定的艺术感染力，能调动观者的情绪。

第2点：歌唱大赛海报需要具有形象冲击力才能给人留下深刻的印象。

第3点：歌唱大赛海报要善用音乐元素，用图形的方式说话比用文字更有趣味和感染力。

第4点：准确传递个性化信息，达到海报的宣传目的。

案例背景分析

本案例针对一个少儿歌唱比赛活动进行海报设计，整个画面以文字为主体，为文字插上翅膀、配以彩色背景，为整个画面带来艺术感。在卡通形象上，我们选择了一个唱歌的小女孩，用以突出少儿歌唱比赛的主题。海报的整体设计有效地传递了歌唱比赛活动的相关信息，观者能够一目了然，效果如图4-20所示。

图 4-20

4.2.1 制作创意彩色文字

制作彩色文字，并添加翅膀图像，得到具有创意的彩色文字效果。

01 选择“文件 > 新建”菜单命令，打开“新建文档”对话框，新建一个图像文件，设置文件名称为“歌唱大赛海报”，“宽度”和“高度”分别为 25 厘米、35 厘米，“分辨率”为 150 像素 / 英寸，如图 4-21 所示。

图 4-21

02 单击工具箱下方的前景色图标，打开“拾色器（前景色）”对话框，设置前景色为粉红色（R:247，G:194，B:202），如图 4-22 所示。单击 确定 按钮回到画面中，按 Alt+Delete 组合键填充背景，如图 4-23 所示。

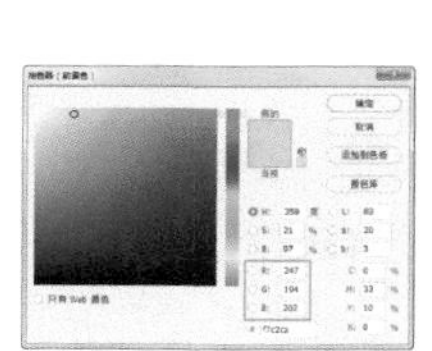

图 4-22

图 4-23

03 选择“矩形工具”，在工具属性栏中设置工具模式为“形状”，“填充”为蓝色（R:145，G:209，B:211），“描边”为无，如图 4-24 所示。

图 4-24

04 按住鼠标左键在图像中拖曳，绘制一个矩形；然后按 Ctrl+T 组合键，将鼠标指针放到变换框外侧，适当旋转图形并放到画面左上方，如图

4-25 所示。这时，“图层”面板中也将出现一个形状图层。

图 4-25

05 按 Ctrl+J 组合键复制一个矩形，使用“直接选择工具”调整复制的矩形的长度并将其放到画面中间，如图 4-26 所示。

图 4-26

06 按两次 Ctrl+J 组合键复制两个矩形，在工具属性栏中设置“填充”为黄色（R:245，G:190，B:67），然后分别放到图 4-27 所示的位置。

图 4-27

07 选择“横排文字工具”，在图像上方输入文字“唱响”，然后在工具属性栏中设置字体为“方正综艺简体”，适当调整文字大小，如图 4-28 所示。

图 4-28

08 选择“文字 > 转换为形状”菜单命令，结合钢笔工具组、直接选择工具组的工具，对文字笔画做适当的编辑，效果如图 4-29 所示。

图 4-29

09 选择“图层 > 图层样式 > 渐变叠加”菜单命令，打开“图层样式”对话框，设置渐变颜色为从蓝色（R:50，G:126，B:194）到紫色（R:192，G:20，B:130），再到红色（R:228，G:23，B:74），再设置“样式”为“线性”，“角度”为 -17 度，如图 4-30 所示。单击确定按钮，得到渐变色文字效果，如图 4-31 所示。

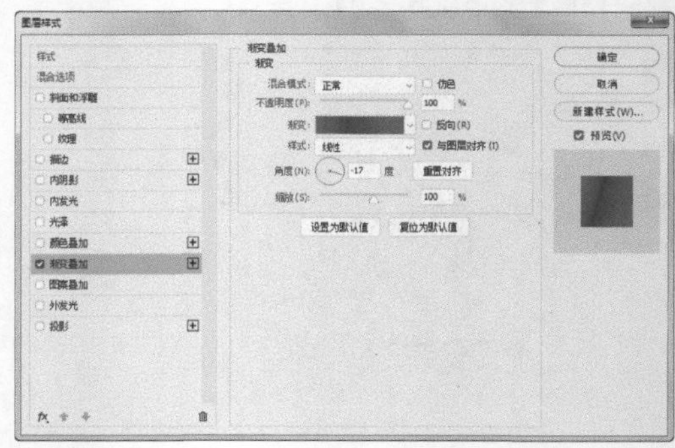

图 4-30

图 4-31

10 选择“横排文字工具” T，输入文字“梦想”，将文字转换为形状后，使用“直接选择工具” 编辑文字外形，如图 4-32 所示。

图 4-32

11 在“图层”面板中选中“唱响”文字图层，单击鼠标右键，在弹出的快捷菜单中选择“拷贝图层样式”命令，如图 4-33 所示。

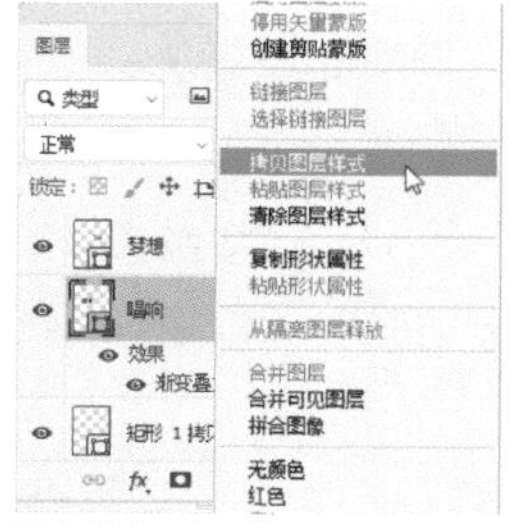

图 4-33

12 在“图层”面板中选中“梦想”图层，单击鼠标右键，在弹出的快捷菜单中选择“粘贴图层样式”命令，如图 4-34 所示。完成操作后得到与“唱响”样式相同的文字效果，如图 4-35 所示。

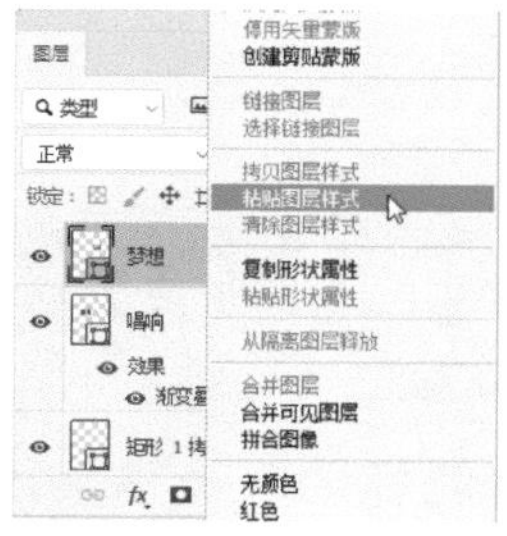

图 4-34

图 4-35

13 打开“素材文件 >CH04> 翅膀 .psd”文件，使用“移动工具” 将其拖曳至当前编辑的图像中，放到文字两侧，如图 4-36 所示。

图 4-36

14 使用与制作彩色文字效果相同的方式，为该图层粘贴图层样式，得到彩色翅膀效果，如图 4-37 所示。

图 4-37

15 按住 Ctrl 键，选中除“背景”图层以外的所有图层，按 Ctrl+G 组合键得到图层组，将其重命名为“彩色文字”，如图 4-38 所示。

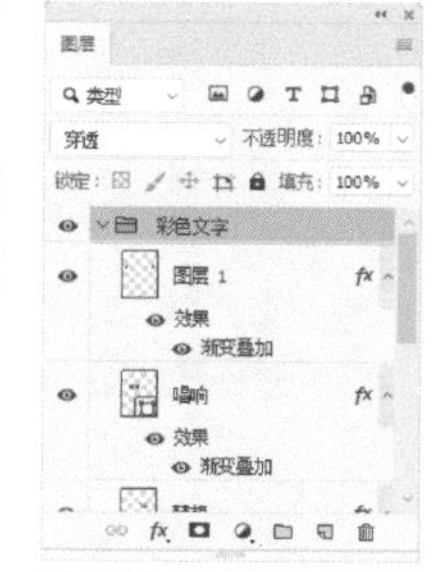

图 4-38

16 下面为该图层组添加图层样式。选择“图层 > 图层样式 > 描边”菜单命令，打开“图层样式”对话框，设置描边“大小”为 20 像素，“位置”为“外部”，“不透明度”为 50%，“颜色”为白色，如图 4-39 所示。

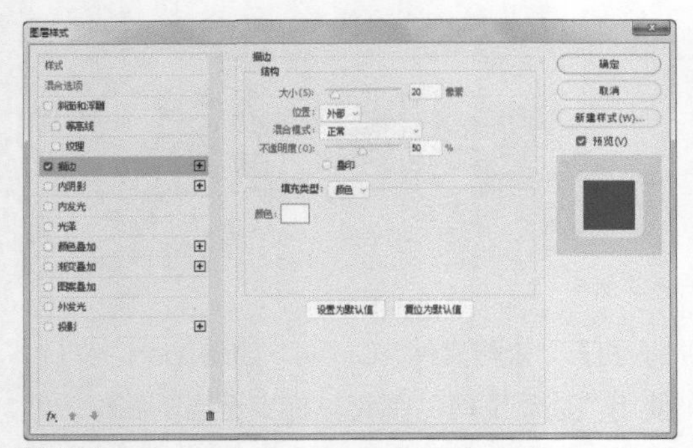

图 4-39

17 在“图层样式”对话框中选中“投影”复选框，设置投影颜色为土红色（R:104，G:18，B:22），“距离”为 29 像素，“扩展”为 0%，“大小”为 29 像素，如图 4-40 所示。

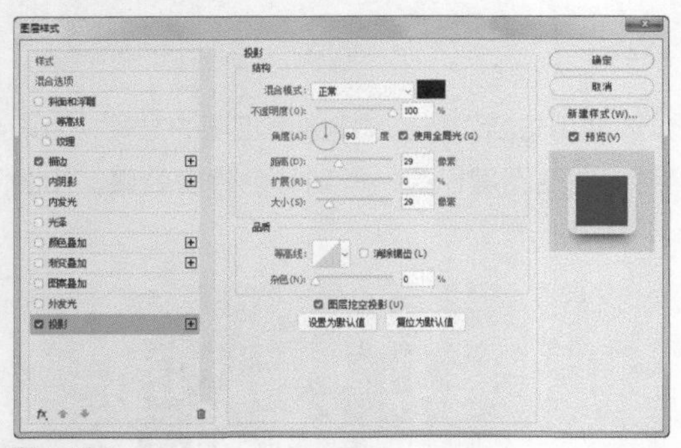

图 4-40

18 单击 确定 按钮，得到添加描边和投影的图像效果，如图 4-41 所示。

图 4-41

19 选择“横排文字工具” T，在彩色文字下方输入一行文字，并在工具属性栏中设置字体为“黑体”，“填充”为蓝色（R:48，G:71，B:156），如图 4-42 所示。

图 4-42

20 选择“图层 > 图层样式 > 描边”菜单命令，打开“图层样式”对话框，设置描边“大小”为 8 像素，“位置”为“外部”，“不透明度”为 80%，“颜色”为白色，如图 4-43 所示。

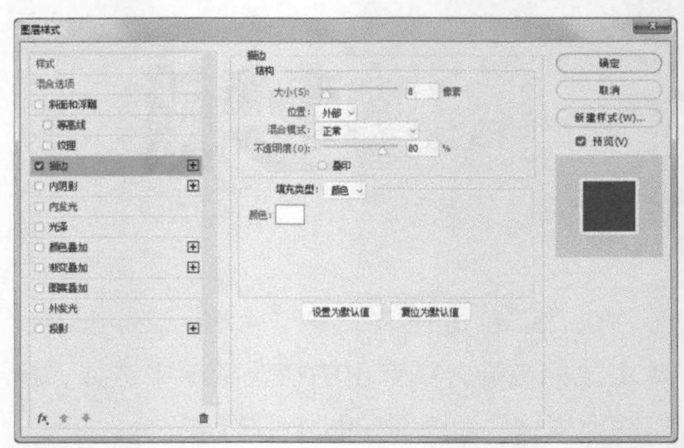

图 4-43

21 选中“投影”复选框，设置投影颜色为土红色（R:104，G:18，B:22），“距离”为 8 像素，“扩展”为 0%，“大小”为 24 像素，如图 4-44 所示。单击 确定 按钮，得到图 4-45 所示的效果。

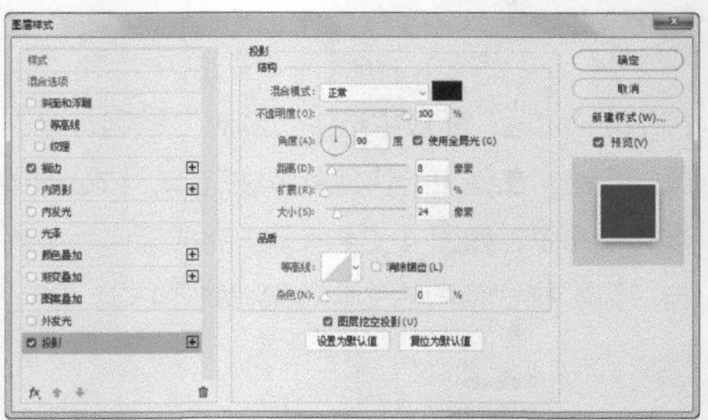

图 4-44

图 4-45

4.2.2 添加其他图像

添加卡通人物等图像作为点缀，与创意彩色文字相呼应。

01 打开“素材文件 >CH04> 唱歌的女孩 .psd”文件，使用“移动工具”将其拖曳至当前编辑的图像中，放到画面下方，如图 4-46 所示。

图 4-46

02 选择“横排文字工具”，在画面上方输入英文文字，并在工具属性栏中设置字体为“汉仪超粗黑体”，“填充”为黑色；然后按 Ctrl+T 组合键，会出现一个变换框，按住 Shift 键适当拉长文字，如图 4-47 所示。

图 4-47

03 按 Ctrl+J 组合键复制文字，选择“编辑 > 变换 > 垂直翻转”菜单命令，将翻转后的文字放到其下方，如图 4-48 所示。

图 4-48

04 选择“文字 > 栅格化文字图层”菜单命令，将文字图层转换为普通图层。选择“橡皮擦工具”，在工具属性栏中设置“不透明度”为 50%，擦除垂直翻转后的文字，得到投影效果，如图 4-49 所示。

图 4-49

05 打开“素材文件 >CH04> 气球 .psd”文件，使用“移动工具”将气球图像拖曳至当前编辑的图像中，放到文字两侧，然后再将蝴蝶图像放到黑色文字右上方，如图 4-50 所示。

图 4-50

06 选择“圆角矩形工具”，在工具属性栏中设置工具模式为“形状”，“填充”为洋红色（R:228，G:0，B:127），“半径”为10像素，如图4-51所示。

图4-51

07 设置好属性后，在画面底端绘制一个圆角矩形，如图4-52所示。

图4-52

08 选择“横排文字工具”，在圆角矩形内外分别输入文字，设置字体为黑体，填充为白色和黑色，如图4-53所示，完成本案例的制作。

图4-53

4.3 饮品海报设计

实例位置	实例文件 >CH04> 饮品海报设计.psd
素材位置	素材文件 >CH04> 底纹.jpg、咖啡.psd、文字.psd、拉花.psd、多个素材.psd
视频名称	饮品海报设计
技术掌握	素材与文字的位置排列

设计思路指导

第1点：饮品海报的视觉冲击力要通过图像和色彩来实现。

第2点：饮品海报表达的内容要精练，要抓住主要诉求点。

第3点：饮品海报一般以图片为主、文案为辅。

第4点：饮品海报的主体文字要醒目。

第5点：选择和产品相关或相近的颜色体现产品的特点。

案例背景分析

在本案例中，采用了与产品本身相近的颜色为背景色，同时加入咖啡原料等相关元素，选择了比较新颖的文字设计，体现独特的创意。虽然画面上的产品元素很少，但却直观地体现出饮品的特点，让人眼前一亮。效果如图4-54所示。

图4-54

4.3.1 制作立体海报文字

对海报的主要文字做变形操作，得到有立体感的海报文字。

01 打开“素材文件 >CH04> 底纹 .jpg”文件，如图 4-55 所示，下面将在其中输入文字并进行变换。

图 4-55

02 选择“横排文字工具” T.，在图像中输入文字，并在工具属性栏中设置字体为“方正粗倩简体”，“填充”为深土黄色（R:79，G:43，B:19），如图 4-56 所示。

图 4-56

03 将光标插入每一个文字后方，进行隔行操作，在“字符”面板中调整文字间距，得到图 4-57 所示的排列效果。

图 4-57

04 选择“文字 > 转换为形状”菜单命令，将文字转换为形状。选择“直接选择工具”，选中文字上的部分锚点，按 Delete 键删除，得到图 4-58 所示的效果。

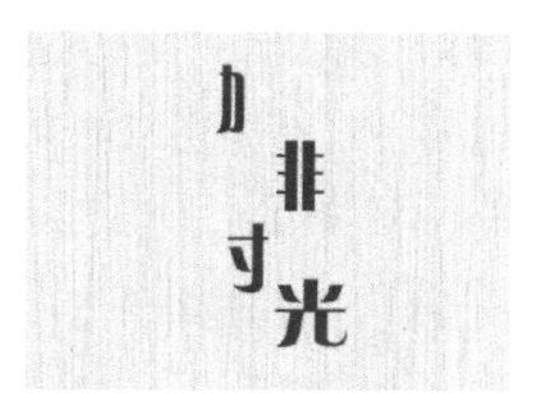

图 4-58

05 新建一个图层，选择“椭圆选框工具”，按住 Shift 键，在第一个字左侧绘制一个圆形选区，如图 4-59 所示。

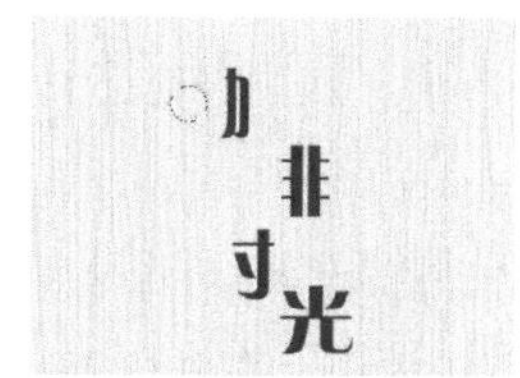

图 4-59

06 选择“编辑 > 描边”菜单命令，打开“描边”对话框，设置“宽度”为 20 像素，“颜色”为深土黄色（R:79，G:43，B:19），“位置”为“居中”，如图 4-60 所示。单击 确定 按钮，得到描边效果，如图 4-61 所示。

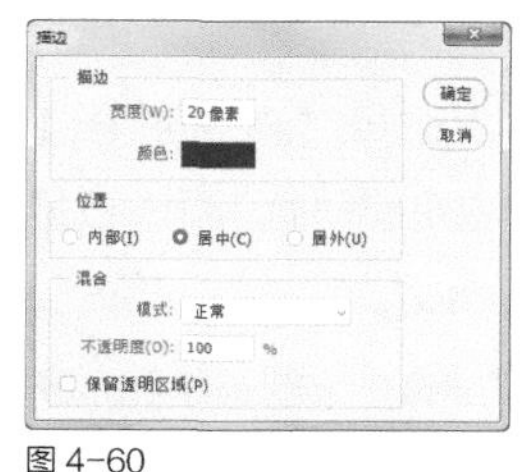

图 4-60

图 4-61

07 按 Ctrl+J 组合键复制圆环图层，并将其放到右侧，如图 4-62 所示。

08 结合钢笔工具组中的工具，编辑“咖”字中间“力”的笔画，如图 4-63 所示。

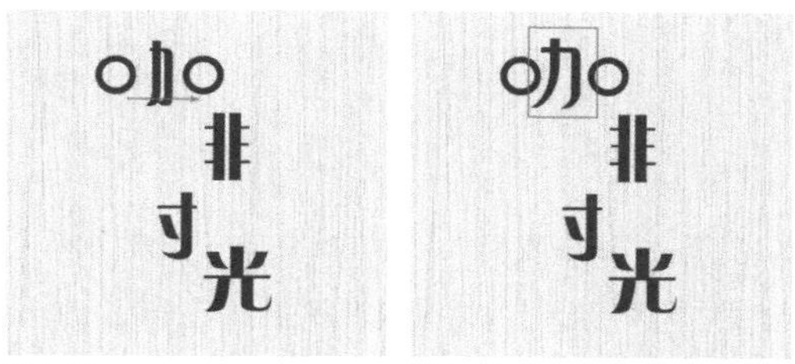

图 4-62

图 4-63

09 选中圆环所在图层，按几次 Ctrl+J 组合键复制几个图层，将复制的圆环分别放到其他文字笔画缺失的位置，如图 4-64 所示。

10 使用钢笔工具组中的工具，分别选择“啡”和“时”两个字进行编辑，调整其笔画形状，得到图 4-65 所示的效果。

图 4-64　　图 4-65

11 选择“矩形选框工具”，在“时”字的圆环中绘制一个矩形选区，填充为深土黄色（R:79，G:43，B:19），如图 4-66 所示。

图 4-66

12 调整“光”字大小。选择“直接选择工具”，选中“光”字中的部分笔画进行删除，效果如图 4-67 所示。

13 选择“椭圆选框工具”，绘制一个圆形选区放到“光”字右上方，再使用“钢笔工具”绘制一个点放到“光”字左上方，填充与文字相同的颜色，如图 4-68 所示。

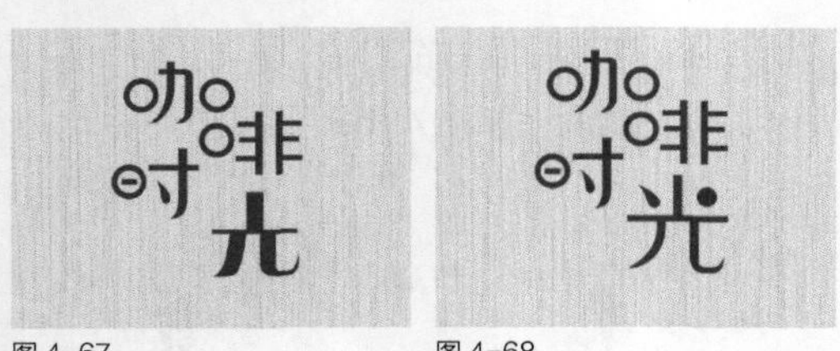

图 4-67　　图 4-68

14 打开“素材文件 >CH04> 文字 .psd”文件，使用“移动工具”将其拖曳至当前编辑的图像中，并分别放到文字上下两侧，如图 4-69 所示。

15 按住 Ctrl 键选中除“背景”图层以外的所有图层，选择“图层 > 图层编组”菜单命令，得到图层组，并将其重命名为“文字”，如图 4-70 所示。

图 4-69　　图 4-70

16 选择“图层 > 图层样式 > 描边”菜单命令，打开“图层样式”对话框，设置“大小”为 11 像素，“位置”为“外部”，“颜色”为淡黄色（R:230，G:215，B:130），如图 4-71 所示。

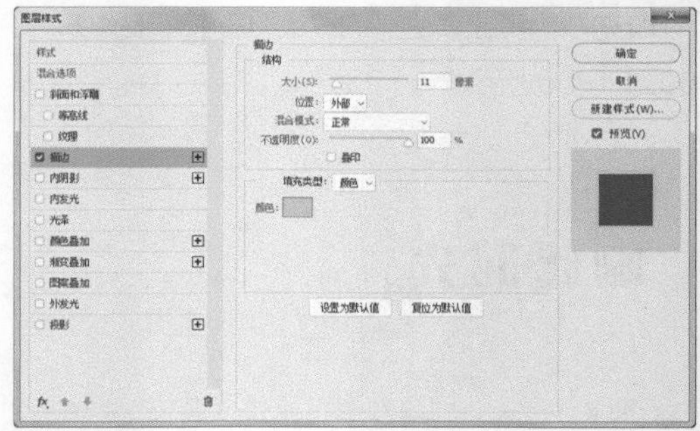

图 4-71

17 单击“图层样式”对话框左下方的“添加效果”按钮，在弹出的下拉列表中选择“描边”命令，即可增加一个描边样式，如图 4-72 所示。

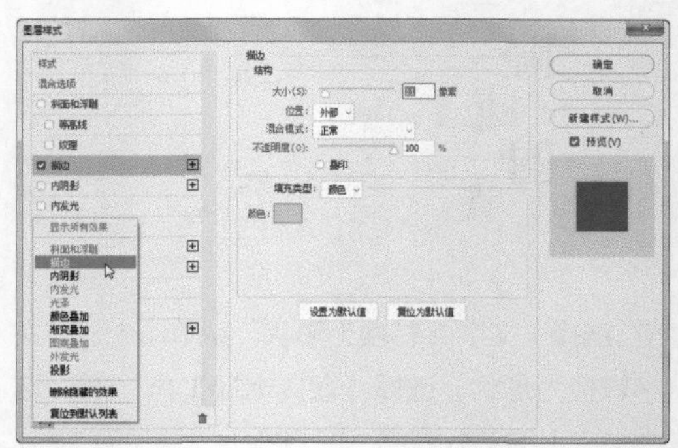

图 4-72

18 增加样式后，“图层样式”对话框左侧会出现两个“描边”复选框。设置新的描边“大小”为 34 像素，“位置”为“外部”，“颜色”为白色，如图 4-73 所示。

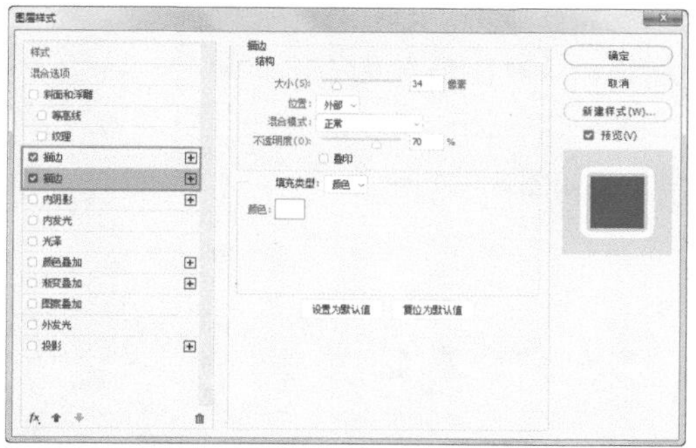

图 4-73

19 在“图层样式”对话框中选中“投影”复选框，设置投影颜色为黑色，“不透明度”为 90%，“距离”为 42 像素，“扩展”为 0%，“大小”为 30 像素，如图 4-74 所示。单击确定按钮，得到的文字效果如图 4-75 所示。

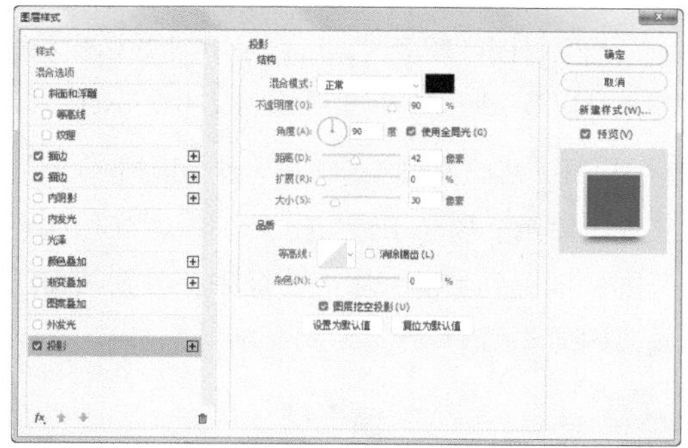

图 4-74

图 4-75

4.3.2 调整咖啡效果

添加咖啡素材图像，并为其制作特效，得到更加吸引人的图像效果。

01 打开“素材文件 > CH04> 咖啡 .psd”文件，使用“移动工具” T. 将其拖曳至当前编辑的图像中，放到画面左下方，如图 4-76 所示。

图 4-76

02 这时“图层”面板中将自动增加一个图层，将其重命名为“咖啡”。然后新建一个图层，放到“咖啡”图层下方，重命名为“阴影”，如图 4-77 所示。

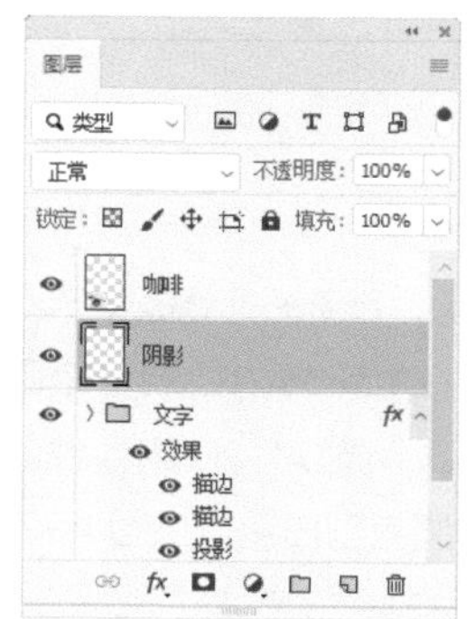

图 4-77

03 按住 Ctrl 键，单击“咖啡”图层，创建图像选区，然后略微移动选区。选择“选择 > 修改 > 羽化”菜单命令，打开“羽化选区”对话框，设置“羽化半径”为 20 像素。单击确定按钮，将选区填充为黑色，得到的图像投影效果如图 4-78 所示。

图 4-78

04 在“图层”面板中设置“阴影”图层的“不透明度”为 40%，图像效果如图 4-79 所示。

图 4-79

05 打开“素材文件 >CH04> 拉花 .psd”文件，使用“移动工具”将其拖曳至当前编辑的图像中，适当调整拉花图像大小并放到咖啡杯内，遮盖住原有的咖啡，如图 4-80 所示。

图 4-80

06 新建一个图层，选择“椭圆选框工具”，在咖啡杯内绘制一个圆形选区，使用“渐变工具”对其应用线性渐变填充，设置颜色为从黑色到白色，如图 4-81 所示。

图 4-81

07 在“图层”面板中设置该图层的混合模式为“颜色加深”，“不透明度”为 30%，得到的图像效果如图 4-82 所示。

图 4-82

08 按住 Ctrl 键，单击“咖啡”图层，创建图像选区，然后选择“图层 > 新建调整图层 > 亮度 / 对比度”菜单命令，在弹出的对话框中保持默认设置，单击 确定 按钮，打开“属性”面板，设置“亮度”为 16，“对比度”为 13，如图 4-83 所示；得到的图像效果如图 4-84 所示。

图 4-83

图 4-84

4.3.3 排列图像

当素材图像较多时，可以采用围绕主题排列的方式让整个版面看起来既饱满又主次分明。

01 打开“素材文件 >CH04> 多个素材 .psd”文件，使用“移动工具”分别将蛋糕和水果等图像拖曳到当前编辑的图像中，放到画面四周，如图 4-85 所示。

图 4-85

02 选择“横排文字工具” T，在画面上方输入文字，并在工具属性栏中设置字体为“方正小标宋体”，“填充”为灰色，如图 4-86 所示。

图 4-86

03 在画面右下方输入文字，设置字体为“方正小标宋体”，分别填充为灰色和土红色（R:81，G:42，B:21），排列成图 4-87 所示的样式。

图 4-87

04 选择“图层 > 新建调整图层 > 照片滤镜”菜单命令，在打开的对话框中保持默认设置，打开“属性”面板，选择“滤镜”为“加温滤镜（85）”，“浓度”为 40%，如图 4-88 所示，完成本案例的制作。

图 4-88

4.4 车位销售海报设计

实例位置	实例文件 >CH04> 车位销售海报设计 .psd
素材位置	素材文件 >CH04> 黑点 .jpg、汽车 .psd
视频名称	车位销售海报设计
技术掌握	通过画笔工具制作斑驳图像和文字

设计思路指导

第1点：车位销售海报要考虑画面、文字和联系信息的辨识度和可视性。

第2点：通过文字的特殊效果，营造出车位较为抢手的视觉效果。

第3点：在色彩的选择上没有太多限制，能体现主题即可。

案例背景分析

本案例将制作一张车位销售海报，以“销售车位”和“稀缺”为画面主体，将文字和汽车放在主要位置，突出广告内容，效果如图4-89所示。

图 4-89

4.4.1 绘制斑驳图像

运用素材图像和颜色填充，以及“画笔工具”制作背景图像以及斑驳效果。

01 按 Ctrl+N 组合键新建一个图像文件，设置前景色为红色（R:168，G:8，B:16），按 Alt+Delete 组合键填充背景，如图 4-90 所示。

02 打开“素材文件 >CH04> 黑点 .jpg”文件，使用“移动工具”将其拖曳至当前编辑的图像中，适当调整图像大小使其与画布的大小一致，如图 4-91 所示。

图 4-90

图 4-91

03 这时“图层”面板中将自动新增一个图层，设置该图层的混合模式为“明度”，“不透明度”为 70%，得到混合图像效果，如图 4-92 所示。

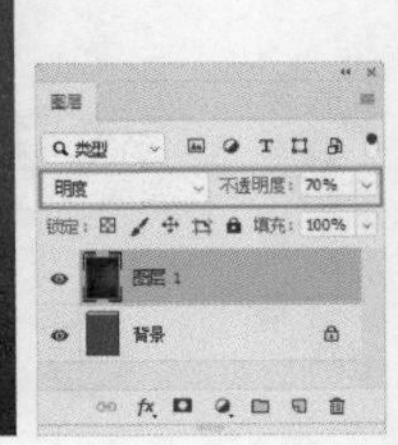
图 4-92

04 新建一个图层，选择“矩形选框工具”，绘制一个与画布宽度相同的矩形选区，填充为白色，然后按 Ctrl+T 组合键，适当旋转图像，效果如图 4-93 所示。

图 4-93

05 选择“画笔工具”，按 F5 键打开“画笔设置”面板，设置画笔样式为“样本笔尖”，“大小”为 290 像素，“间距”为 7%，如图 4-94 所示。

06 选中“画笔设置”面板左侧的“散布”复选框，再选中“两轴”复选框，设置参数为 5%，如图 4-95 所示。

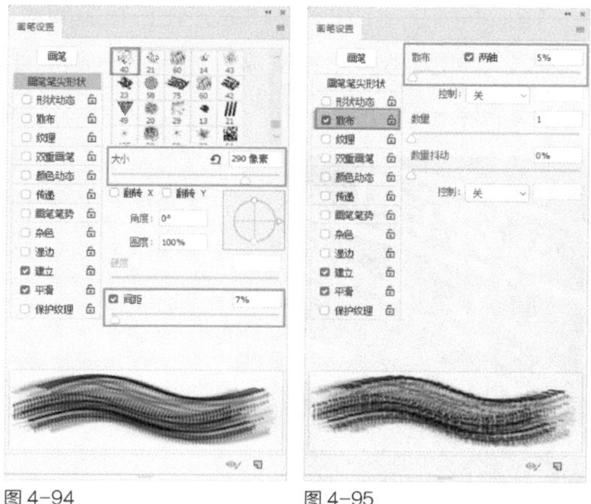

图 4-94　　图 4-95

07 设置好画笔参数后，单击“图层”面板底部的“添加图层蒙版”按钮 ，设置前景色为黑色，背景色为白色，涂抹白色矩形，效果如图 4-96 所示。

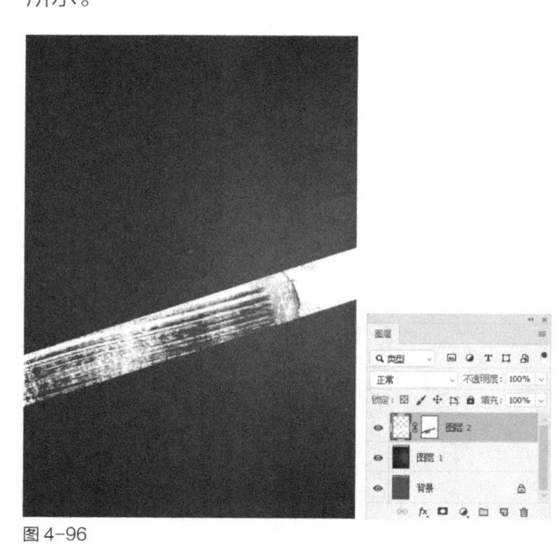

图 4-96

4.4.2 绘制和调整图像

添加素材图像，制作出特殊的文字效果。

01 打开“素材文件 >CH04> 汽车 .psd”文件，使用“移动工具” 将其拖曳至当前编辑的图像中，适当调整图像的大小和方向，放到图 4-97 所示的位置。

02 新建一个图层，选择“多边形套索工具” ，绘制一个四边形选区，填充为深红色（R:61，G:2，B:5），如图 4-98 所示。

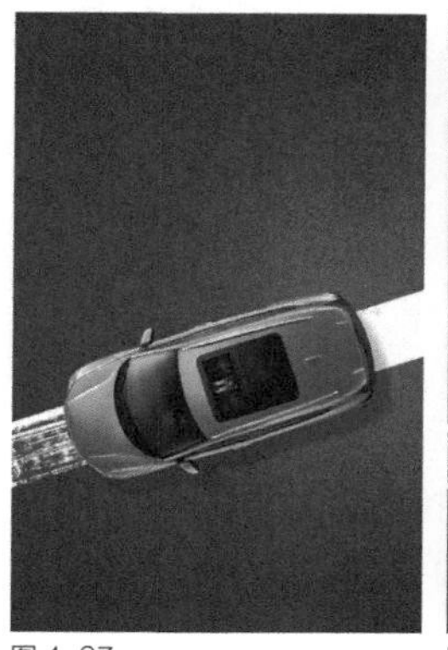

图 4-97

图 4-98

03 新建一个图层，绘制一个多边形选区并填充为黄色（R:255，G:211，B:46），放到深红色图像上方，如图 4-99 所示。

04 按 Ctrl+J 组合键复制图层，使用“移动工具” 将其移动到深红色图像下方，如图 4-100 所示。

图 4-99

图 4-100

05 选择“横排文字工具” ，在图像中输入文字“稀缺车位”，在工具属性栏中设置字体为“汉仪菱心体简”，适当调整文字大小，“填充”为白色，如图 4-101 所示。

06 按 Ctrl+T 组合键，适当旋转文字，并将其放到深红色图像中，如图 4-102 所示。

图 4-101

图 4-102

07 为文字图层添加图层蒙版，选择“画笔工具”，应用与白色斑驳图像相同的设置，使文字具有斑驳效果，如图 4-103 所示。

图 4-103

08 选择“横排文字工具”，再输入一行字母，在工具属性栏中设置字体为“汉仪大黑简体”，“填充”为黑色，然后旋转文字并放到画面左上方黄色图像上，如图 4-104 所示。

09 在“图层”面板中设置图层的“不透明度”为 11%，然后按 Ctrl+E 组合键复制该文字，放到另一侧的黄色图像上，如图 4-105 所示。

图 4-104

图 4-105

10 输入两行文字，设置字体为方正正粗黑简体，调整文字的大小并旋转文字，将其放到画面中间，如图 4-106 所示。

图 4-106

11 选择“横排文字工具”，在画面下方输入文字“8月1日”，在工具属性栏中设置字体为“方正兰亭粗黑简体”，“填充”为白色，如图 4-107 所示。

12 单击“图层”面板底部的“添加图层蒙版”按钮，为文字添加图层蒙版。选择“画笔工具”，在工具属性栏中设置“不透明度”为 50%，涂抹文字，效果如图 4-108 所示。

图 4-107

图 4-108

13 输入电话信息，并在“8 月 1 日”文字的右侧绘制一个矩形选区，填充为黄色（R:255，G:212，B:30），在其中输入文字并填充为红色（R:196，G:16，B:19），如图 4-109 所示。

图 4-109

14 选择“图层 > 新建调整图层 > 曲线”菜单命令，在打开的对话框中保持默认设置，单击 确定 按钮，打开“属性”面板，在曲线中添加节点以调整曲线，加强图像对比，如图 4-110 所示，完成本案例的制作。

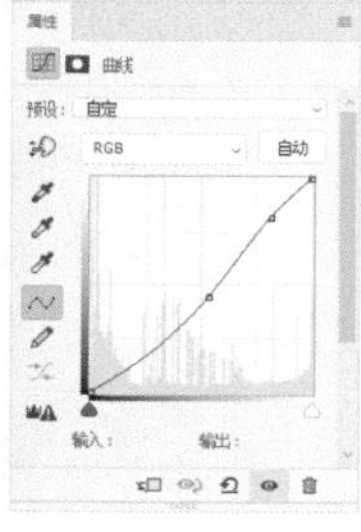

图 4-110

4.5 儿童节活动海报设计

实例位置	实例文件 >CH04> 儿童节活动海报设计 .psd
素材位置	素材文件 >CH04> 小熊 .psd、彩色背景 .psd、饼干 .psd、棒棒糖 .psd、六一 .psd、白云 .psd、糖果 .psd、糖 .psd、气球 .psd
视频名称	儿童节活动海报设计
技术掌握	渐变色背景的制作、文字样式的制作

设计思路指导

第1点：所选择的素材需要和活动主题紧密联系。

第2点：文字和整个版面的设计能起到突出主题的作用。

案例背景分析

本案例将制作一个儿童节活动海报。海报以蓝色和黄色为主色调，画面整体显得欢快明亮，再通过添加卡通艺术字，使整个画面更富有生趣。效果如图4-111所示。

图 4-111

4.5.1 制作梦幻卡通背景

将“钢笔工具” 和“渐变工具” 结合使用，制作梦幻卡通背景。

01 按Ctrl+N组合键打开“新建文档”对话框，设置文件名为“儿童节活动海报”，“宽度”和“高度”分别为30厘米、44 厘米，“分辨率”为 150 像素 / 英寸，如图 4-112 所示。然后单击 创建 按钮，得到新建的图像文件。

图 4-112

02 选择“渐变工具” ，在工具属性栏中单击渐变色条，打开“渐变编辑器”对话框，设置渐变颜色为从粉蓝色（R:191，G:251，B:248）到浅蓝色（R:98，G:196，B:206），如图 4-113 所示；然后选择“线性渐变”方式，在图像上按住鼠标左键向下拖曳鼠标，填充颜色，如图 4-114 所示。

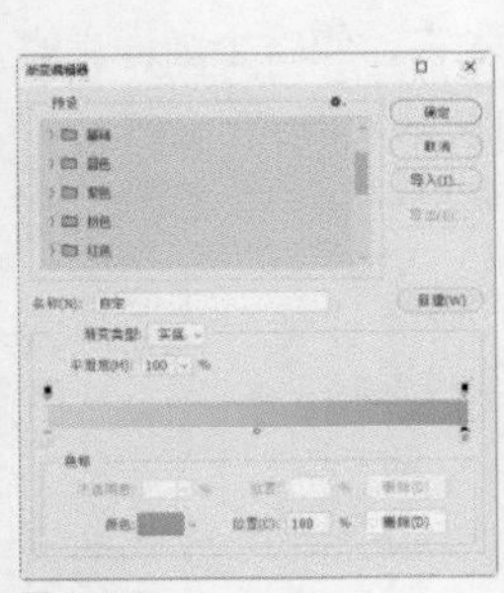

图 4-113

图 4-114

03 选择“钢笔工具”，在图像中绘制一个不规则路径，如图 4-115 所示。

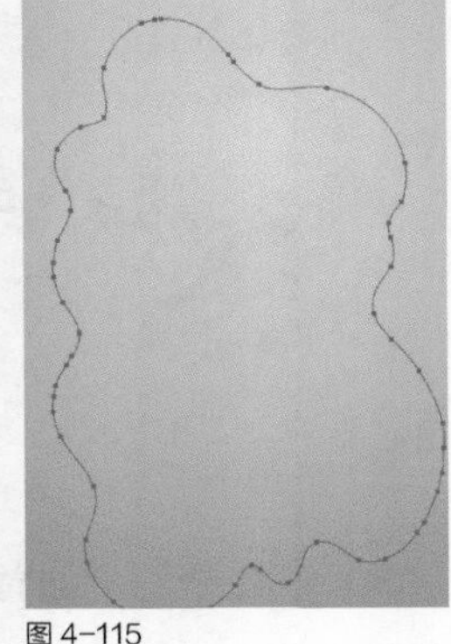

图 4-115

04 按 Ctrl+Enter 组合键将路径转换为选区，然后新建一个图层，设置前景色为蓝色（R:11，G:178，B:226），如图 4-116 所示。

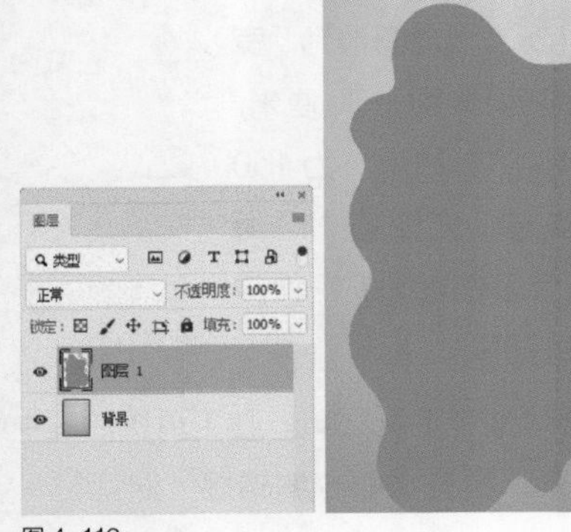

图 4-116

05 按 Ctrl+J 组合键复制图像，得到“图层 1 拷贝”图层。按住 Ctrl 键，选中“图层 1 拷贝”图层，创建图像选区，变换其颜色为白色。然后选择“编辑 > 变换 > 缩放”菜单命令，适当缩小图像并调整其位置，效果如图 4-117 所示。

06 设置前景色为蓝色（R:11，G:178，B:226），选中“图层 1”图层，选择“铅笔工具”，适当调整画笔大小，在曲线图像外侧绘制不规则图形，点缀图像，如图 4-118 所示。

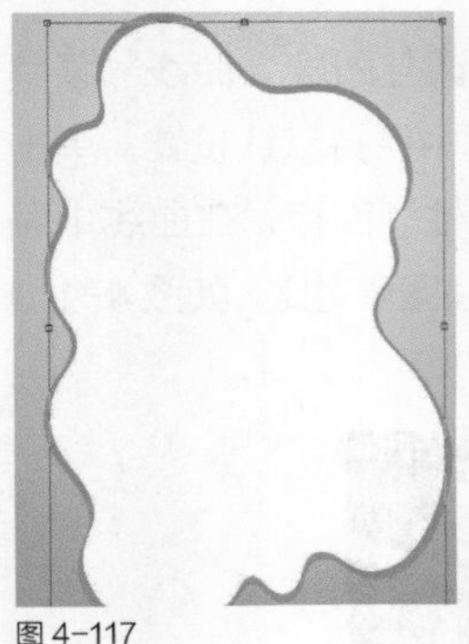

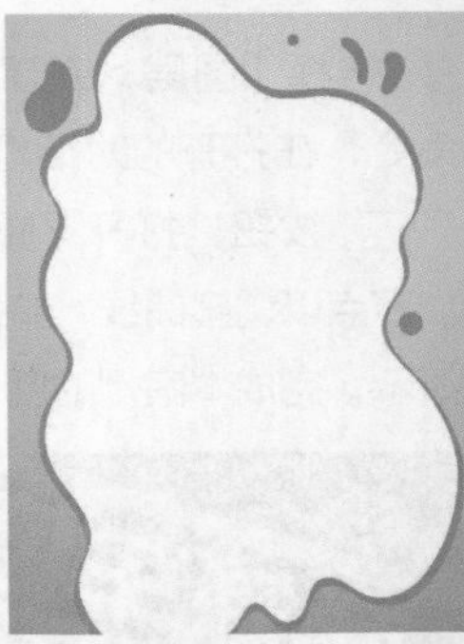

图 4-117

图 4-118

07 按住 Ctrl 键，选中“图层 1”图层和“图层 1 拷贝”图层，按 Ctrl+J 组合键复制图层，再按 Ctrl+E 组合键合并图层，得到“图层 1 拷贝 2”图层；将其填充为蓝色（R:53，G:187，B:225），然后设置该图层的“不透明度”为 20%，如图 4-119 所示。

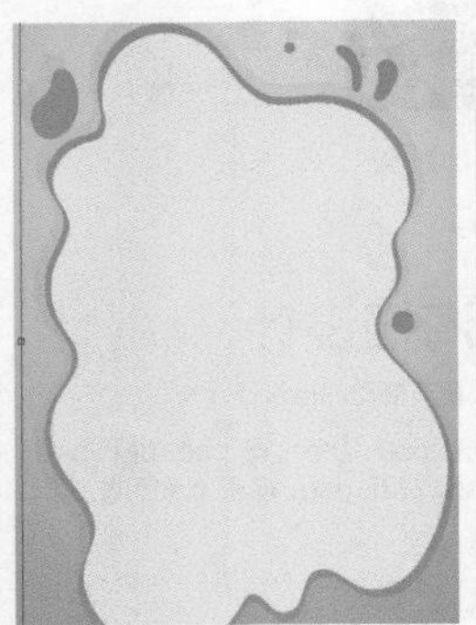

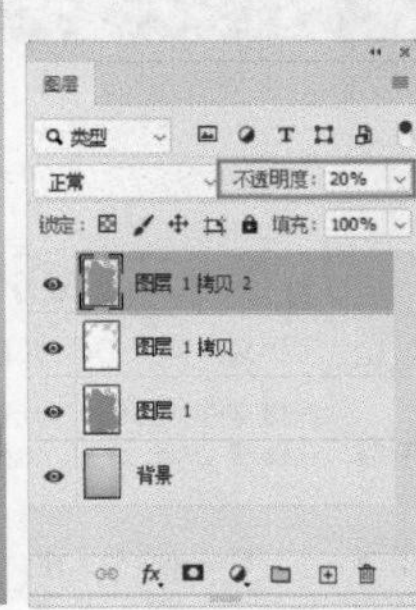

图 4-119

08 选择“图层 > 图层样式 > 投影”菜单命令，打开“图层样式”对话框，设置投影颜色为墨绿色（R:3，G:57，B:72），其他参数设置如图 4-120 所示。单击 确定 按钮，得到的投影效果如图 4-121 所示。

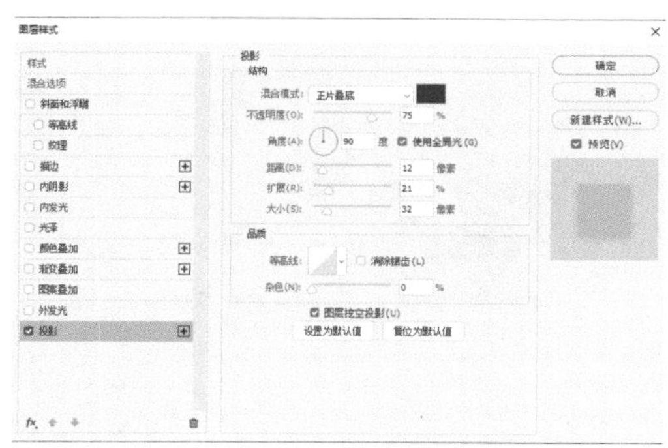

图 4-120

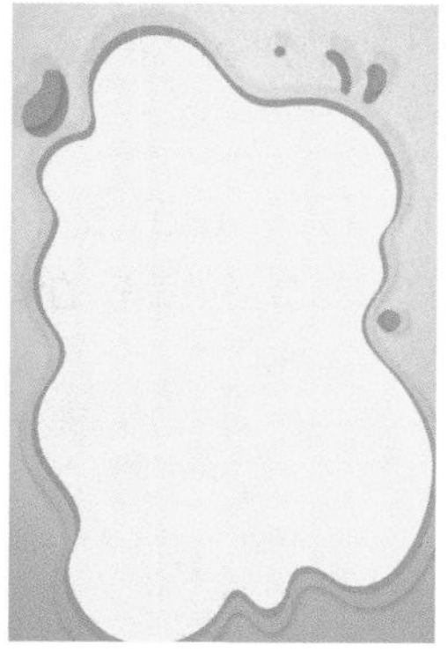
图 4-121

09 打开“素材文件 >CH04> 彩色背景 .psd”文件，使用“移动工具”将其拖曳至当前编辑的图像中，放到画面下方，如图 4-122 所示。

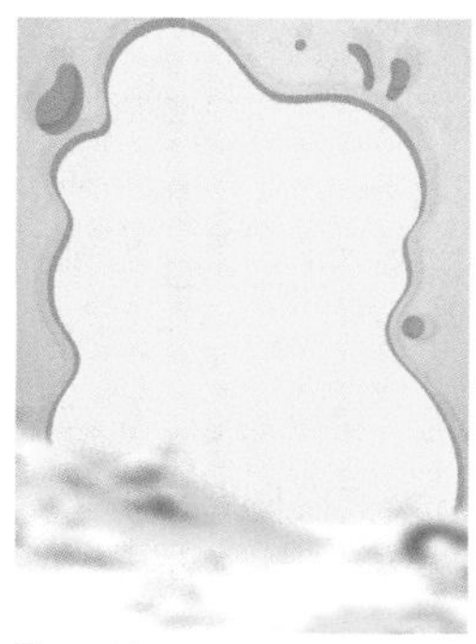
图 4-122

10 打开“素材文件 >CH04> 小熊 .psd”文件，使用“移动工具”将其拖曳至当前编辑的图像中，放到彩色背景中，如图 4-123 所示。

图 4-123

11 在“图层”面板中双击小熊图像所在图层，打开“图层样式”对话框，选中“投影”复选框，设置投影颜色为黑色，其他参数设置如图 4-124 所示。单击 确定 按钮，得到的投影效果如图 4-125 所示。

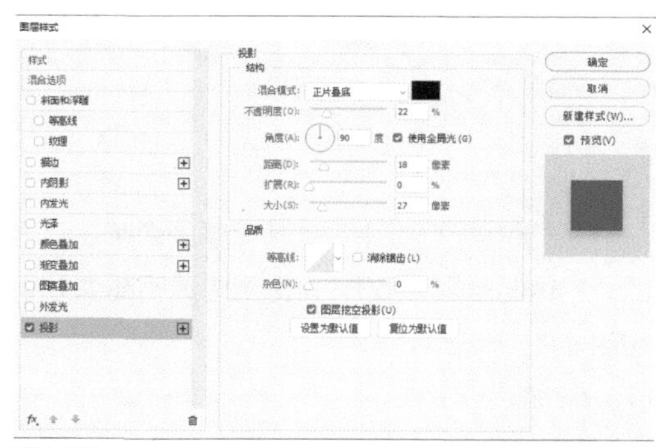

图 4-124

图 4-125

12 打开“素材文件 >CH04> 饼干 .psd”文件，使用“移动工具”将其拖曳至当前编辑的图像中，放到小熊图像的两侧，如图 4-126 所示。

图 4-126

13 打开“素材文件 >CH04> 棒棒糖 .psd”文件，使用“移动工具” 将其拖曳至当前编辑的图像中，放到小熊图像的右侧，如图 4-127 所示。

图 4-127

14 在“图层”面板中设置棒棒糖图像所在图层的“不透明度”为 50%，得到的透明图像效果如图 4-128 所示。

图 4-128

15 打开“素材文件 >CH04> 白云 .psd”文件，使用“移动工具” 将其拖曳至当前编辑的图像中，放到画面的上方和中间，如图 4-129 所示。

图 4-129

4.5.2 为图像添加重叠投影效果

制作卡通文字效果，并为文字添加高光和描边效果。

01 打开“素材文件 >CH04> 六一 .psd”文件，使用“移动工具” 将其拖曳至当前编辑的图像中，放到画面中间，如图 4-130 所示。

图 4-130

02 按住 Ctrl 键，单击“六一嘉年华”文字所在的图层，创建图像选区，选择“选择 > 修改 > 扩展选区”菜单命令，打开“扩展选区”对话框，设置“扩展量”为 15 像素，如图 4-131 所示；单击 确定 按钮得到扩展选区。

图 4-131

03 选择“选择 > 变换选区”菜单命令，选区周围将出现一个变换框，扩大变换框即可扩大选区，然后再调整变换框位置，如图 4-132 所示；随后按 Enter 键即可确定变换。

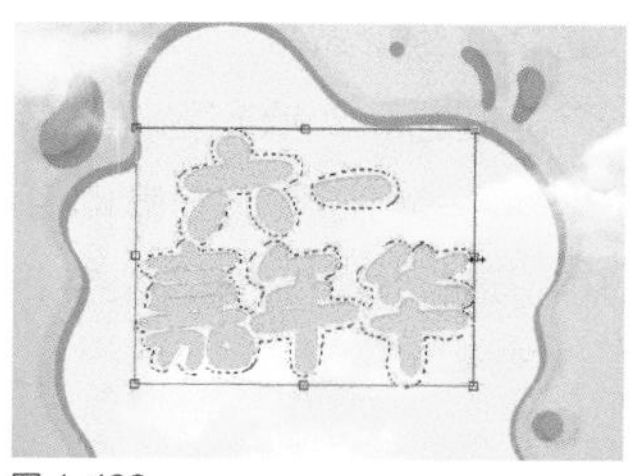

图 4-132

04 新建一个图层，将其放到“六一嘉年华”文字所在图层的下方，设置前景色为土红色（R:94，G:43，B:22），如图 4-133 所示。

图 4-133

05 选择“铅笔工具”，分别设置前景色为土红色（R:94，G:43，B:22）和白色，在文字中绘制高光和阴影，如图 4-134 所示。

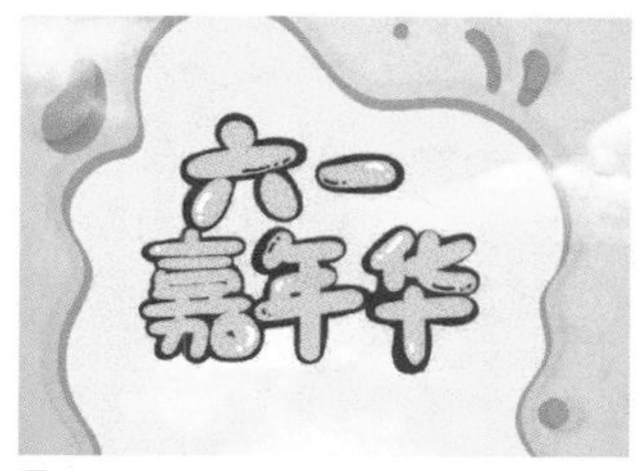

图 4-134

06 打开“素材文件 >CH04> 糖果 .psd”文件，使用“移动工具”将其拖曳至当前编辑的图像中，放到“六一嘉年华”文字的两侧，如图 4-135 所示。

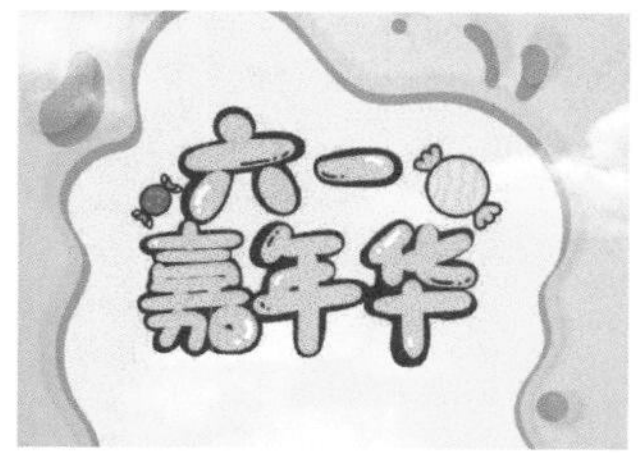

图 4-135

07 按住 Ctrl 键，选中与糖果图像和“六一嘉年华”文字相关的所有图层，按 Ctrl+G 组合键得到图层组，并将其重命名为“文字”，如图 4-136 所示。

图 4-136

08 选择“图层 > 图层样式 > 投影”菜单命令，打开“图层样式”对话框，设置投影颜色为淡绿色（R:120，G:188，B:209），其他参数设置如图 4-137 所示，单击确定按钮即可得到投影效果，如图 4-138 所示。

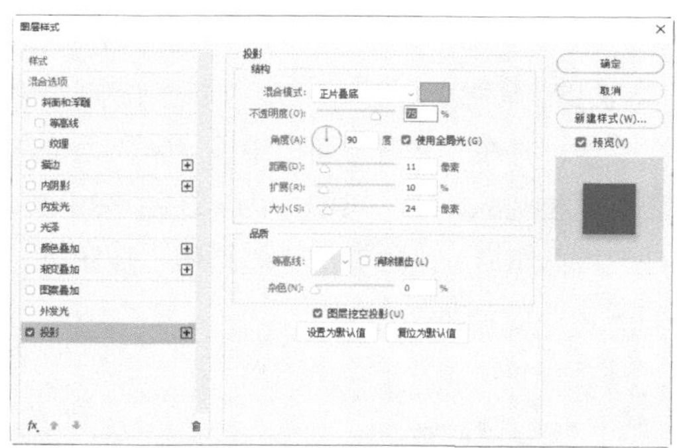

图 4-137

图 4-138

09 打开“素材文件 >CH04> 气球 .psd”文件，使用“移动工具”分别将气球拖曳至当前编辑的图像中，放到“六一嘉年华”文字的两侧，如图 4-139 所示。

图 4-139

10 选择“圆角矩形工具”，在工具属性栏中设置工具模式为“形状”，“填充”为无，“描边”为洋红色（R:241，G:50，B:106），“半径”为10像素，如图4-140所示。然后在“六一嘉年华”文字的下方绘制一个圆角矩形，如图4-141所示。

图4-140

图4-141

11 选择“横排文字工具”，在圆角矩形中输入文字，并在“字符”面板中设置字体为“方正兰亭准黑简体”，“填充”为洋红色（R:241，G:50，B:106），再单击“仿斜体”按钮，如图4-142所示。

图4-142

12 在圆角矩形下方输入一行文字，并在每个文字间添加一条竖线，在工具属性栏中设置字体为“黑体”，“填充”为黑色，如图4-143所示。

图4-143

13 新建一个图层，选择“矩形选框工具”，在文字下方绘制一个矩形选区，填充为洋红色（R:241，G:50，B:106）。按两次Ctrl+J组合键复制两个选区并向右移动，然后输入文字，如图4-144所示。

图4-144

14 打开“素材文件 >CH04> 糖.psd”文件，使用“移动工具”将其拖曳至当前编辑的图像中，放到圆角矩形上方，完成本案例的制作，效果如图4-145所示。

图4-145

4.6 课后习题

本章主要介绍了海报设计的相关知识，以及绘制海报时的设计思路和操作方法，多加练习即可设计出符合要求的海报。

课后习题：环保公益海报	
实例位置	实例文件 >CH04> 课后习题：环保公益海报 .psd
素材位置	素材文件 >CH04> 绿色植物 .psd、绿色背景 .jpg、小鸟 .psd
视频名称	课后习题：环保公益海报
技术掌握	剪贴蒙版和文字工具的应用

本习题需要设计一张环保公益海报。该海报采用绿色植物为主要元素，通过文字的点缀，使整个设计看起来简洁、大方，内容清晰明了，如图4-146所示。

图 4-146

01 新建一个图像文件，打开“素材文件 >CH04> 绿色植物 .psd”文件，选择“移动工具” ，分别将图像拖曳到当前编辑的图像中，放到画面上下两处，如图 4-147 所示。

图 4-147

02 输入文字，并添加“绿色背景 .jpg”中的图像，并为其创建剪贴蒙版，如图 4-148 所示。

图 4-148

03 输入其他文字，然后添加“小鸟 .psd”中的图像，效果如图 4-149 所示。

图 4-149

课后习题：蔬菜海报设计

实例位置	实例文件 >CH04> 课后习题：蔬菜海报设计 .psd
素材位置	素材文件 >CH04> 黑色花朵 . png、飘带 .psd、水果 .png、黄色背景 .jpg
视频名称	课后习题：蔬菜海报设计
技术掌握	调整图像的色彩饱和度

本习题制作的是一张蔬菜海报。明亮的绿色是整张海报的设计主色调，并添加了一些健康的蔬菜素材，体现了产品的健康、无污染，效果如图4-150所示。

图 4-150

01 制作绿色渐变背景，然后添加相关素材，并更改图层混合模式，使素材与背景相融合，如图 4-151 所示。

图 4-151

02 导入水果和蔬菜的图片，然后调整画面的色彩饱和度，使产品显得更有吸引力，如图 4-152 所示。

图 4-152

03 输入文字信息，完善画面，并为部分文字添加底纹，效果如图 4-153 所示。

图 4-153

杂志画册
版式设计

本章导读

杂志和画册都是用以宣传的刊物，两者均以文字和图片为主要内容，并最终通过不同材质的纸张展现。本章将结合版式设计的特征讲解杂志和画册版式的设计制作方法。

学习要点

版式设计手法

版式设计的几种类型

时尚杂志封面设计

家私企业展示手册设计

家私手册内页设计

Photoshop

5.1 版式设计基础知识

在学习版式设计之前，我们首先需要了解一些版式设计的相关知识。只有认真学习这些知识，我们才能在今后的设计工作中更好地应用它们，从而制作出符合需求的版面。

5.1.1 版式设计手法

一个优秀的版式设计，既要体现丰富的内容，又要包含多种要素。但是版面的空间是有限的，如果无限制地填充内容，只会令整个版面显得非常杂乱。那么，运用哪些设计手法才可以让版面看上去美观、大方呢？下面介绍一些版式设计手法，希望可以为大家提供一些清晰的思路。

◆ 1. 主题形象化

在对版式设计进行构思时，要注意将版面的主题形象化，其目的是在变化中求得统一，从而进一步深化主题形象。

◆ 2. 版块分割

版块分割指将版面按一定的组合方式进行块面的分割，分割对象可以是文字，也可以是图形，甚至可以将文字和图形结合起来进行分割。这种设计手法具有多样化的特点，打破了单一的版面形式，活泼又不失整体感。使用这种设计手法时，要注意合理布局，标题版块与文字版块要左右呼应、错落有致，图文分布要疏密有致，如图5-1所示。

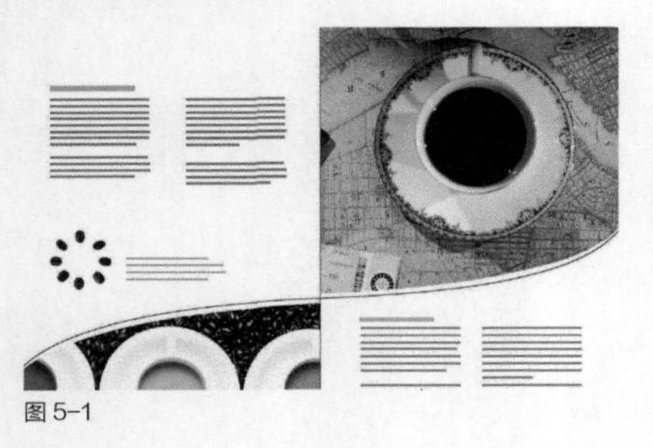

图5-1

◆ 3. 以订口为轴对称

书本摊开后，将左右两面，即双码与单码页面当成一面，整体比较大气，能带来视觉上的刺激。以订口为轴的对称版式，外分内合，张敛有致，如图5-2所示。

图5-2

◆ 4. 大胆留白

恰当、合理地留白，可以传递设计者高雅的审美情趣，还可以打破死板、呆滞的常规版面风格，使版面看起来通透、有趣味性、清新，使读者在视觉上产生轻快、愉悦的感受，如图5-3所示。当然，留白要把握好度，若留白过多，没有呼应和过渡，版面就会给人空而乏的感觉。

图5-3

◆ 5. 版式图形化

对画幅大小、规格进行调整，使版面呈现丰富的画面感；再结合文字，使其整体处于一种有序或无序的状态，版面的节奏感及整体感都会变得很强，如图5-4所示。

图5-4

5.1.2 以文字为主的版式设计

在版式设计中，文字并非只有传达信息的作用，其也是一种高尚的艺术表现形式。

1. 字体、字号、字距与行距

字体的设计、选用是版式设计的基础。通常，选择两到三种字体即可呈现较好的视觉效果。字号是表示字体大小的术语，字距与行距的设置是设计师设计品位的直接体现。行距的常规比例为：字号为8点，行距则为10点，即4：5。但对于一些特殊的版面来说，将字距与行距扩大或缩小，更有利于体现主题。

2. 编排形式

文字的编排形式多种多样，大致可以分为以下几种：左右齐整，横排、竖排均可；左对齐、右对齐或居中编排；文图穿插、自由编排、突出字首等。

3. 标题与正文的编排

标题在版面中起画龙点睛、引人注目的作用。标题的位置、字体、大小、形状和方向，直接关系到整个版面的艺术风格。

4. 文字编排的特殊表现

形象字体： 形象字体是根据文字的字义或一个词组所包含的内容而创作的字体，如图5-5所示。

图5-5

图文叠印： 将文字印在图形或图片上的一种版式，不追求易读性，只追求层次的丰富性。

群组编排： 将文字放在正方形、长方形或具体的形状中的一种排版形式。

5.1.3 以图形为主的版式设计

图形在版式设计中占很大比重，它具有强于文字的视觉冲击力，能够形象、准确地传递信息。与图形有关的版式设计内容包括图形的位置、面积、数量和创意编排等。

1. 图形的位置

图形放置的位置直接关系到版面的构图布局。

2. 图形的面积

图形面积的大小直接关系到版面的视觉效果。一般情况下，我们在排版时会把重要的、需要引起读者注意的图形放大，把次要的图形缩小，从而形成主次分明的格局，如图5-6所示。

图 5-6

◆ 3. 图形的数量

图形的数量可影响读者的阅读兴趣。图5-7所示为一本以图为主的画册的内页，精美的照片可以引起读者的阅读兴趣。

图 5-7

◆ 4. 图形的创意编排

图形的创意编排形式应尽量体现设计者所要传达的信息，尽可能地服务于设计者所想表达的内容。设计者可以通过有意识的安排，使版面更有新意和创造性，从而让整个画面更富有趣味，更能吸引人、打动人，如图5-8所示。

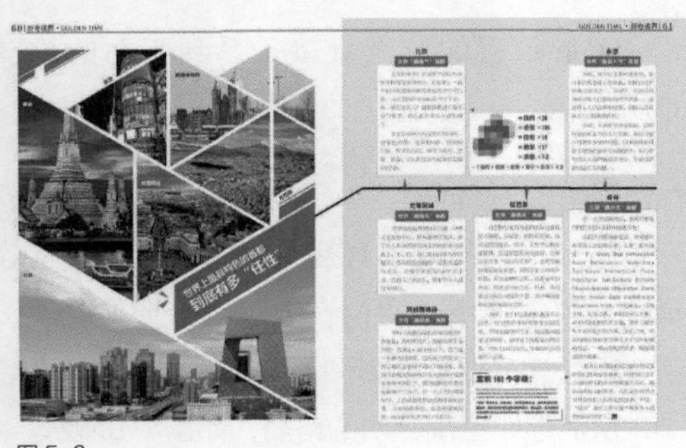
图 5-8

5.1.4 图文并重的版式设计

图文并重的版式设计可以根据要求，采用图文分割、对比、混合的形式。设计师在设计时要注意对版面空间的强化以及疏密节奏的安排，如图5-9所示。

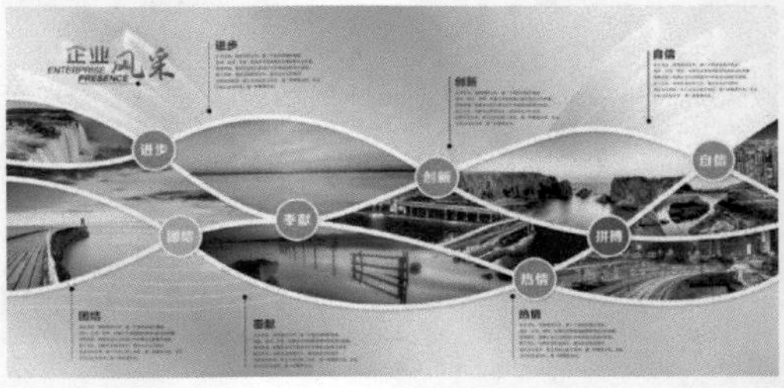

图 5-9

5.2 时尚杂志封面设计

实例位置	实例文件 >CH05> 时尚杂志封面设计 .psd
素材位置	素材文件 >CH05> 模特 .jpg、蓝色背景 .jpg、方块 .psd、底纹 .jpg
视频名称	时尚杂志封面设计
技术掌握	横排文字工具的应用

设计思路指导

第1点：设计前需划分好整个版块的区域。

第2点：调整素材图像与文字的主次关系。

第3点：字体属性的设置。

案例背景分析

本案例是为时尚杂志设计封面。针对杂志的受众群体，我们可以将版式设计得较为新颖，再安排一些文字、图像等元素。时尚杂志封面效果如图5-10所示。

图 5-10

5.2.1 使用色块划分版面

通过绘制简单的图形、填充颜色，划分封面版面。

01 选择“文件 > 新建”菜单命令，打开“新建文档”对话框，设置文件名为“时尚杂志封面”，“宽度”和“高度”分别为 25 厘米、15 厘米，“分辨率”为 150 像素 / 英寸，如图 5-11 所示。

02 新建一个图层，选择“矩形选框工具”，按住 Shift 键，通过加选选区的方式，绘制两个矩形选区，如图 5-12 所示。

图 5-11　　图 5-12

03 单击工具箱下方的前景色图标，打开“拾色器（前景色）”对话框，设置前景色为粉蓝色（R:160，G:218，B:251），单击确定按钮回到画面中，按 Alt+Delete 组合键填充选区，如图 5-13 所示。

图 5-13

04 选择“矩形选框工具”，在图像中绘制多个矩形选区，填充为深浅不同的蓝色，如图 5-14 所示。

图 5-14

05 下面输入杂志的标题。选择“横排文字工具”，在画面的右上方输入文字“时尚潮流”，在工具属性栏中设置字体为“汉仪菱心体简”，文字颜色分别为白色和蓝色（R:53，G:163，B:225），适当调整文字大小，如图 5-15 所示。

图 5-15

06 打开“素材文件 >CH05> 模特 .jpg”文件，选择“魔棒工具”，在工具属性栏中设置“容差”为 30，然后在图像背景中单击，创建选区；然后选择“选择 > 反选”菜单命令，创建人物图像选区，如图 5-16 所示。

图 5-16

07 选择“移动工具”，将鼠标指针放到选区内，按住鼠标左键将其拖曳至杂志封面中，将人物图像放到画面左侧，并在“图层”面板中将其重命名为“人物”，如图 5-17 所示。

图 5-17

08 按住 Ctrl 键并单击“人物”图层，创建人物图像选区；然后新建一个图层，重命名为“阴影”，将选区填充为黑色，如图 5-18 所示。

图 5-18

09 打开“素材文件 >CH05> 蓝色背景.jpg”文件，使用“移动工具”将其拖曳至当前编辑的图像中，调整图像大小，使其能够遮盖部分黑色人物剪影图像，如图 5-19 所示。

图 5-19

10 选择“图层 > 创建剪贴蒙版”菜单命令，创建一个剪贴蒙版图层；将蓝色背景中超出人物边缘的图像隐藏起来，效果如图 5-20 所示。

图 5-20

11 按 Ctrl+J 组合键复制蓝色背景，并为其创建剪贴蒙版，再使用“移动工具”适当将其向下移动，如图 5-21 所示。

图 5-21

12 选择“橡皮擦工具”，适当擦除两个蓝色背景图像交界处的界线，使其能够自然过渡，如图 5-22 所示。

图 5-22

5.2.2 文字排版设计

按照划分的版块，让文字内容融入画面，并与人物素材图像融合在一起。

01 选择“横排文字工具” T，在封面图像的左上方输入文字，并在工具属性栏中设置字体为“汉仪菱心体简”，字号为“46 点”，“填充”为黑色，如图 5-23 所示；效果如图 5-24 所示。

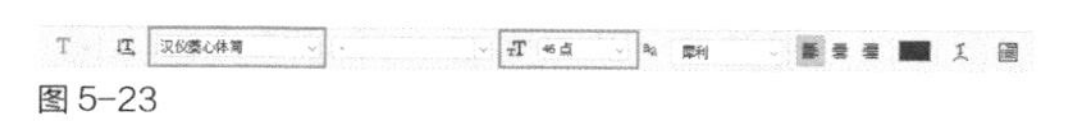

图 5-23

图 5-24

02 将光标插到“的”字前面，按住鼠标左键向右拖曳，选中文字，然后在工具属性栏中设置字号为 62 点，如图 5-25 所示。

图 5-25

03 继续输入其他文字，选择“窗口 > 字符”菜单命令，打开“字符”面板，设置字体、字号等，再单击“全部大写字母”按钮 TT，排列成图 5-26 所示的样式。

图 5-26

04 在黑色文字上方输入一行“○○○○○○○○○○○○”符号，并在工具属性栏中设置字体为“汉仪咪咪体简”，适当调整字体大小后，“填充”为蓝色（R:53，G:163，B:225），如图 5-27 所示。

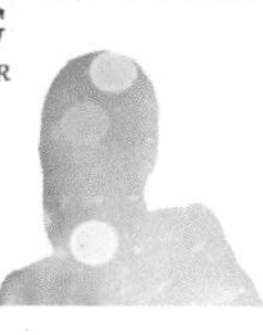

图 5-27

05 按 Ctrl+J 组合键复制该符号，然后将其放到英文文字右侧，如图 5-28 所示。

图 5-28

06 选择“横排文字工具” T，在杂志名称的下方输入中英文信息，设置字体为“方正大标宋简体”，填充为黑色，然后适当调整文字大小，并排列为图 5-29 所示的样式。

图 5-29

07 打开“素材文件 >CH05> 方块 .psd”文件，使用“移动工具” 将其拖曳至当前编辑的图像中，放到人物剪影的右侧，如图 5-30 所示。

图 5-30

08 选择“图层 > 图层样式 > 投影”菜单命令，打开“图层样式”对话框，设置投影颜色为墨蓝色（R:56，G:63，B:77），其他参数设置如图 5-31 所示。单击 确定 按钮，得到的投影效果如图 5-32 所示。

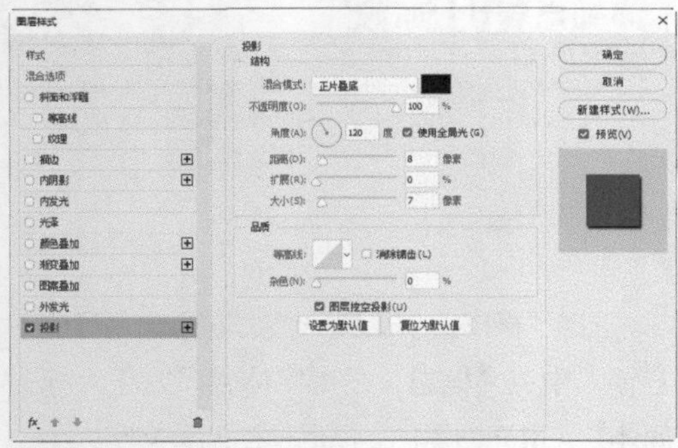

图 5-31

图 5-32

09 选择“横排文字工具”，在拼图图像内输入文字，设置字体为“方正大标宋简体”，“填充”为黑色，如图 5-33 所示。

图 5-33

10 在人物剪影的右侧输入文字，并在工具属性栏中设置字体为“方正粗活意简体”，“填充”为黑色，然后按 Ctrl+T 组合键，调整文字角度，如图 5-34 所示。

图 5-34

11 新建一个图层，选择“多边形套索工具”，在倾斜文字汇集处绘制两个三角形选区，填充为黑色，如图 5-35 所示。

图 5-35

12 选择“横排文字工具”，在封面图像的右下方输入其他文字，分别填充为蓝色（R:9，G:112，B:170）、白色和黑色；再绘制一个矩形选区，填充为蓝色（R:9，G:112，B:170），如图 5-36 所示。

图 5-36

13 双击“背景”图层，将其转换为普通图层。按住 Ctrl 键，选中所有图层，选择“图层 > 图层编组”菜单命令，得到图层组，并将其重命名为“封面”；再单击“创建新组”按钮，新建一个图层组，并将其重命名为“背面”，如图 5-37 所示。

图 5-37

14 在“背面”图层组中新建一个图层，将其填充为蓝色(R:53, G:163, B:225)；选择“矩形选框工具”，在图像中绘制一个矩形选区，如图 5-38 所示。

图 5-38

15 选择“编辑 > 描边”菜单命令，打开“描边”对话框，设置“宽度”为 5 像素，“颜色”为白色，“位置”为“居中”，如图 5-39 所示。

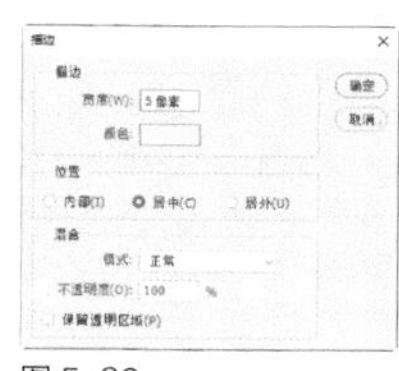

图 5-39

16 单击 确定 按钮，得到白色描边效果，如图 5-40 所示。

图 5-40

17 选择“矩形选框工具”，按住 Shift 键，通过加选选区在描边矩形中绘制矩形选区，再按 Delete 键删除选区，如图 5-41 所示。

18 新建一个图层，在画面中间再绘制一个矩形选区，填充为白色，如图 5-42 所示。

图 5-41

图 5-42

19 再次打开“素材文件 >CH05> 蓝色背景.jpg”文件，选择“矩形选框工具”，在图像中绘制一个矩形选区，然后使用“移动工具”将选区内的图像直接移动到背面图像中，放到图 5-43 所示的位置。

图 5-43

20 选择“矩形选框工具”，在背面图像的左上方和中间绘制多个细长的矩形选区，填充为白色，如图 5-44 所示，表示较小的文字输入后的排版效果。

21 选择“横排文字工具”，在背面图像的左上方输入文字，设置字体为汉仪菱心体简，然后在图像中间输入英文，填充为白色，完成杂志背面图像的制作，如图 5-45 所示。

图 5-44

图 5-45

5.2.3 制作杂志图像立体效果

制作灰色背景，为绘制好的杂志图像制作立体效果。

01 新建一个图像文件，选择“渐变工具”，设置渐变色为从灰色到浅灰色，然后在图像中应用线性渐变填充，如图 5-46 所示。

图 5-46

02 打开“素材文件 >CH05> 底纹 .jpg”文件，使用“移动工具”将其拖曳至当前编辑的图像中，适当调整图像大小，使其布满整个画面，然后在“图层”面板中设置图层混合模式为“正片叠底”，如图 5-47 所示。

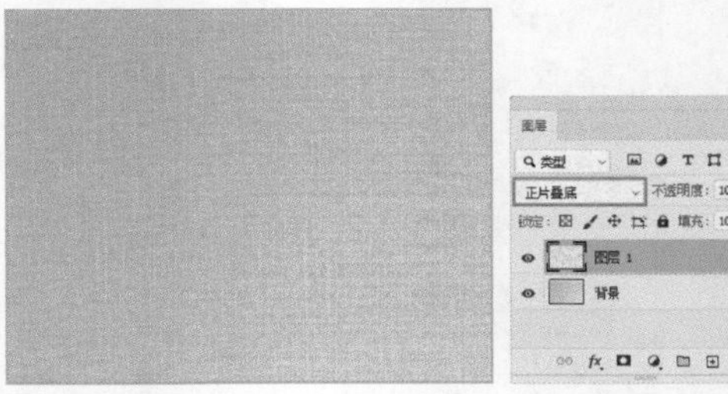

图 5-47

03 新建一个图层组，然后选中“时尚杂志封面”文件中的“封面”图层组，按 Ctrl+E 组合键合并图层，使用“移动工具”将其移动至画面中，如图 5-48 所示。

图 5-48

04 按 Ctrl+T 组合键，此时封面图像的四周将出现一个变换框；然后按住 Alt+Shift 组合键调整每一个角，将其变换为拉伸变形的样式，如图 5-49 所示。

05 选择“多边形套索工具”，在封面图像的左侧和下方分别绘制两个四边形选区，并分别填充为蓝色（R:85，G:170，B:218）和浅灰色（R:239，G:239，B:239），如图 5-50 所示。

图 5-49

图 5-50

06 选中“组 1”图层组，选择“图层 > 图层样式 > 投影”菜单命令，打开“图层样式”对话框，设置投影颜色为黑色，其他参数设置如图 5-51 所示。

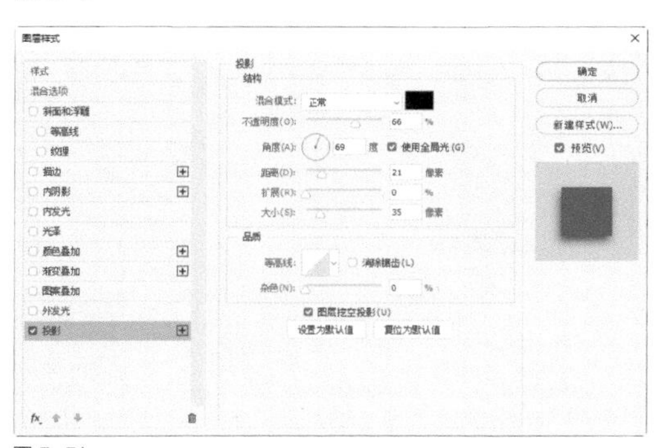

图 5-51

07 单击 确定 按钮，得到杂志图像的投影效果，如图 5-52 所示。

图 5-52

08 新建一个图层组，选中“时尚杂志封面”文件中的“背面”图层组，按 Ctrl+E 组合键合并图层，然后使用“移动工具”将其移动至画面中，通过自由变换为其制造透视效果，如图 5-53 所示。

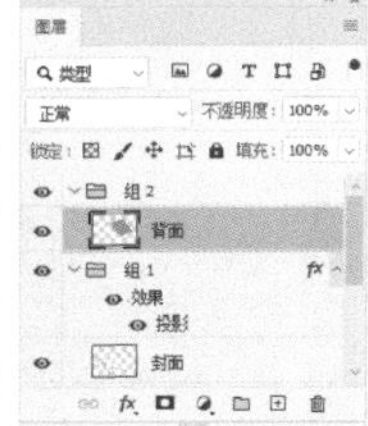

图 5-53

09 选择“多边形套索工具”，在背面图像的左侧和下方分别绘制两个四边形选区，填充为深浅不同的灰白色，如图 5-54 所示。

图 5-54

10 选中“组 2”图层组，为其添加投影图层样式，参数设置与“组 1”图层组相同，完成本案例的制作，得到的效果如图 5-55 所示。

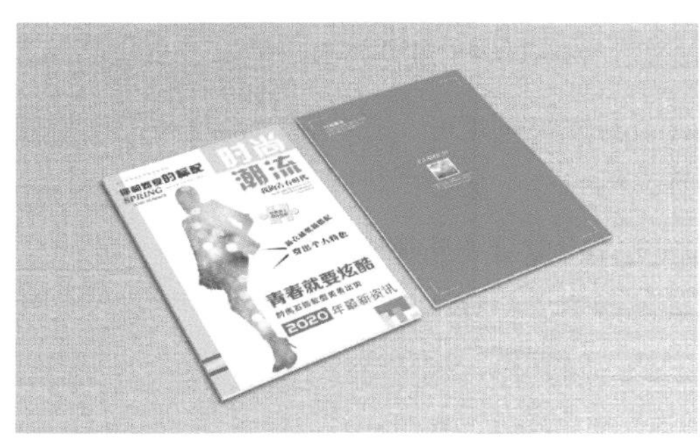

图 5-55

5.3 家私企业展示手册设计

实例位置	实例文件 >CH05> 家私企业展示手册设计 .psd
素材位置	素材文件 >CH05> 室内 .jpg、图标 .psd
视频名称	家私企业展示手册设计
技术掌握	创建剪贴蒙版、调整文字位置

设计思路指导

第1点：在封面图像、封底图像中绘制几何图形。

第2点：运用深浅不同的同色系颜色在画面中制作层次感。

第3点：输入文字并设置文字的样式。

案例背景分析

本案例将制作家私企业展示手册。首先，我们要绘制多个几何图形并将其连接起来，从而形成一个转折图像，然后使用素材图像和色块进行版面划分，效果如图5-56所示。

图 5-56

5.3.1 绘制几何图形

绘制褐色矩形，划分版面；再绘制转折图像，得到具有变化的版式。

01 选择"文件>新建"菜单命令，打开"新建文档"对话框，设置文件名为"家私企业展示手册"，"宽度"和"高度"分别为42厘米、30厘米，"分辨率"为300像素/英寸，如图5-57所示。单击创建按钮，即可得到一个空白图像文件。

图 5-57

02 选择"视图>新建参考线"菜单命令，打开"新建参考线"对话框，设置"取向"为"垂直"，"位置"为"21厘米"，如图5-58所示。

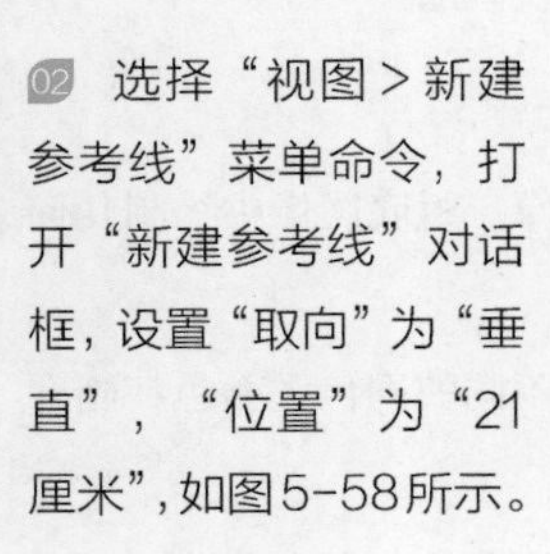

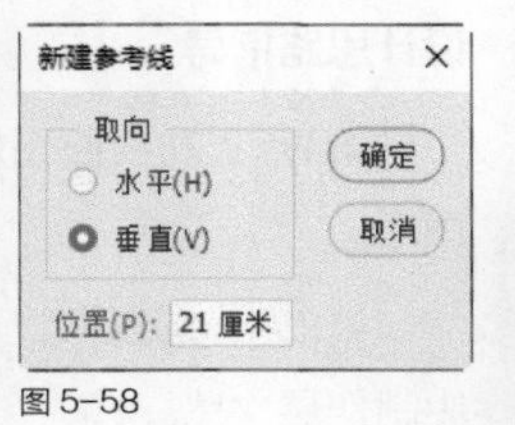

图 5-58

03 单击确定按钮，创建参考线，将图像分为封面和封底两部分，如图5-59所示。

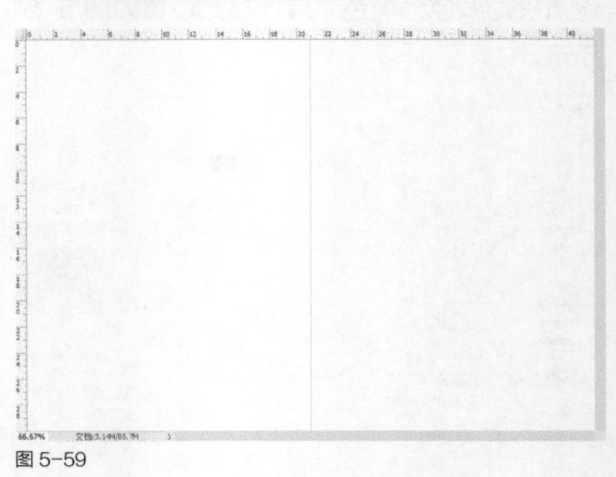
图 5-59

04 新建一个图层，选择"矩形选框工具"，在图像中绘制一个矩形选区，填充为褐色（R:77，G:64，B:47），如图5-60所示。

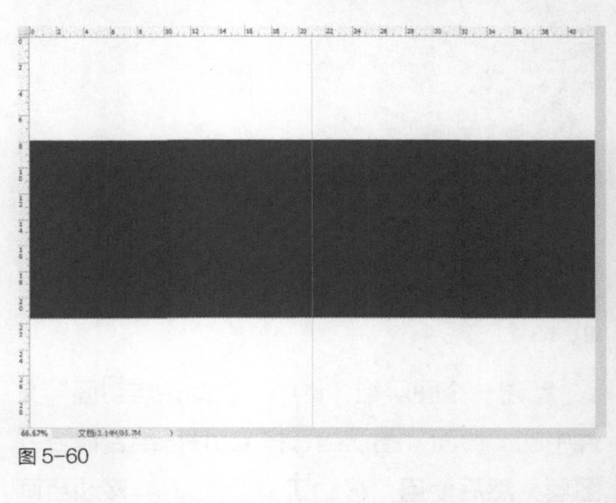
图 5-60

05 新建一个图层，选择"多边形套索工具"，在封面图像中绘制一个折线选区，填充为土黄色（R:202，G:141，B:33），如图5-61所示。

图 5-61

06 保持选区状态，按住 Alt 键，通过减选选区绘制选区，如图 5-62 所示；减去部分选区，将剩余的选区填充为橘黄色（R:234，G:179，B:42），得到转折图像效果，如图 5-63 所示。

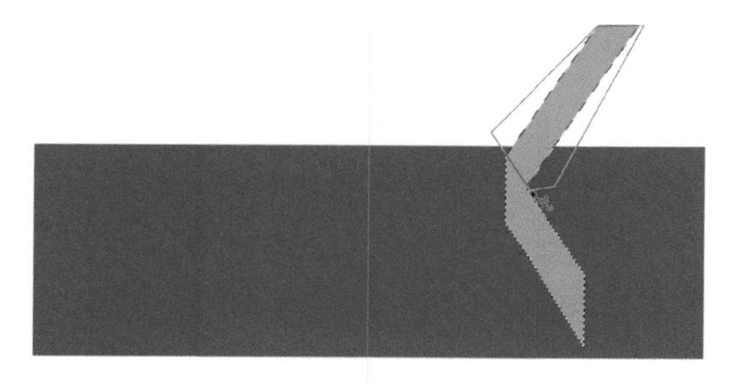

图 5-62

图 5-63

07 选择“多边形套索工具”，在转折图像下方，绘制一个多边形选区，填充为土黄色（R:222，G:164，B:32），如图 5-64 所示。

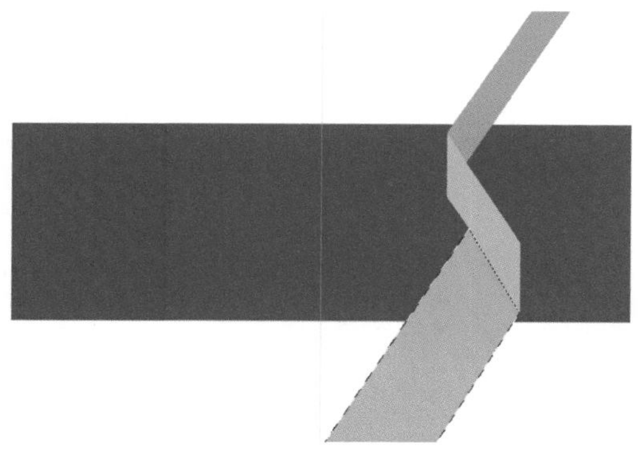

图 5-64

08 选择“多边形套索工具”，绘制一个四边形选区，填充为白色，如图 5-65 所示。

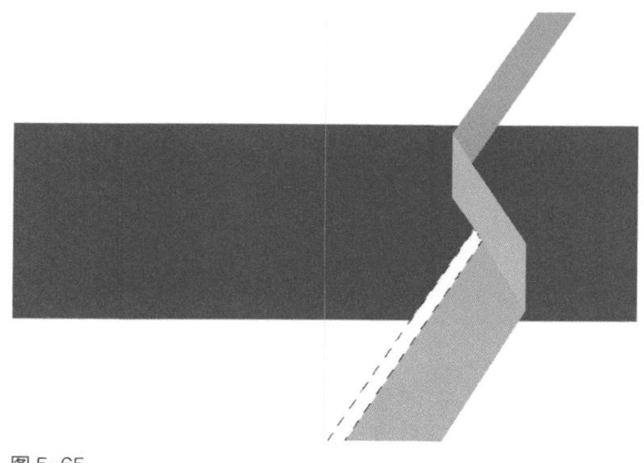

图 5-65

09 使用“多边形套索工具”，在白色图像的边缘绘制一个较窄的四边形选区，填充为深黄色（R:111，G:77，B:34），如图 5-66 所示。

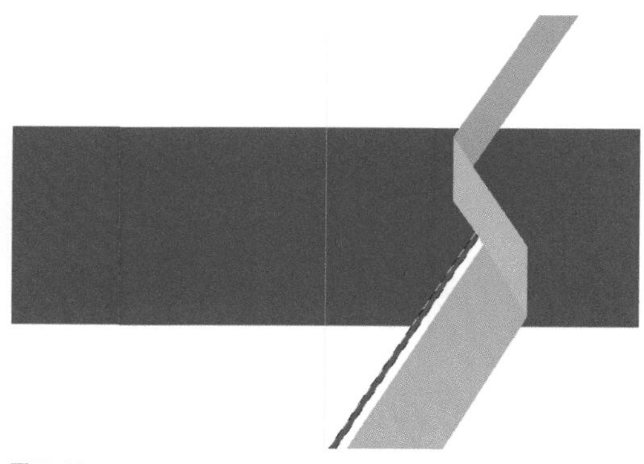

图 5-66

10 新建一个图层，调整图层顺序，将其放到“图层 1”图层的上方；选择“多边形套索工具”，在图像中绘制一个多边形选区，填充为黑色，如图 5-67 所示。

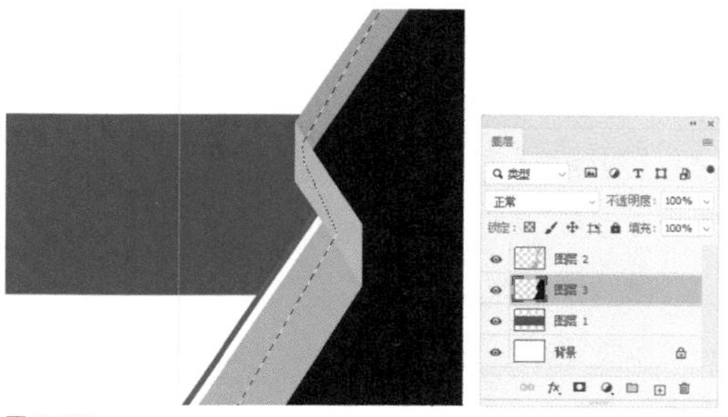

图 5-67

11 打开“素材文件 >CH05> 室内 .jpg”文件，使用“移动工具”将其拖曳至当前编辑的图像中，并放到封面图像中；然后在“图层”面板中调整图层顺序，将其放到“图层 3”图层的上方，如图 5-68 所示。

图 5-68

12 选择“图层 > 创建剪贴蒙版”菜单命令，得到剪贴蒙版图层，隐藏超出黑色图像边缘的家具图像，如图 5-69 所示。

图 5-69

13 选择“图层 > 新建调整图层 > 亮度 / 对比度”菜单命令，在打开的对话框中保持默认设置，单击 确定 按钮，打开“属性”面板，设置“亮度”为 29，“对比度”为 0，如图 5-70 所示。

图 5-70

14 调整好亮度后，“图层”面板中将自动增加一个调整图层，按 Alt+Ctrl+G 组合键创建剪贴蒙版，使亮度调整只应用于家具图像中，如图 5-71 所示。

图 5-71

15 新建一个图层，选择“多边形套索工具”，在封底图像中绘制一个四边形选区，填充为土黄色（R:202，G:141，B:33），如图 5-72 所示。

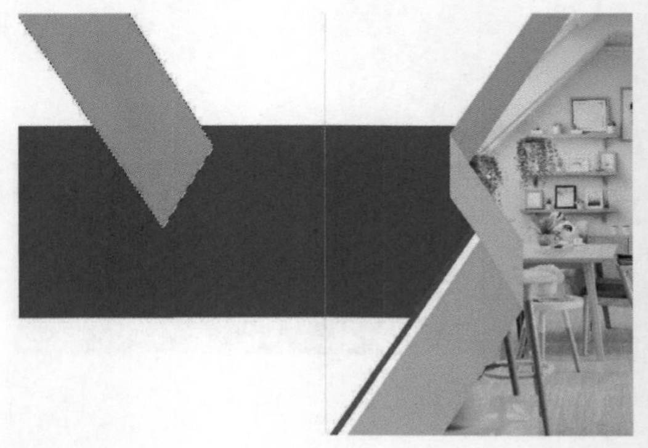

图 5-72

16 在左侧土黄色图像下方绘制一个四边形选区，填充为橘黄色（R:238，G:181，B:41），如图 5-73 所示。

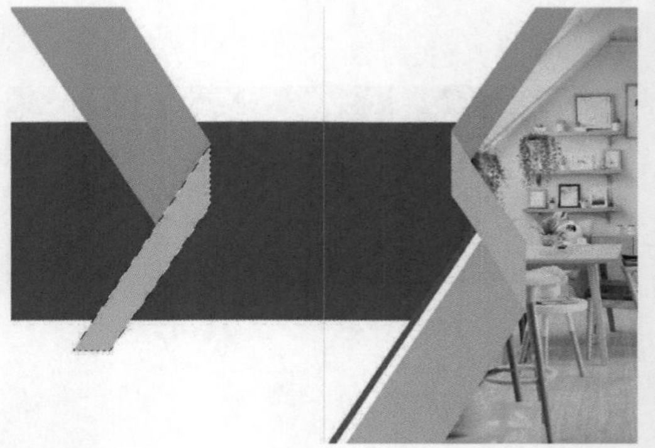

图 5-73

17 在左侧橘黄色图像左侧绘制一个较小的选区，填充为土黄色（R:202，G:141，B:33），得到转折图像效果，如图 5-74 所示。

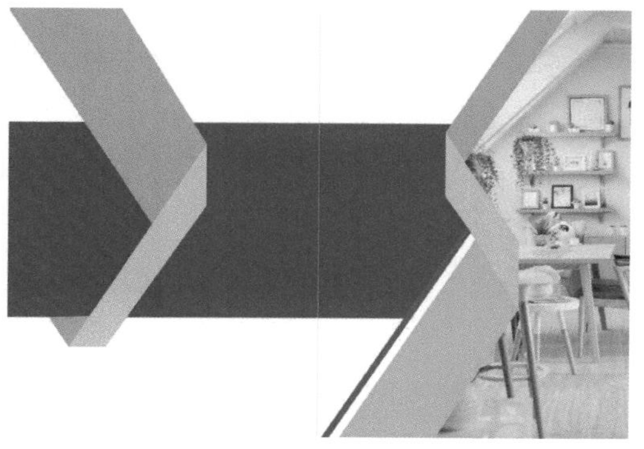

图 5-74

18 在左侧较大的土黄色图像中绘制两个选区，分别填充为白色和深黄色（R:111，G:77，B:34），得到封面图像和封底图像的转折图像效果，如图 5-75 所示。

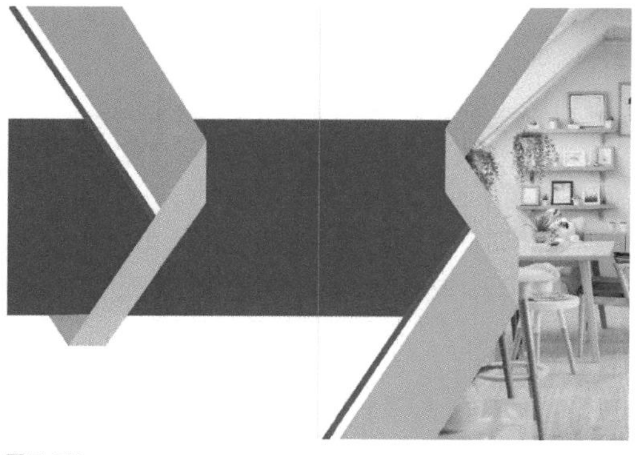

图 5-75

5.3.2 美术文字排版

输入文字，将其排列在褐色版块中，使文字集中显示。

01 选择“横排文字工具” T，在工具属性栏中设置字体为“方正兰亭大黑 _GBK”，颜色为白色，如图 5-76 所示。在封面图像中输入文字，放到封面左侧，如图 5-77 所示。

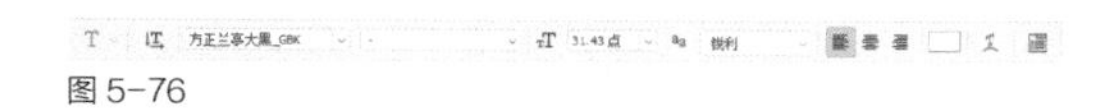

图 5-76

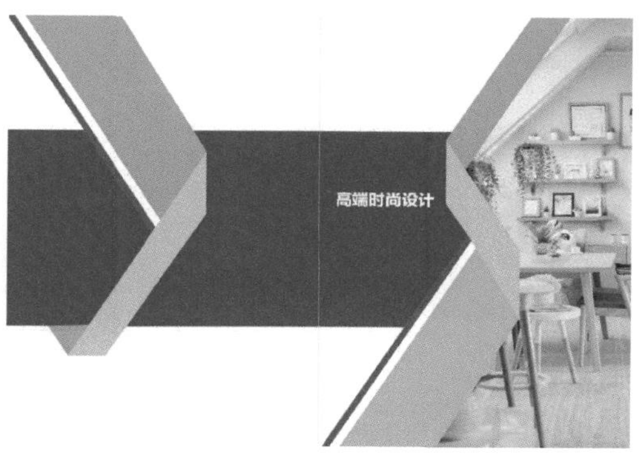

图 5-77

02 在文字下方输入一行大写英文字母，并在工具属性栏中设置字体为“方正兰亭准黑”，适当调整文字大小，“填充”为白色，再输入一行较小的中文文字，设置字体为“方正兰亭超细黑简体”，如图 5-78 所示。

图 5-78

03 选择“横排文字工具” T，在白色文字下方输入两行文字。选中第一行文字，在工具属性栏中设置字体为“方正兰亭大黑 _GBK”；再选中第二行文字，设置字体为“方正兰亭超细黑简体”，“填充”为土黄色（R:202，G:141，B:33），如图 5-79 所示。

图 5-79

04 选中封面图像中的白色文字，按 Ctrl+J 组合键复制文字，适当缩小后放到封底图像中，如图 5-80 所示。

图 5-80

05 选择“横排文字工具” T，在封底图像中输入公司全称和一行字母，在工具属性栏中设置字体为“方正兰亭黑”，“填充”为白色，如图 5-81 所示。

图 5-81

06 在公司名称下方输入电话、地址等信息；同样，在工具属性栏中设置字体为“方正兰亭黑”，“填充”为白色，然后适当缩小文字，如图 5-82 所示。

图 5-82

07 打开“素材文件 >CH05> 图标 .psd”文件，使用“移动工具” 将其拖曳至当前编辑的图像中，分别放到地址、电话、邮箱信息的前面，如图 5-83 所示。

图 5-83

08 接下来制作企业标志。选择“横排文字工具” T，在封面图像的左上方输入英文文字，并在工具属性栏中设置字体为“Annabel Script”，“填充”为黑色，如图 5-84 所示。

图 5-84

09 在英文文字下方输入中文名称，设置字体为“方正兰亭粗黑简体”，“填充”为黑色，如图 5-85 所示。

图 5-85

5.3.3 制作展示手册效果图

运用“渐变工具” 制作展示手册中的阴影变换效果，得到立体效果图。

01 选择“图层 > 拼合图像”菜单命令，得到“背景”图层，如图 5-86 所示。设置背景色为灰色，选择“矩形选框工具”，沿着参考线边缘分别对封面和封底图像绘制选区，然后按 Shift+Ctrl+J 组合键剪切图层，将封底和封面分开，如图 5-87 所示。

图 5-86

图 5-87

02 按住 Ctrl 键，选中“封底”和“封面”图层，按 Ctrl+T 组合键，适当缩小图像，将其放到画面中间，如图 5-88 所示。

图 5-88

03 新建一个图层，按住 Ctrl 键，单击“封底”图层，载入图像选区；选择“渐变工具”，对其应用线性渐变填充，设置颜色为从黑色到透明，如图 5-89 所示。

图 5-89

04 在“图层”面板中设置该图层的混合模式为“正片叠底”，“不透明度”为 45%，得到的阴影图像效果如图 5-90 所示。

图 5-90

05 新建一个图层，按住 Ctrl 键，单击“封面”图层，载入图像选区；选择“画笔工具”，在工具属性栏中设置“不透明度”为 30%，前景色为白色，在选区左侧从上到下绘制半透明白色图像，效果如图 5-91 所示。

图 5-91

06 按住 Ctrl 键，选中除“背景”图层以外所有的图层，按Ctrl+G组合键得到图层组，如图 5-92 所示。

图 5-92

07 选择“图层 > 图层样式 > 投影”菜单命令，打开“图层样式”对话框，设置投影颜色为黑色，其他参数设置如图 5-93 所示。

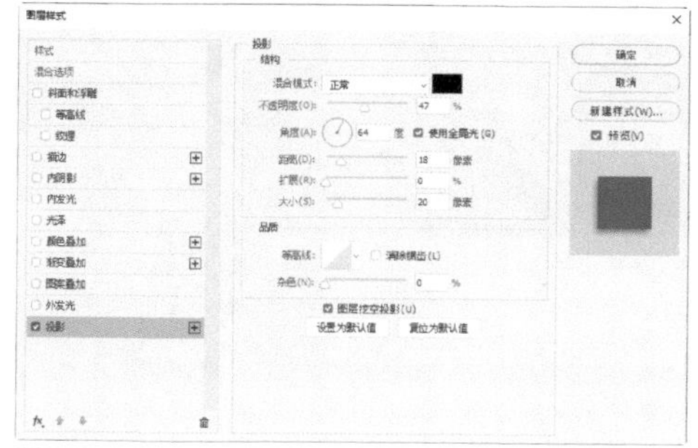

图 5-93

08 单击 确定 按钮，得到投影效果。这时“图层”面板中的图层样式效果将显示在“组 1”图层组中，如图 5-94 所示。

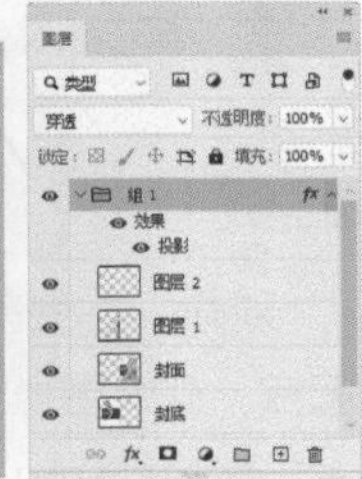

图 5-94

09 新建一个图层，将其调整至底层。设置前景色为黑色，选择“画笔工具”，在工具属性栏中设置“不透明度”为 40%，在手册下方绘制阴影图像，如图 5-95 所示。

图 5-95

10 新建一个图层，选择“矩形选框工具”，在图像中间绘制一个矩形选区；使用“画笔工具”，在工具属性栏中设置“不透明度”为 100%，在选区中绘制与封面、封底图像相对应的颜色，如图 5-96 所示，完成本案例的制作。

图 5-96

5.4 家私手册内页设计

实例位置	实例文件 >CH05> 家私手册内页设计 .psd
素材位置	素材文件 >CH05> 家具 1.jpg、家具 2.jpg、家具 3.jpg、家具 4.jpg、相机图标 .psd
视频名称	家私手册内页设计
技术掌握	选框工具和文字工具的应用

设计思路指导

第1点：绘制多个几何图形并让其与素材图像融合。

第2点：注意文字与画面的整体融合性。

案例背景分析

本案例将制作家私手册内页。本案例的背景图像采用与封面相同的色调，绘制不同的几何图形，并将素材图像融入其中，再添加说明性文字。文字围绕素材图像排列，得到具有变化性的展示效果，如图5-97所示。

图 5-97

5.4.1 制作页面中的对象

通过多个选框工具绘制图像，并将素材图像融入其中。

01 选择“文件 > 新建”菜单命令，打开“新建文档”对话框，设置文件名为“家私手册内页”，“宽度”和“高度”分别为 42 厘米、30 厘米，“分辨率”为 300 像素 / 英寸，如图 5-98 所示。单击 创建 按钮，得到一个空白图像文件。

02 选择“视图 > 新建参考线”菜单命令，打开“新建参考线”对话框，在其中设置“取向”为“垂直”，“位置”为 21 厘米，如图 5-99 所示。

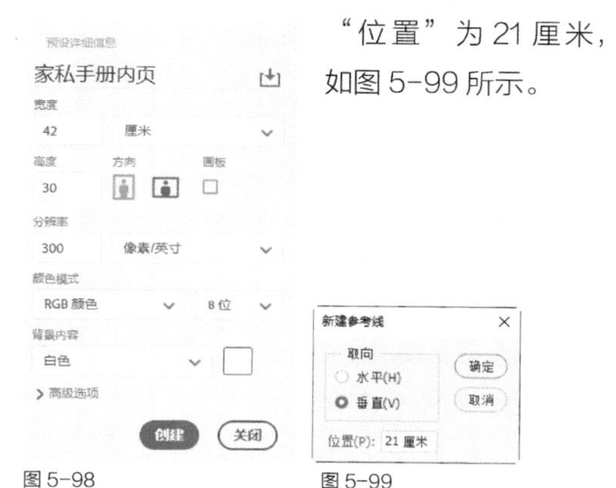

图 5-98　　　　　　图 5-99

03 单击确定按钮创建参考线，设置前景色为浅褐色（R:109，G:92，B:69），按 Alt+Delete 组合键填充背景，如图 5-100 所示。

图 5-100

04 新建一个图层，选择“矩形选框工具”，沿参考线顶端向右下角绘制一个矩形选区；选择“渐变工具”，为选区从左到右应用线性渐变填充，设置颜色为从深褐色（R:79，G:67，B:49）到浅褐色（R:109，G:92，B:69），如图 5-101 所示。

图 5-101

05 选择“钢笔工具”，在画面左侧绘制一个曲线图形，如图 5-102 所示。

图 5-102

06 新建一个图层，按 Ctrl+Enter 组合键将路径转换为选区，填充为白色，如图 5-103 所示。

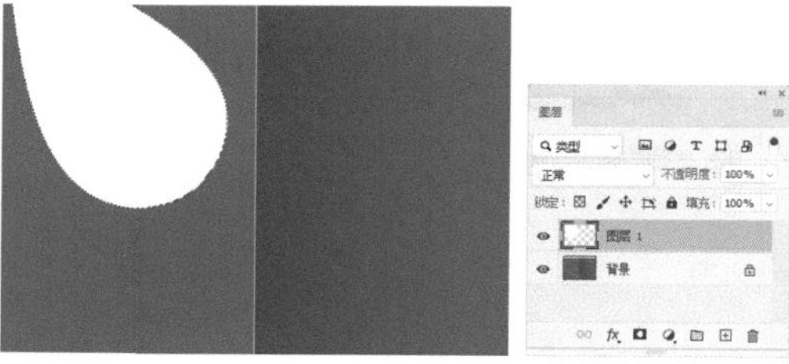

图 5-103

07 按 Ctrl+J 组合键复制图层，得到“图层 1 拷贝”图层。按住 Ctrl 键，单击“图层 1 拷贝”图层，创建图像选区，填充为橘黄色（R:230，G:177，B:51）；然后选择“选择 > 变换选区”菜单命令，选区周围会出现变换框；按住 Shift 键，从中心缩小选区，效果如图 5-104 所示。

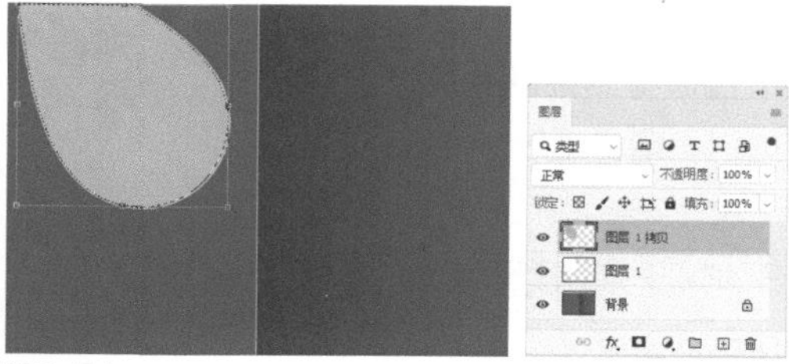

图 5-104

08 按 Enter 键确认变换，然后按 Delete 键删除选区中的图像，效果如图 5-105 所示。

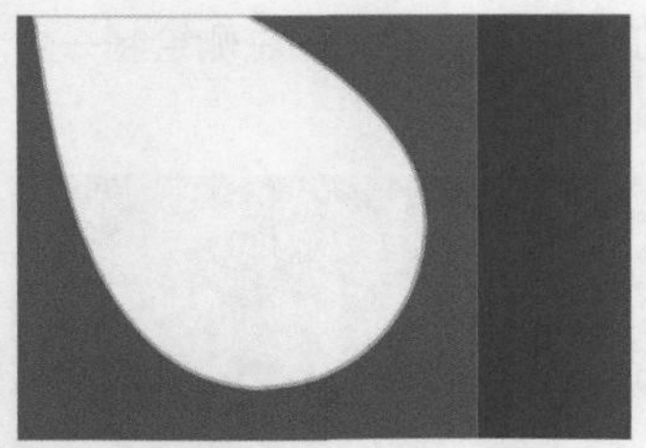

图 5-105

09 选择“橡皮擦工具”，在工具属性栏中选择画笔为“硬边圆”，“不透明度”为100%，如图5-106所示。擦除黄色图像部分边缘，效果如图5-107所示。

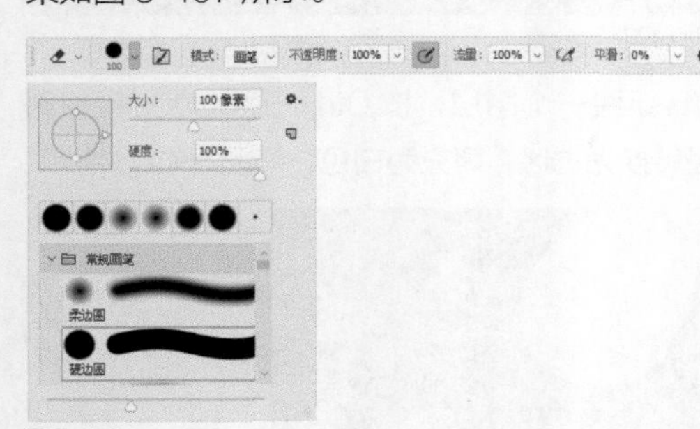

图 5-106

图 5-107

10 新建一个图层，选择“钢笔工具”，绘制一个弧形，按Ctrl+Enter组合键将路径转换为选区，填充为土黄色（R:196，G:139，B:43），如图5-108所示。

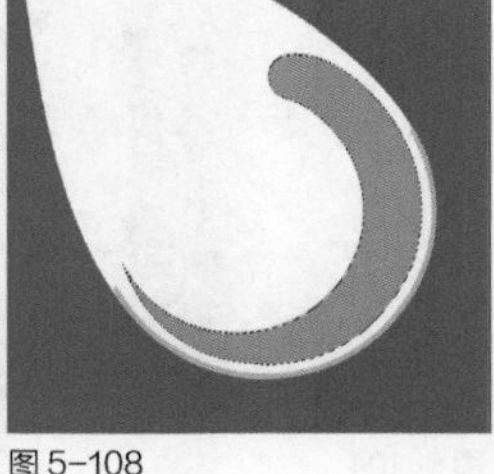

图 5-108

11 在弧形中分别绘制两个尖角图形，填充为橘黄色（R:230，G:177，B:51），效果如图5-109所示。

图 5-109

12 新建一个图层，选择“椭圆选框工具”，按住Shift键，在图像中绘制一个圆形选区，填充为灰色，如图5-110所示。

13 打开“素材文件>CH05>家具1.jpg”文件，使用“移动工具”将其拖曳至灰色圆形位置。适当调整图像大小，使其能够遮盖该圆形，如图5-111所示。

图 5-110

图 5-111

14 选择“图层>创建剪贴蒙版”菜单命令，创建一个剪贴蒙版图层；隐藏超出灰色圆形边缘的图像，效果如图5-112所示。

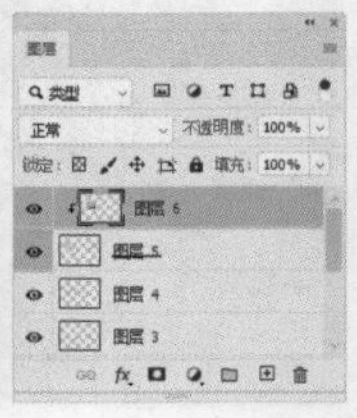

图 5-112

15 新建两个图层，在不同的图层绘制圆形选区，再分别填充为白色和灰色，放到图 5-113 所示的位置。

16 打开“素材文件 >CH05> 家具 2.jpg、家具 3.jpg”文件，使用“移动工具” 拖曳图像，适当调整其大小，分别放到两个较小的圆形中，并为其创建剪贴蒙版，效果如图 5-114 所示。

图 5-113

图 5-114

17 新建一个图层，选择“椭圆选框工具” ，绘制两个重叠的圆形，分别填充为白色和淡黄色（R:239，G:200，B:117），然后调整该图层至底层，效果如图 5-115 所示。

18 新建一个图层，绘制一个圆形选区。使用“渐变工具” ，在工具属性栏中设置渐变颜色为从深黄色（R:178，G:128，B:44）到土黄色（R:218，G:165，B:48），然后应用线性渐变填充选区，如图 5-116 所示。

图 5-115

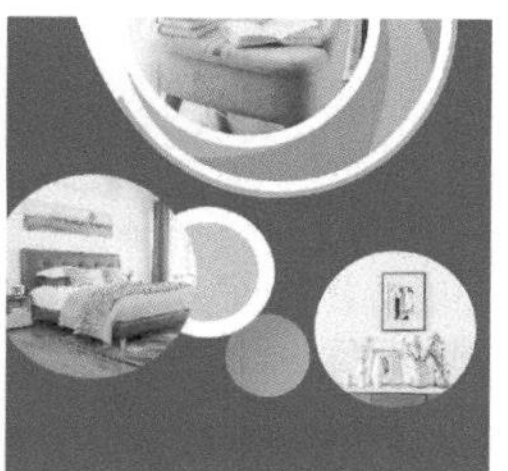
图 5-116

19 新建一个图层，选择“矩形选框工具” ，在右侧内页中绘制多个矩形选区，填充为灰色，效果如图 5-117 所示。

图 5-117

20 按 Ctrl+T 组合键，适当旋转矩形选区，并调整位置，放到画面右下角，如图 5-118 所示。

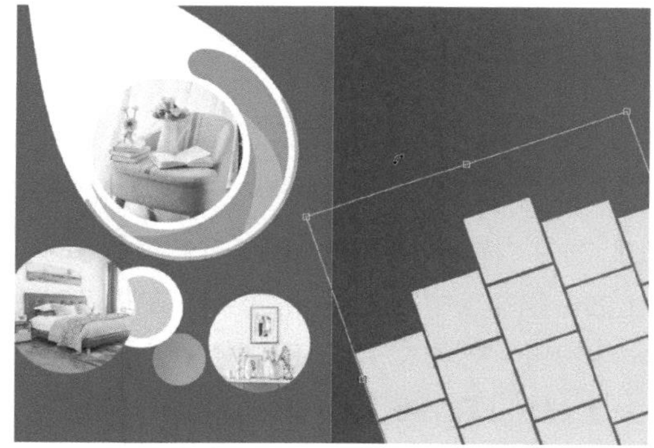
图 5-118

21 打开“素材文件 >CH05> 家具 4.jpg”文件，使用“移动工具” 将其拖曳至画面右下方；调整图像大小，使其遮盖灰色矩形，效果如图 5-119 所示。

图 5-119

22 按 Alt+Ctrl+G 组合键为素材图像创建剪贴

蒙版，完成内页图像的绘制与编辑，如图 5-120 所示。

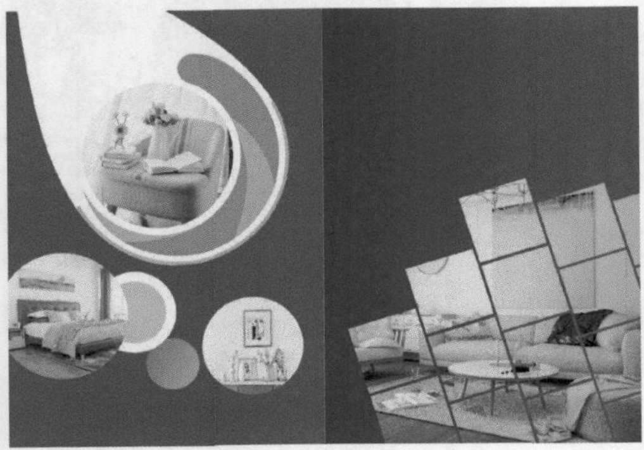
图 5-120

5.4.2 排列文字

为文字应用不同的字体，并为其填充不同的颜色，让文字排列更加活跃。

01 选择“横排文字工具”，在内页图像的左上方分别输入中、英文两行文字。在工具属性栏中设置中文字体为“方正兰亭特黑”，“填充”为土黄色（R:196，G:139，B:43）；英文字体为“方正兰亭超细黑简体”，“填充”为灰色，如图 5-121 所示。

图 5-121

02 新建一个图层，选择“矩形选框工具”，在文字的左下方绘制一个较小的矩形选区，填充与中文文字相同的土黄色，如图 5-122 所示。

图 5-122

03 在内页左下方继续输入一行文字，并在工具属性栏中设置字体为“汉仪细中圆简”；然后在文字下方绘制两个细长的矩形，将文字和矩形都填充为白色，如图 5-123 所示。

图 5-123

04 选择“横排文字工具”，在内页右侧上方输入一行英文文字，并在工具属性栏中设置字体为“方正兰亭特黑”，“填充”为白色，如图 5-124 所示。

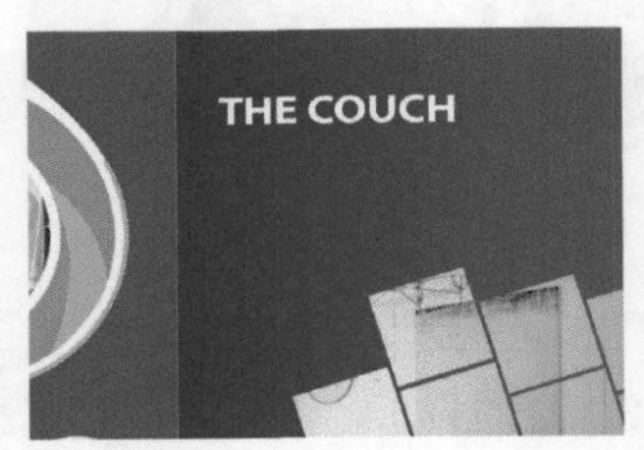

图 5-124

05 在英文文字下方输入一行中文，设置字体为“方正综艺简体”，“填充”为白色；然后绘制多个细长的矩形，同样填充为白色，如图 5-125 所示。

图 5-125

06 新建一个图层，选择“矩形选框工具”，在英文文字上方绘制一个矩形选区；选择“渐变工具”，对其应用线性渐变填充，设置颜色为从深黄色（R:178，G:128，B:44）到土黄色（R:218，G:165，B:48），如图 5-126 所示。

图 5-126

07 在渐变色矩形中输入英文文字，并在工具属性栏设置字体为“方正兰亭细黑”，“填充”为白色，如图 5-127 所示。

图 5-127

08 选择“横排文字工具” T.，在内页右侧输入其他文字内容；再绘制细长的矩形，填充为白色，排列为图 5-128 所示的样式。

图 5-128

09 打开“素材文件 >CH05> 相机图标 .psd”文件，使用“移动工具” 将其拖曳至当前编辑的图像中，放到内页右侧文字上方，完成本案例的制作，如图 5-129 所示。

图 5-129

5.5 课后习题

本章主要介绍了与版式设计相关的知识，以及版面划分和排列文字的设计思路和操作方法，多加练习即可设计出所需的版式。

课后习题：环保宣传手册内页设计

实例位置	实例文件 >CH05> 课后习题：环保宣传手册内页设计 .psd
素材位置	素材文件 >CH05> 风景 .jpg、树林 .jpg、环保图 .psd
视频名称	课后习题：环保宣传手册内页设计
技术掌握	剪贴蒙版和文字工具的应用

本习题设计的是环保宣传手册内页，其整体色调为绿色，可体现环保、低碳的主题；该设计构图简洁、大方，以图形为主，可带给观者强烈的视觉冲击，也能够真实、准确地传递信息，如图5-130所示。

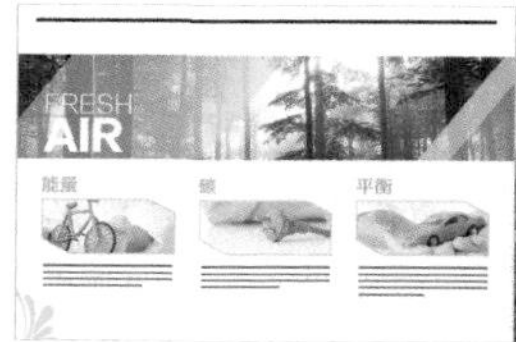

图 5-130

01 选择一张绿色的风景图片，然后绘制色块，制作镂空文字，如图 5-131 所示。

图 5-131

02 制作手册的另一面。添加风景图片，然后再绘制色块并进行适当的旋转，如图 5-132 所示。

图 5-132

03 使用“钢笔工具” 绘制多边形，然后添加图片，效果如图 5-133 所示。

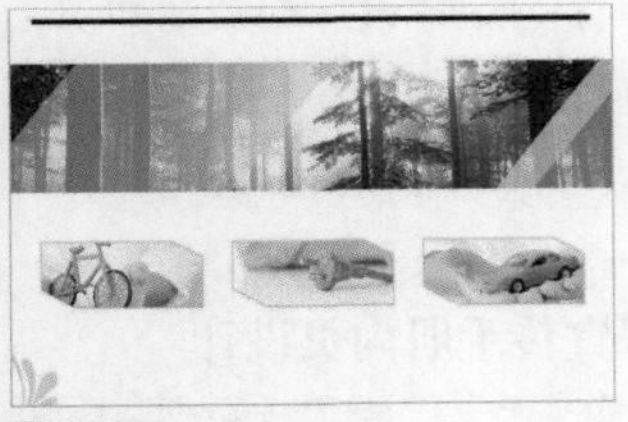

图 5-133

04 使用“横排文字工具” 完善文字信息，添加细节，最终效果如图 5-134 所示。

图 5-134

课后习题：服饰杂志封面设计

实例位置	实例文件 >CH05> 课后习题：服饰杂志封面设计 .psd
素材位置	素材文件 >CH05> 女模 . png
视频名称	课后习题：服饰杂志封面设计
技术掌握	绘制矩形、文字排列

本习题制作的是一个服饰杂志的封面，以“高级灰”为主色调，整个版面的设计简洁、大气，模特与文字巧妙结合，效果如图5-135所示。

图 5-135

01 制作灰色背景；选择“矩形选框工具” ，绘制一个矩形边框，填充为黑色，如图 5-136 所示。

图 5-136

02 在封面图像中绘制多个矩形并填充为不同的颜色，为文字排版划分版面，如图 5-137 所示。

图 5-137

03 输入文字信息，完善画面，效果如图 5-138 所示。

图 5-138

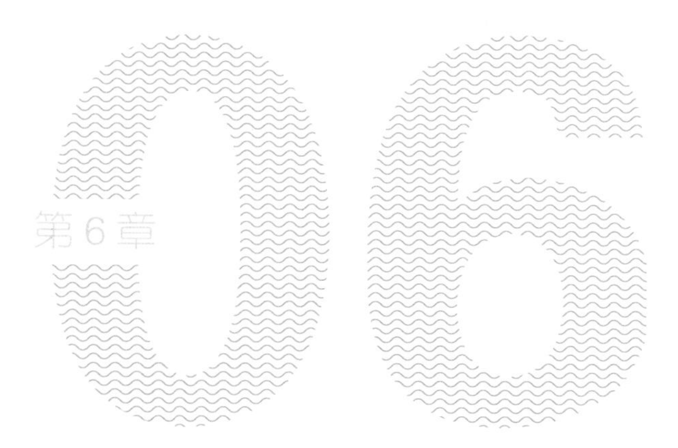

UI 设计

本章导读

优秀的用户界面（User Interface，UI）设计不仅会让软件变得有个性、有品位，还会让软件的操作变得舒适、简单，充分体现软件的定位和特点。本章将讲解不同类型的 UI 设计方法。

学习要点

什么是 UI 设计

UI 设计师需要具备的能力

UI 设计原则

UI 图标设计

手机外卖 App 平台入口界面设计

游戏界面设计

购物 App 首页设计

Photoshop

6.1 认识UI设计

在学习UI设计之前，我们首先来了解一些UI设计的相关知识。只有认真学习这些知识，我们才能在今后的设计工作中更好地对其加以运用，设计出符合需求的UI。

6.1.1 什么是UI设计

UI设计也叫界面设计，指针对软件的人机交互、操作逻辑和界面美观性的整体设计。UI设计可分为实体UI设计和虚拟UI设计，互联网行业所说的UI设计是虚拟UI设计。总之，不管是哪一种类型，设计师都需注重用户的操作体验。

一个美观的UI不仅能让软件变得有个性、有品位，还可以让软件的操作变得舒适、简单，充分体现软件的定位和特点，拉近人与计算机、手机的距离，为商家创造卖点。图6-1所示为一组手机UI，其设计简洁、大气，给人一目了然的感觉。

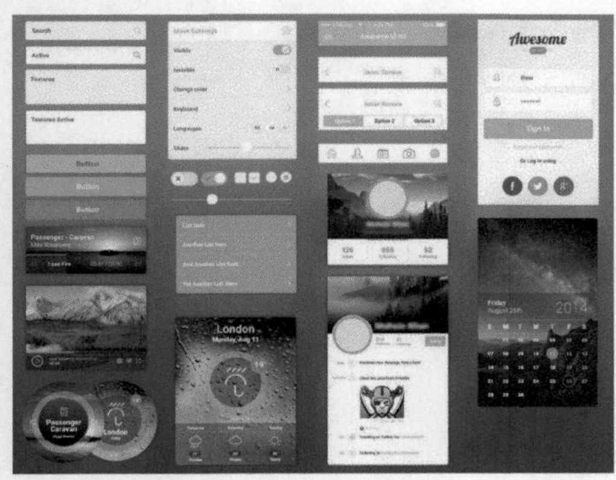

图6-1

6.1.2 UI设计师需要具备的能力

UI设计师需要做的工作有：App界面图标设计、视觉设计、运营插画设计、交互动效设计、原型图设计、平面设计、小程序设计等。下面我们来简单分析一下作为一个UI设计师需要具备的几种能力。

- **熟悉多种设计软件**。如Photoshop、Axure、Adobe Illustrator等。拥有娴熟的技法是完美展现设计作品的必备条件，UI设计师应当熟练掌握这些常用软件。
- **优秀的画图能力**。UI设计师不能只是去素材网站找一些素材再借助工具进行修饰，还应该提升自己的技术能力和创新能力，设计一些具有特色的图标和界面。
- **提升自己的审美能力**。对UI设计师来说，感觉是非常重要的。UI设计师要多查看优秀作品，提升自身的审美能力，并不断浏览、学习、思考、练习，以设计出优秀的UI。
- **设计表现能力**。UI设计师很重要的一项能力就是视觉表现能力。创意是好设计的起点，好的创意能够引发人在情感上的强烈波动。创意考验的不仅是一位设计师的视野、想象力，还有一位设计师对人情感的掌握。好的想法需要好的实现方法。

6.1.3 UI设计原则

UI设计应遵循以下几项原则。

◆ 1. 置界面于用户的控制之下

进行UI设计时首先要确定用户类型，而用户类型可以从不同的角度，视实际情况来进行划分。确定用户类型后，要针对其特点预测和调研他们对不同界面的反应。

◆ 2. 减少用户的记忆负担

UI设计要尽量减少用户的记忆负担，采用有助于记忆的设计方案。

◆ 3. 保持界面的一致性

在UI设计中，界面的一致性可以在应用程序中创造一种和谐美。如果界面缺乏一致性，会使应用程序看起来非常混乱、没有条理，从而降低用户使用该应用程序的兴趣。为了保持界面在视觉上的一致性，在开发应用程序之前，设计师首先应确立整体的设计策略。

6.2 UI 图标设计

实例位置	实例文件 >CH06>UI 图标设计 .psd
素材位置	素材文件 >CH06> 购物 . psd、手机数码 . psd、多个图标 .psd
视频名称	UI 图标设计
技术掌握	圆角矩形工具的应用

设计思路指导

第1点：设计之前，首先要确定图标的基本外形和颜色，这样才能有针对性地进行设计和制作。

第2点：绘制图标外形，然后制作样式效果并反复调整颜色，使每一个图标都应用合适的颜色。

第3点：在图标中添加图形，并制作效果，使整个图标更加完整。

案例背景分析

本案例是设计一个UI图标，该图标针对的主要是爱上网的年轻人，因此在颜色和造型上都要设计得较为清爽、时尚。本案例的UI图标设计效果如图6-2所示。

图 6-2

6.2.1 制作图标模板

首先制作第一个图标。先将其造型、布局和颜色都设计清晰，后面几个图标按第一个图标修改和调整即可。

01 新建一个图像文件，设置前景色为灰色，按 Alt+Delete 组合键填充背景，如图 6-3 所示。

图 6-3

02 选择“圆角矩形工具”，在工具属性栏中设置工具模式为“形状”，“填充”为白色，“半径”为 18 像素，如图 6-4 所示。

图 6-4

03 按住 Shift 键，在图像中绘制一个圆角矩形，如图 6-5 所示。

图 6-5

04 选择“图层 > 图层样式 > 斜面和浮雕”菜单命令，打开“图层样式”对话框，设置“样式”为“内斜面”，然后设置“大小”“软化”等参数，如图 6-6 所示。

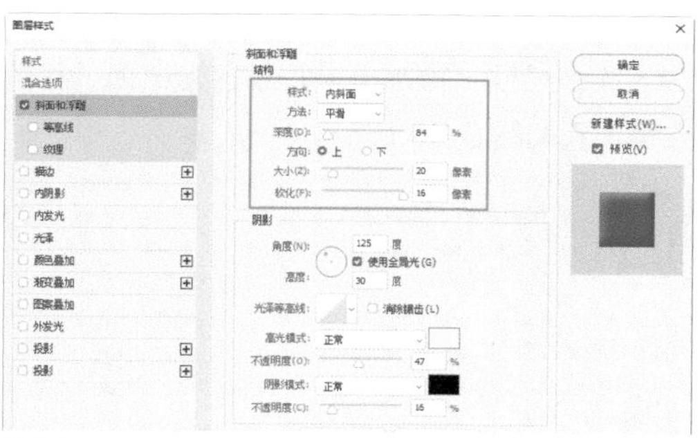

图 6-6

05 单击“图层样式”对话框下方“光泽等高线”右侧的曲线图标，打开“等高线编辑器”对话框，编辑曲线，如图 6-7 所示。单击 确定 按钮回到“图层样式”对话框，设置“高光模式”为“叠加”，颜色为白色，设置“阴影模式”为“线性加深”，颜色为粉紫色（R:135，G:138，B:206），如图 6-8 所示。

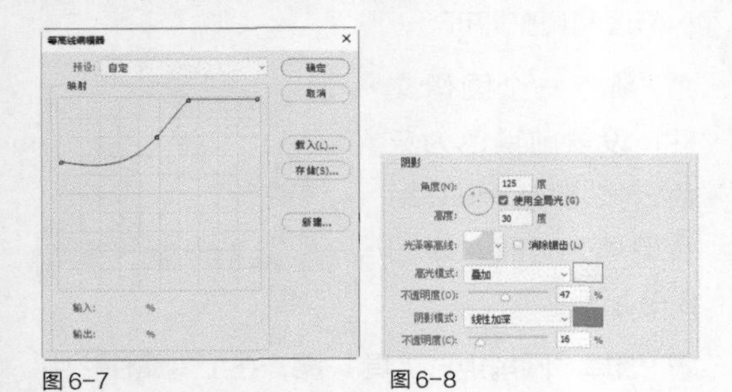

图 6-7　　图 6-8

06 在“图层样式”对话框中，选中左侧的“渐变叠加”复选框，设置渐变色为从粉橘色（R:255，G:126，B:126）到橘色（R:255，G:134，B:110），其他参数设置如图 6-9 所示。

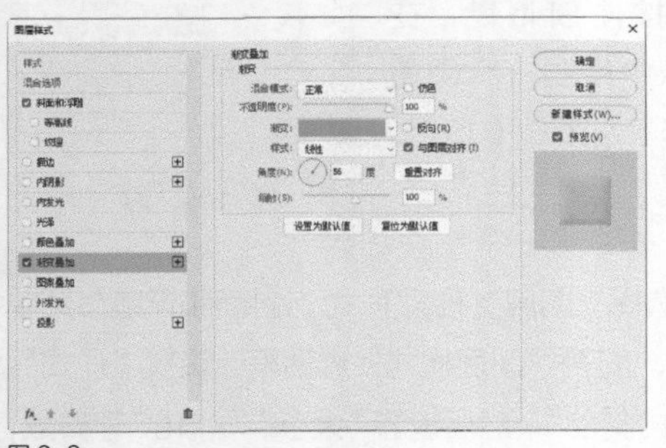

图 6-9

07 选中“内阴影”复选框，设置“混合模式”为“线性减淡（添加）”，颜色为白色，其他参数设置如图 6-10 所示。

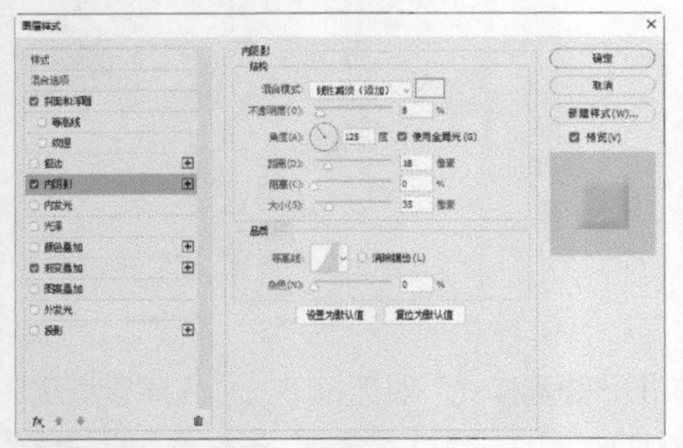

图 6-10

08 选中“投影”复选框，设置“混合模式”为“正片叠底”，颜色为灰色（R:173，G:175，B:189），其他参数设置如图 6-11 所示。

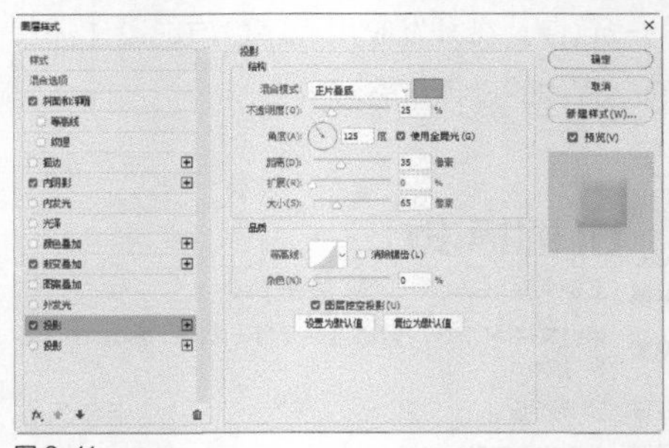

图 6-11

09 单击 确定 按钮，得到的图标效果如图 6-12 所示。

图 6-12

10 打开“素材文件 >CH06> 购物 .psd”文件，使用“移动工具” 将其拖曳至当前编辑的图像中，适当调整图像大小，并放到圆角矩形中间，如图 6-13 所示。

图 6-13

11 选择“图层 > 图层样式 > 斜面和浮雕”菜单命令，打开“图层样式”对话框，设置“样式”为“内斜面”，其他参数设置如图 6-14 所示。单击“光泽等高线”右侧的曲线图标，打开“等高线编辑器”对话框，在曲线中添加节点，然后调整为图 6-15 所示的样式。

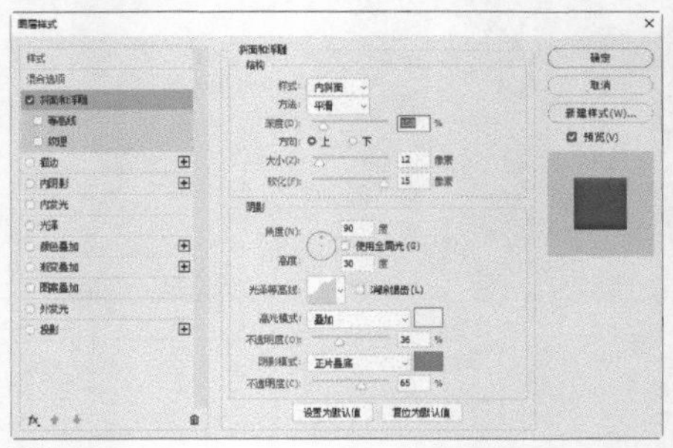

图 6-14

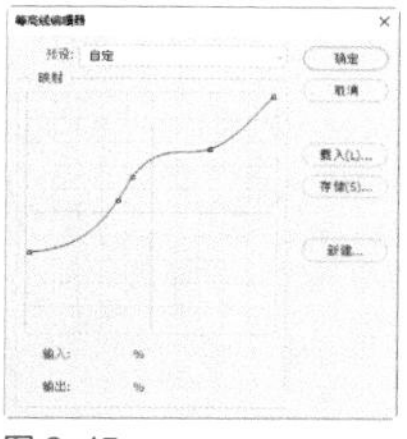

图 6-15

12 选中“图层样式”对话框左侧的“投影”复选框，设置投影颜色为橘红色（R:210，G:102，B:97），其他参数设置如图 6-16 所示。

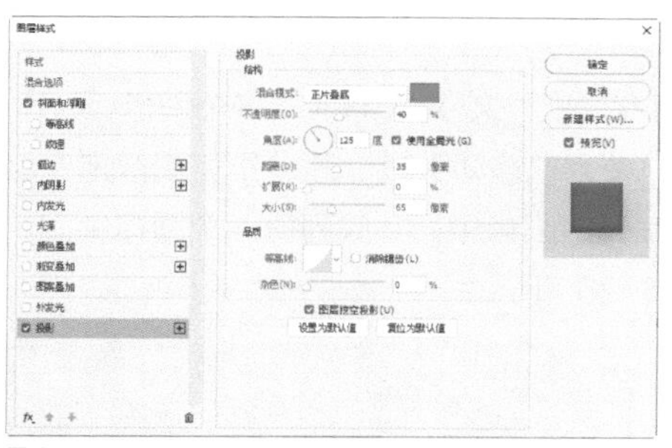

图 6-16

13 单击 确定 按钮，得到第一个图标，图像效果如图 6-17 所示。

图 6-17

6.2.2 制作和排列其他图标

复制制作好的图标模板，然后调整图标颜色，再添加素材图像，得到其他的图标。

01 按住Ctrl键，选中除“背景”图层外的所有图层；选择“图层 > 图层编组”菜单命令，得到图层组，将其重命名为“购物”，如图 6-18 所示。

图 6-18

02 按 Ctrl+T 组合键，适当缩小该图层组中的对象，并放到画面的左上方，如图 6-19 所示。

图 6-19

03 按 Ctrl+J 组合键，复制“购物”图层组，将其重命名为“手机数码”，然后移动到右侧，删除购物图标所在的图层，如图 6-20 所示。

图 6-20

04 双击圆角矩形所在图层，打开“图层样式”对话框，选中“渐变叠加”复选框，设置渐变颜色为从橘红色（R:255，G:130，B:87）到橘黄色（R:253，G:208，B:100），如图 6-21 所示。

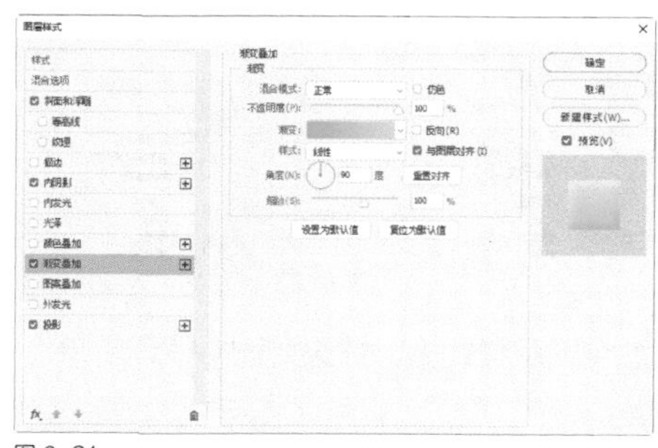

图 6-21

05 单击 确定 按钮，得到改变图层样式后的图像效果，如图 6-22 所示。

图 6-22

06 打开“素材文件 >CH06> 手机数码 .psd”文件，使用“移动工具” 将其拖曳至当前编辑的图像中，放到橘黄色圆角矩形中，如图 6-23 所示。

图 6-23

07 在“图层”面板中选中“购物”图层组中的“图层 1”图层，单击鼠标右键，在弹出的快捷菜单中选择“拷贝图层样式”命令，如图 6-24 所示；然后选中“手机数码”图层组中的“图层 2”图层，单击鼠标右键，在弹出的快捷菜单中选择“粘贴图层样式”命令，如图 6-25 所示。

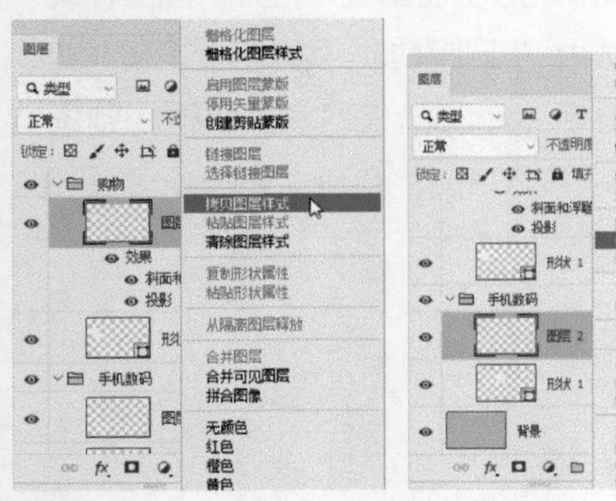

图 6-24

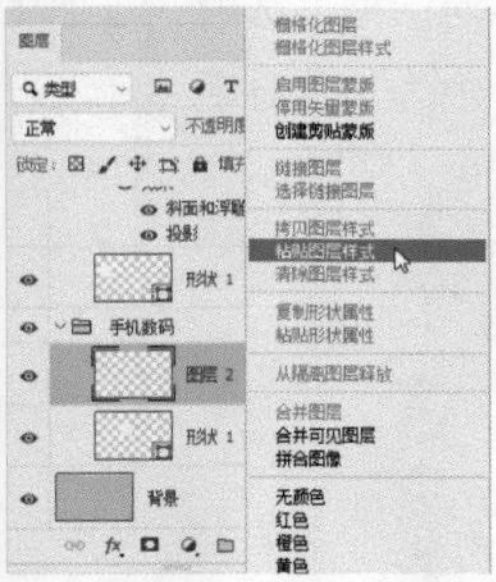

图 6-25

08 粘贴完图层样式后，效果如图 6-26 所示。

图 6-26

09 使用同样的方式复制圆角矩形，并移动其位置，改变其渐变叠加颜色。这里可以根据自己的喜好或具体要求来调整颜色，并排列成图 6-27 所示的样式。

图 6-27

10 打开“素材文件 >CH06> 多个图标 .psd”文件，使用“移动工具” 分别将图像拖曳至当前编辑的图像中，并放到每一个图标中间，如图 6-28 所示。

图 6-28

11 分别选中新增加的图标，粘贴图层样式，得到应用了浮雕和投影样式的图像效果，完成本案例的制作，如图 6-29 所示。

图 6-29

6.3 手机外卖 App 平台入口界面设计

实例位置	实例文件 >CH06> 手机外卖 App 平台入口界面设计 .psd
素材位置	素材文件 >CH06> 水果 .psd、树叶 .psd
视频名称	手机外卖 App 平台入口界面设计
技术掌握	图层样式的设置、钢笔工具的应用

设计思路指导

第1点：结合多种形状工具，绘制手机外卖App平台入口界面的基本造型。

第2点：添加素材图像和文字，为入口界面制作广告内容。

第3点：绘制圆形按钮，并通过图层样式的设置，得到有层叠感的图像效果。

案例背景分析

本案例将制作一个手机外卖App平台入口界面。首先，使用形状工具和“钢笔工具”，绘制基本造型，并通过裁剪制作入口界面的外形，然后为其添加渐变色并描边，最后添加广告文字和素材图像，效果如图6-30所示。

图 6-30

6.3.1 绘制入口界面基本造型

绘制圆角矩形，为其填充渐变色并描边后，再绘制其他图形，并输入文字。

01 新建一个图像文件，设置前景色为灰色(R:252，G:235，B:243)，按 Alt+Delete 组合键填充背景，如图 6-31 所示。

图 6-31

02 选择“圆角矩形工具”，在工具属性栏中设置工具模式为“形状”，“填充”为白色，“半径”为 80 像素，如图 6-32 所示。

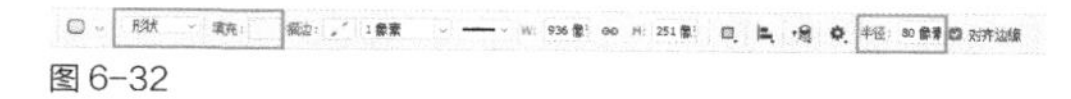
图 6-32

03 在图像中按住鼠标左键并拖曳鼠标，绘制一个圆角矩形，如图 6-33 所示。

图 6-33

04 选择“图层 > 图层样式 > 描边”菜单命令，打开“图层样式”对话框，设置描边“大小”为 9 像素，颜色为橘色（R:255，G:193，B:120），其他参数设置如图 6-34 所示。

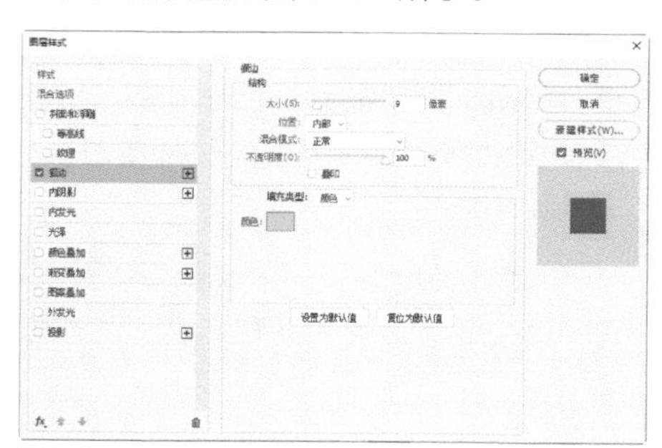
图 6-34

05 在“图层样式”对话框左侧选中“渐变叠加”复选框，设置渐变颜色为从橘黄色（R:250，G:209，B:38）到橘红色（R:255，G:84，B:79），“样式”为“线性”，其他参数设置如图 6-35 所示。

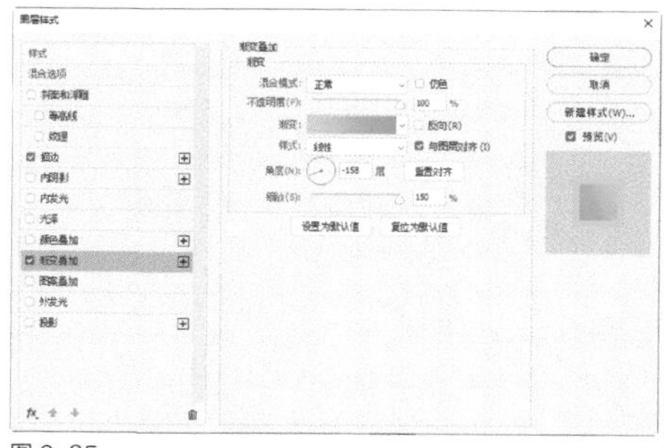
图 6-35

06 单击 确定 按钮，得到添加图层样式后的效果，如图 6-36 所示。

图 6-36

07 选择“圆角矩形工具” ，在工具属性栏中设置“填充”为淡黄色，“半径”为 30 像素，然后绘制一个较小的圆角矩形，如图 6-37 所示。

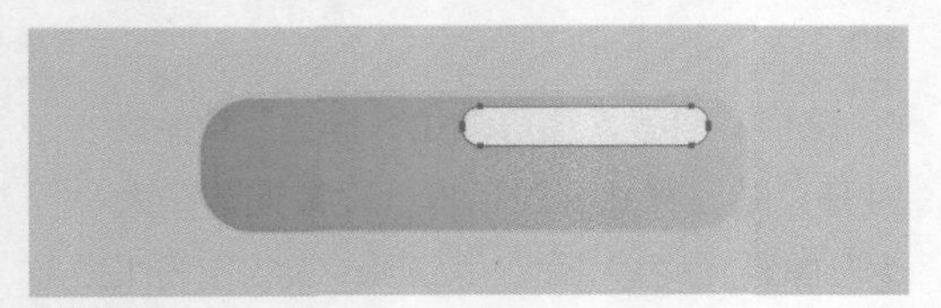

图 6-37

08 按 Ctrl+T 组合键，此时图像周围会出现一个变换框，将鼠标指针放到变换框外侧，按住鼠标左键拖曳以旋转图像，如图 6-38 所示。

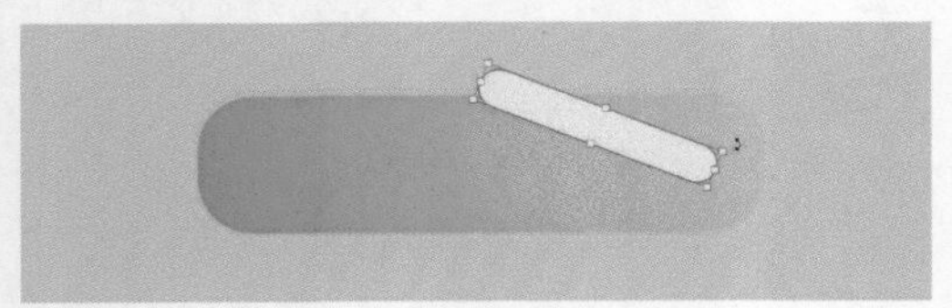

图 6-38

09 选择“图层 > 图层样式 > 投影”菜单命令，打开“图层样式”对话框，设置投影颜色为土黄色（R:186，G:88，B:18），其他参数设置如图 6-39 所示。单击 确定 按钮，得到的投影效果如图 6-40 所示。

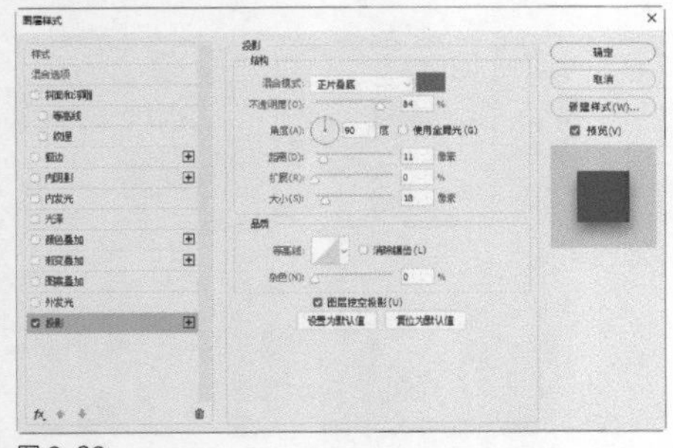

图 6-39

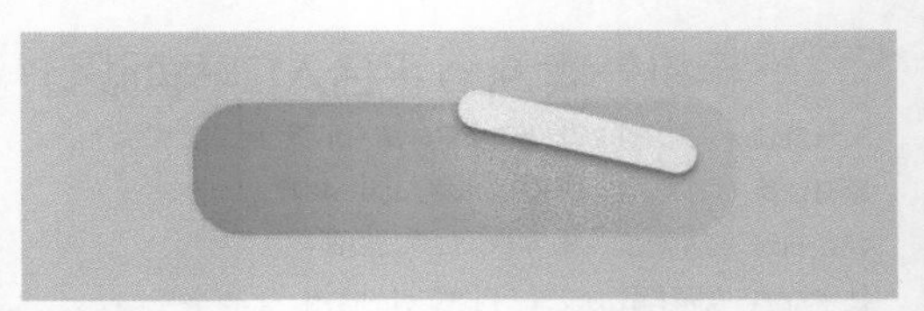

图 6-40

10 按 Ctrl+J 组合键复制较小的圆角矩形，使用“移动工具” 将其移动到一侧，如图 6-41 所示。

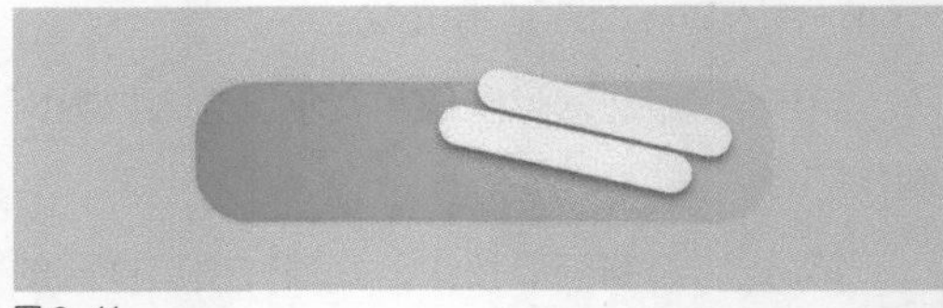

图 6-41

11 选择“横排文字工具” ，在图像中输入文字，在“字符”面板中设置字体为“方正兰亭大黑简体”，“颜色”为橘红色（R:247，G:105，B:35），再设置其他参数，并单击“仿斜体”按钮 ，如图 6-42 所示。

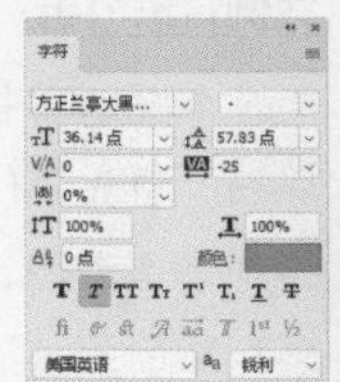

图 6-42

12 按 Ctrl+T 组合键，适当缩小并旋转文字，将其放到较小的圆角矩形中，如图 6-43 所示。

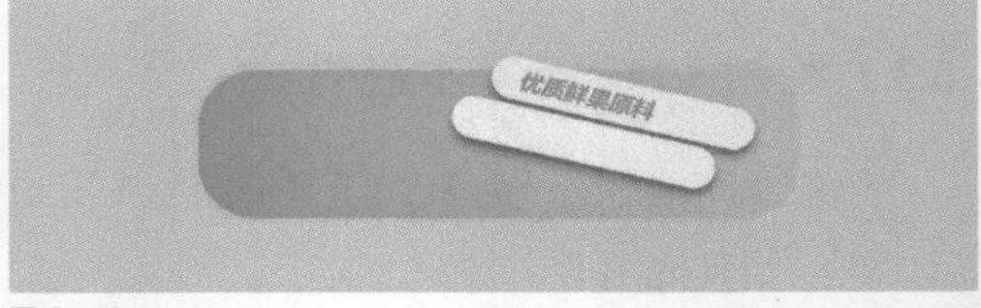

图 6-43

13 按 Ctrl+J 组合键复制文字，将其放到另一个圆角矩形中，然后将文字内容改为“全程零接触配送”，如图 6-44 所示。

图 6-44

14 选中最大的圆角矩形所在的图层，按 Ctrl+J 组合键复制图像；选择“钢笔工具”，在工具属性栏中单击“路径操作”按钮，在打开的下拉列表中选择“减去顶层形状”命令，然后在圆角矩形中绘制图形，通过该操作得到的半圆角矩形的效果如图 6-45 所示。

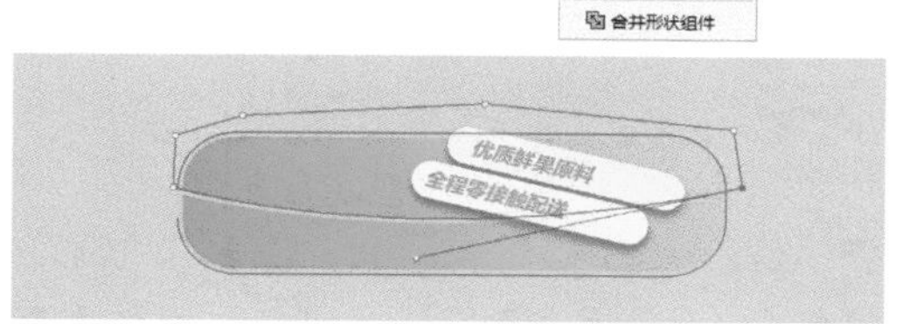

图 6-45

15 双击复制的图层，打开“图层样式”对话框，选中“描边”复选框，改变“大小”为 2 像素，如图 6-46 所示。

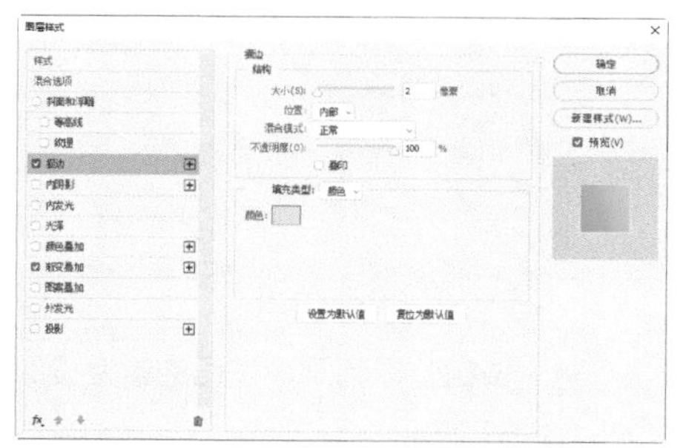
图 6-46

16 在“图层样式”对话框左侧选中“投影”复选框，设置“混合模式”为“叠加”，颜色为黑色，其他参数设置如图 6-47 所示。

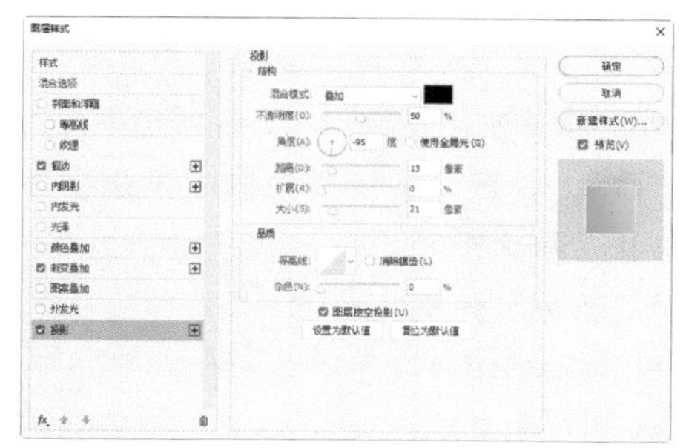
图 6-47

17 单击 确定 按钮，得到改变图层样式后的效果，如图 6-48 所示。

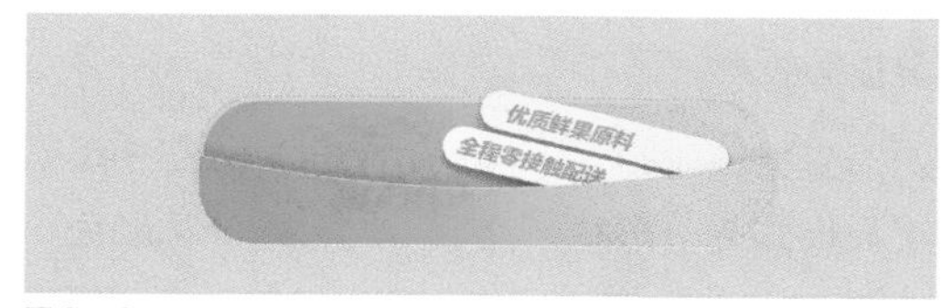

图 6-48

18 选择“横排文字工具”，在半圆角矩形中输入文字，并在“字符”面板中设置字体为“方正兰亭特黑简体”，“颜色”为白色，再设置其他参数，并单击“仿斜体”按钮，如图 6-49 所示。

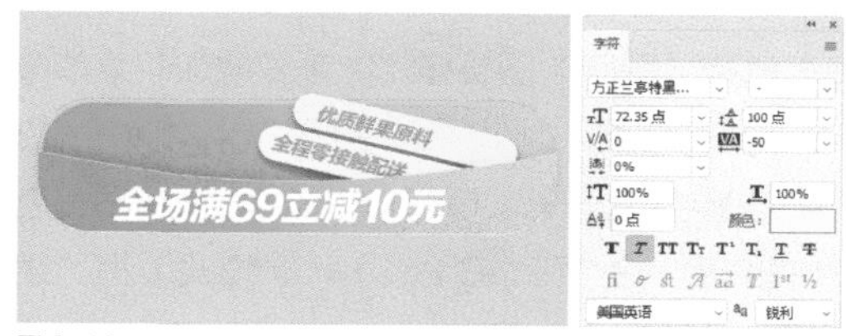

图 6-49

19 选择“图层 > 图层样式 > 内阴影”菜单命令，打开“图层样式”对话框，设置“混合模式”为“线性加深”，内阴影颜色为红色（R:223，G:32，B:26），其他参数设置如图 6-50 所示。

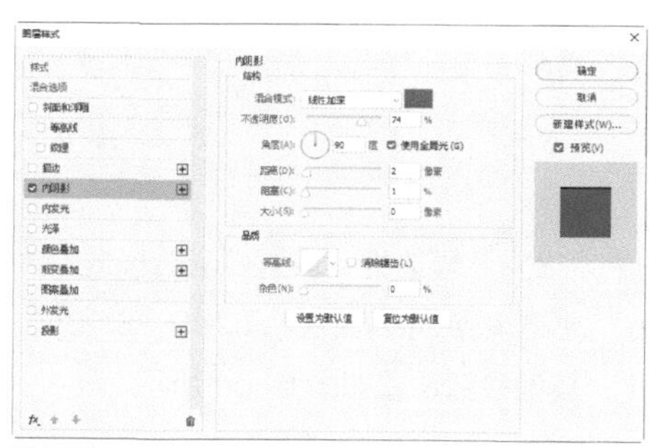
图 6-50

20 单击 确定 按钮，得到文字内阴影效果，如图 6-51 所示。

图 6-51

6.3.2 制作圆形按钮重叠投影效果

绘制圆形按钮，为其应用图层样式得到重叠投影效果。

01 选择“椭圆工具”○，在工具属性栏中设置工具模式为“形状”，“填充”为任意颜色；按住 Shift 键，在入口界面右侧绘制一个圆形，如图 6-52 所示。

图 6-52

02 选择“图层 > 图层样式 > 渐变叠加”菜单命令，打开“图层样式”对话框，设置渐变颜色为从黄色（R:255，G:253，B:144）到淡黄色（R:255，G:255，B:214），“样式”为“线性”，如图 6-53 所示。

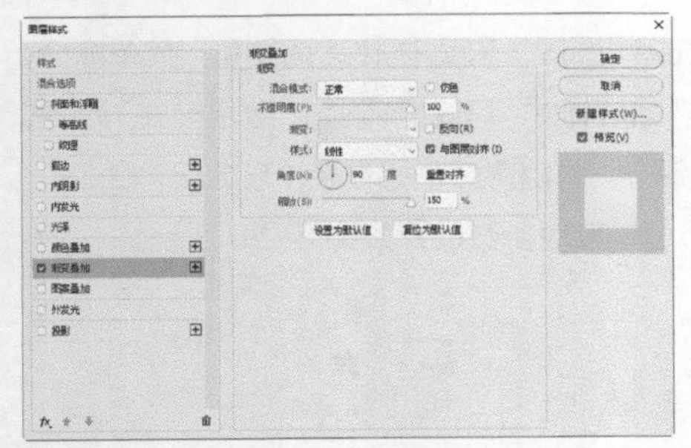

图 6-53

03 选中“投影”复选框，设置“混合模式”为“正常”，投影颜色为橘黄色（R:249，G:188，B:86），其他参数设置如图 6-54 所示。

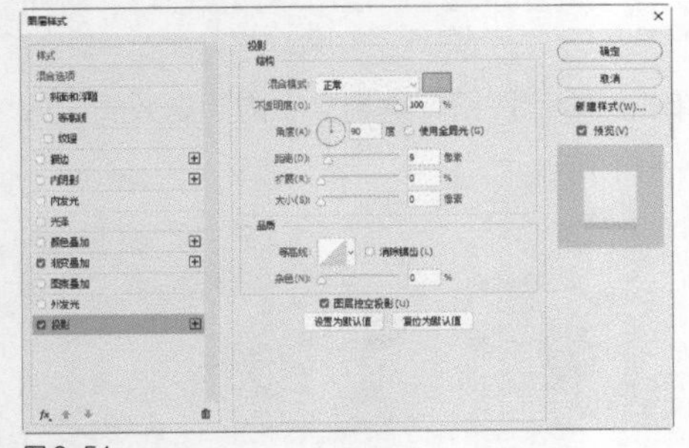

图 6-54

04 单击“图层样式”对话框左下方的“添加效果”按钮 fx，在打开的下拉列表中选择“投影”命令，如图 6-55 所示，可以再添加一次“投影”效果。

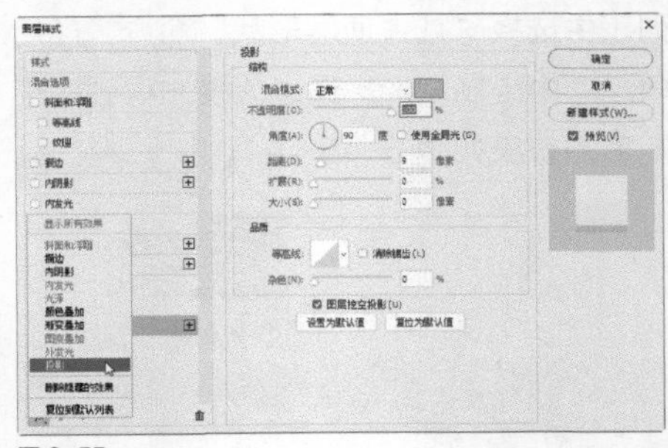

图 6-55

05 设置“混合模式”为“正片叠底”，投影为橘红色（R:246，G:117，B:39），其他参数设置如图 6-56 所示。

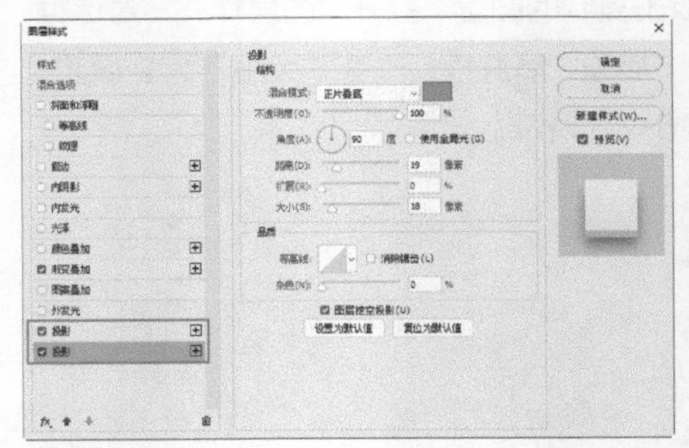

图 6-56

06 单击 确定 按钮，得到圆形按钮的重叠投影效果，如图 6-57 所示。

图 6-57

07 选择“横排文字工具” T，在圆形中输入文字“GO”，在“字符”面板中设置字体为“方正兰亭大黑简体”，“颜色”为橘红色（R:253，G:104，B:41），并倾斜文字，如图 6-58 所示。

图 6-58

08 选择"图层>图层样式>内阴影"菜单命令，打开"图层样式"对话框，设置内阴影颜色为深红色（R:179，G:57，B:2），其他参数设置如图6-59所示。单击 确定 按钮，得到文字内阴影效果，如图6-60所示。

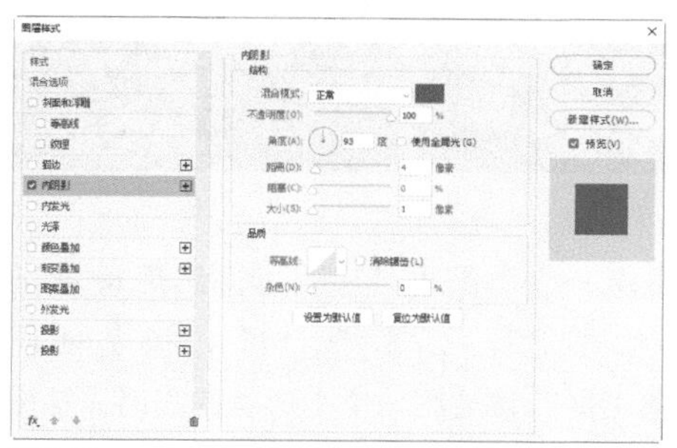
图6-59

图6-60

09 打开"素材文件>CH07>树叶.psd"文件，使用"移动工具"将其拖曳至当前编辑的图像中，放到右侧圆形的位置，并调整图层顺序，使其在圆形的下层，如图6-61所示。

图6-61

10 打开"素材文件>CH06>水果.psd"文件，如图6-62所示。使用"移动工具"将其拖曳至当前编辑的图像中，放到入口界面的左侧，并调整图层顺序，使其在半圆角矩形的下层，完成本案例的制作，如图6-63所示。

图6-62

图6-63

6.4 游戏界面设计

实例位置	实例文件>CH06>游戏界面设计.psd
素材位置	素材文件>CH06>海草.png、牌子.png、气泡字.psd、双手.jpg、鱼.png
视频名称	游戏界面设计
技术掌握	合理布局、制作动感游戏界面

设计思路指导

第1点：要注意游戏界面的设计与其向玩家提供的功能之间的关系，不要让视觉效果凌驾于功能之上，否则会影响游戏的操作性。

第2点：游戏界面中通常需要显示大量的信息，但某些信息的访问频率并不高。如果玩家并不需要这类信息，那么可适当将其隐藏。

第3点：本案例制作的是一款海洋类游戏的界面，可以选择海洋为背景，再添加相关植物元素作为点缀。

第4点：画面文字效果要突出，要符合整个游戏界面的感觉。

案例背景分析

本案例是为游戏公司设计游戏界面。该游戏为海洋类游戏，以美丽的海底世界为界面背景，构建出一个梦幻、唯美的海底世界。其界面简洁，便于玩家快速上手，有利于营造出美观、简单并且具有引导功能的人机环境。整个界面设计符合特定界面空间的视觉规律，主题突出，效果如图6-64所示。

图6-64

6.4.1 制作背景

首先使用填充和"渐变工具"制作深蓝色的海洋背景。

01 按 Ctrl+N 组合键新建一个“游戏界面设计”文件，具体参数设置如图 6-65 所示。

图 6-65

02 新建一个“图层 1”图层，然后选择“渐变工具”，接着打开“渐变编辑器”对话框，设置第 1 个色标的颜色为“R:30, G:26, B:85”，第 2 个色标的颜色为“R:20，G:42，B:93”；然后按照从上往下的方向使用线性渐变色填充图层，效果如图 6-66 所示。

图 6-66

03 新建一个“图层 2”图层，然后设置前景色为“R:10，G:115，B:172”，接着打开“渐变编辑器”对话框，选择“前景色到透明渐变”，再在工具属性栏中单击“对称渐变”按钮，然后填充图 6-67 所示的渐变色。

图 6-67

04 新建一个“图层 3”图层，然后设置前景色为紫色，接着使用上述方法在图像中填充“前景色到透明渐变”，如图 6-68 所示。

图 6-68

05 新建一个“图层 4”图层，然后设置前景色为“R:88，G:73，B:114”，接着使用“钢笔工具”绘制一个山形状的路径，并按 Ctrl+Enter 组合键，将路径转换为选区，最后使用前景色填充选区，设置该图层的不透明度为 70%，效果如图 6-69 所示。

图 6-69

06 使用相同方法和合适的颜色按照图 6-70 所示的效果将背景绘制完整。

图 6-70

6.4.2 制作文字效果

为文字添加多种图层样式，突出游戏界面的文字效果。

01 打开“素材文件 >CH06> 海草 .png”文件，然后将其拖曳至“游戏界面设计”文件中，接着将新生成的图层更名为“水草”，如图 6-71 所示。

图 6-71

02 打开“素材文件 >CH06> 牌子 .png”文件，然后将其拖曳至“游戏界面设计”文件中，接着将新生成的图层更名为“木牌”，如图 6-72 所示。

图 6-72

03 使用“横排文字工具” T.（字体大小和样式可根据实际情况而定），在木牌图像中输入文字信息，然后进行适当的旋转，效果如图 6-73 所示。

图 6-73

04 选择“图层 > 图层样式 > 投影”菜单命令，打开“图层样式”对话框，设置“不透明度”为100%，“距离”为10像素，“扩展”为5%，“大小”为 15 像素，具体参数设置如图 6-74 所示；接着选中“渐变叠加”复选框，单击“点按可编辑渐变”按钮，并设置第 1 个色标的颜色为“R:255，G:180，B:0”，第 2 个色标的颜色为“R:255，G:226，B:181”，最后设置“角度”为 104 度，“缩放”为 113%，具体参数设置如图 6-75 所示。

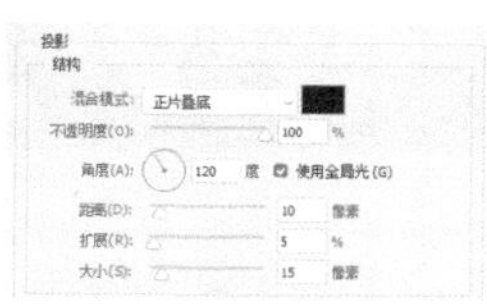

图 6-74

图 6-75

05 在“图层样式”对话框中选中“描边”复选框，然后设置“大小”为 6 像素，“颜色”为黑色，参数设置及效果如图 6-76 所示。

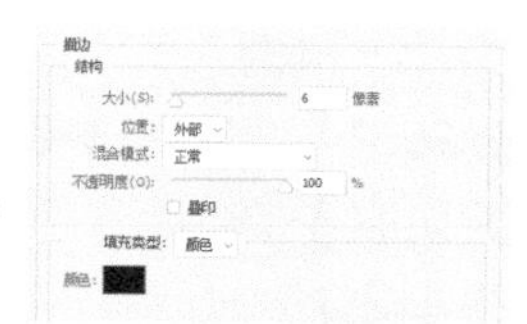

图 6-76

6.4.3 制作装饰效果

01 打开“素材文件 >CH06> 气泡字 .psd”文件，然后将图层分别拖曳至“游戏界面设计”文件中的合适位置，接着将图层分别命名为“字母”和“气泡”，效果如图 6-77 所示。

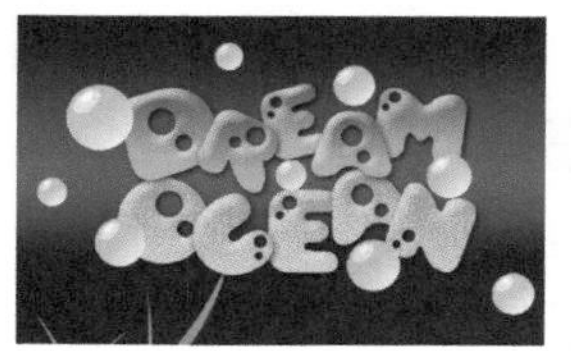

图 6-77

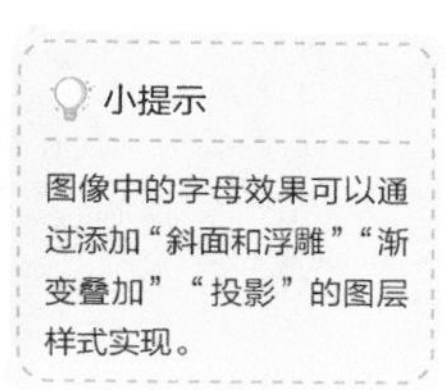

02 选中“字母”图层，然后设置前景色为“R:0，G:17，B:92”，接着按Ctrl键为图层创建选区；选择“选择 > 修改 > 扩展”菜单命令，在弹出的“扩展选区”对话框中设置“扩展量”为25像素，然后按Alt+Delete组合键，用前景色填充选区，参数设置及效果如图6-78所示。

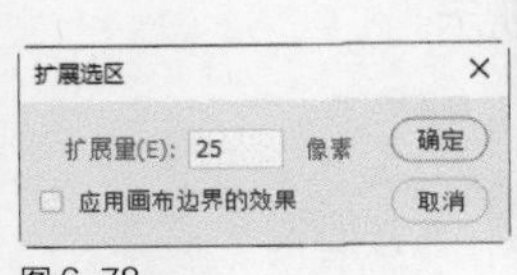

图6-78

03 选择“图层 > 图层样式 > 描边”菜单命令，打开“图层样式”对话框，然后设置“大小”为5像素，“颜色”为“R:146，G:213，B:255”，具体参数设置如图6-79所示，效果如图6-80所示。

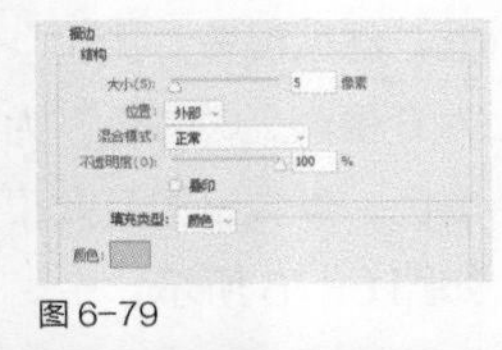

图6-79

图6-80

04 打开“素材文件 >CH06> 鱼.png”文件，然后将其移动到当前编辑的画面中，并适当调整图像大小，如图6-81所示。

图6-81

05 打开“素材文件 >CH06> 双手.jpg”图像，将其移动至当前编辑的画面中的合适位置，最终效果如图6-82所示。

图6-82

6.5 购物App首页设计

实例位置	实例文件 >CH06> 购物App首页设计.psd
素材位置	素材文件 >CH06> 图标.psd、美食.jpg、香水.jpg、放大镜.psd、卡通图.psd
视频名称	购物App首页设计
技术掌握	划分版块、运用多种素材进行排版

设计思路指导

第1点：设计前需划分好整个版面的区域，然后运用色块绘制每个版块。

第2点：界面中的字体选择和颜色都需要统一，以使整个画面看起来干净、整洁。

案例背景分析

本案例是为一家网上商城设计购物App首页。整个版面采用了较为明亮的黄色作为广告展示区的背景色，再通过彩色图标及划分色块的形式，让界面显得简洁明了。这样在设计美观的情况下，更有易于用户在App中查找商品，如图6-83所示。

图6-83

6.5.1 制作主画面版块

首先绘制几大色块、划分版面，然后绘制图形并添加素材图像，制作主画面。

01 选择“文件 > 新建”菜单命令，打开“新建文档”对话框，设置文件名为“购物 App 首页设计”，“宽度”和“高度”分别为 750 像素、1334 像素，“分辨率”为 72 像素 / 英寸，其他设置如图 6-84 所示。

图 6-84

02 选择“矩形工具”，在工具属性栏中设置工具模式为“形状”，“填充”为黄色（R:254，G:208，B:73），“描边”为无，如图 6-85 所示。

图 6-85

03 设置好属性后，在图像左上方的边缘处按住鼠标左键并拖曳，绘制一个矩形，如图 6-86 所示。

04 继续使用“矩形工具”，在工具属性栏中改变“填充”为浅灰色，然后在黄色矩形的上下两处绘制矩形，将界面分成几大部分，如图 6-87 所示。

图 6-86 图 6-87

05 选择“横排文字工具”，在界面上方输入文字，打开“字符”面板，设置字体为黑体，填充为黑色，然后适当调整文字大小，如图 6-88 所示。

图 6-88

06 打开“素材文件 >CH06> 图标 .psd”文件，使用“移动工具”将其拖曳至当前编辑的图像中，分别放到文字两侧，如图 6-89 所示。

图 6-89

07 选择“横排文字工具”，在灰色矩形下方输入一行文字，设置文字的颜色为黑色和浅灰色，如图 6-90 所示。

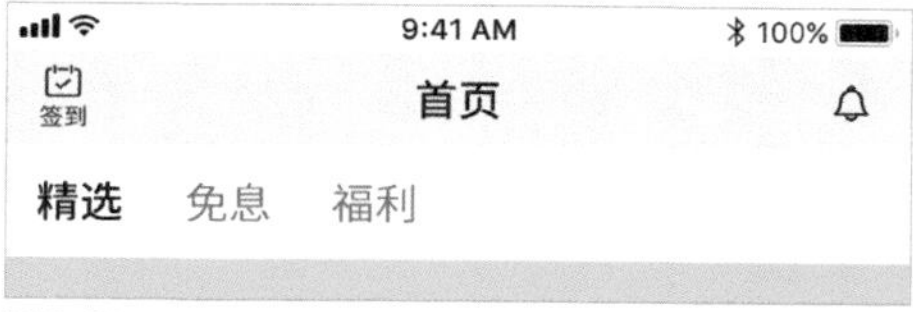

图 6-90

08 选择“圆角矩形工具”，在工具属性栏中设置工具模式为“形状”，“填充”为浅灰色，“描边”为无，“半径”为 35 像素，如图 6-91 所示。在“福利”右侧绘制一个圆角矩形；再设置“填充”为黄色，在“精选”文字下方绘制一个较小的圆角矩形，如图 6-92 所示。

图 6-91

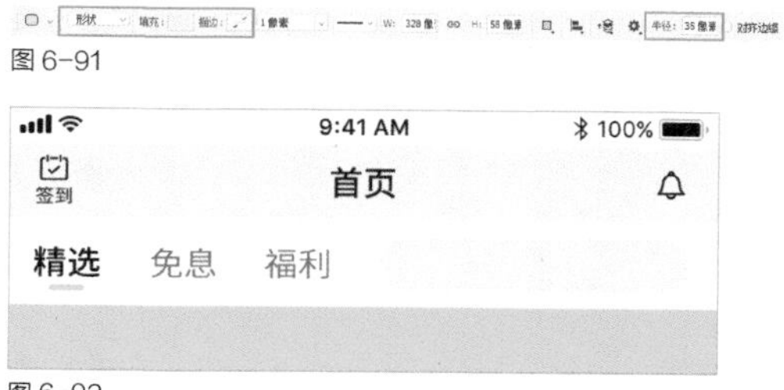

图 6-92

09 打开“素材文件>CH06>放大镜.psd”文件，使用“移动工具”将其拖曳至当前编辑的图像中，放到浅灰色圆角矩形中，并在放大镜图像右侧输入文字“VIP 会员”，如图 6-93 所示。

图 6-93

10 选择“钢笔工具”，在工具属性栏中设置工具模式为“形状”，“填充”为白色，“描边”为无，在画面左侧绘制一个不规则图形，如图 6-94 所示。

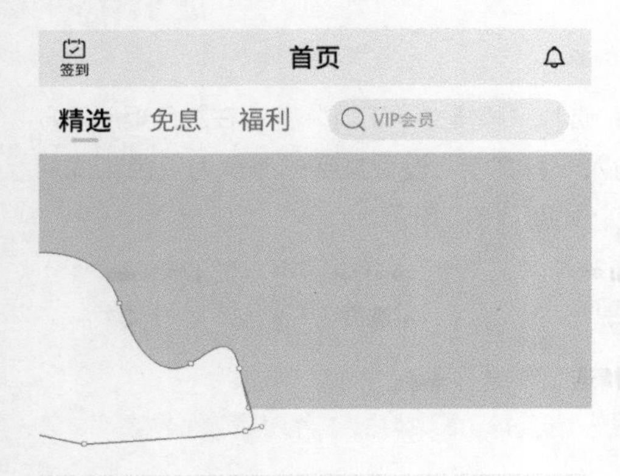

图 6-94

11 在“图层”面板中设置该形状图层的“不透明度”为 35%，得到的透明图像效果如图 6-95 所示。

图 6-95

12 按 Ctrl+J 组合键复制透明图像所在图层，按 Ctrl+T 组合键，适当调整图像大小，再使用“移动工具”向右移动图像，如图 6-96 所示。

图 6-96

13 打开“素材文件>CH06>卡通图.psd”文件，使用“移动工具”将其拖曳至当前编辑的图像中，放到画面右侧，如图 6-97 所示。

图 6-97

14 选择“横排文字工具”，在画面左侧输入中、英文两行文字，填充为土红色（R:101，G:44，B:18），设置英文字体为方正大黑简体，中文字体为方正黑体，如图 6-98 所示。

图 6-98

15 新建一个图层，使用“矩形选框工具” ，在土红色文字下方绘制一个矩形选区，填充为橘黄色（R:255，G:183，B:2），然后在矩形内输入文字“去看看”，设置字体为“方正黑体”，填充为土红色（R:101，G:44，B:18），如图 6-99 所示。

图 6-99

16 选择“横排文字工具” ，在画面下方的空白处再输入一行文字，填充为浅灰色，适当调整文字大小，放至右侧，如图 6-100 所示。

图 6-100

17 选择“圆角矩形工具” ，在工具属性栏中设置工具模式为“形状”，“填充”为无，“描边”为橘黄色（R:254，G:208，B:73），大小为 2 像素，如图 6-101 所示。

图 6-101

18 设置好属性后，在画面下方的灰色文字左侧绘制一个圆角矩形，然后选择“编辑 > 变换 > 透视”菜单命令，拖曳变换框下面的控制点，得到倾斜的圆角矩形，如图 6-102 所示。

图 6-102

19 按 Enter 键完成变换。使用“横排文字工具” 输入文字，在工具属性栏中设置字体为“黑体”，“填充”为橘黄色（R:254，G:208，B:73），如图 6-103 所示。

图 6-103

6.5.2 制作其他版块

添加图标和素材图像，并将其合理排列在其他版块中。

01 打开在 6.2 小节中制作的实例“UI 图标设计 .psd”，如图 6-104 所示。在“图层”面板中选中除“背景”图层以外的所有图层，按 Ctrl+E 组合键合并图层。

图 6-104

02 选择“移动工具”，将UI图标移动至“购物App首页设计”文件中，适当调整图像大小，放至第二版块，如图6-105所示。

图6-105

03 选择“横排文字工具”，在每一个图标下方分别输入文字，并在工具属性栏中设置字体为“黑体”，“填充”为灰色，完成第二版块的制作，如图6-106所示。

图6-106

04 下面制作第三版块的内容。选择“横排文字工具”，输入“新人专享”文字，填充为黑色，设置字体为“黑体”，并放至第三版块左上方；然后输入文字“更多”，填充为灰色，设置字体为黑体，将其放至右侧，如图6-107所示。

图6-107

05 选择“矩形工具”，在工具属性栏中设置工具模式为“形状”，“填充”为灰色，“描边”为无，在图像底部绘制一个灰色矩形。这时，“图层”面板中将自动出现一个形状图层，如图6-108所示。

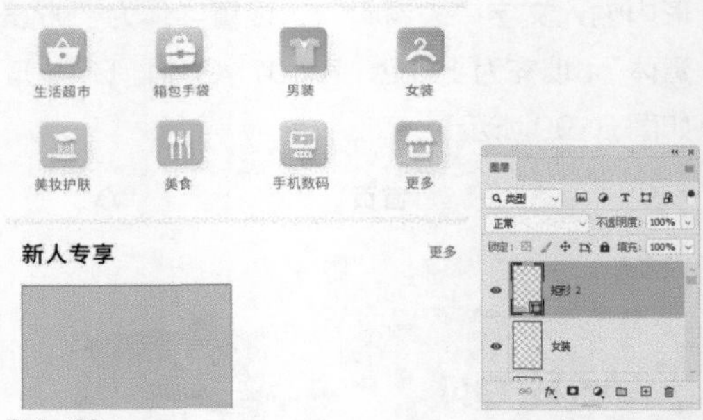

图6-108

06 打开“素材文件 >CH06> 美食.jpg”文件，选择“移动工具”，将其拖曳至当前编辑的图像中，适当调整图像大小，将其放到灰色矩形的位置；然后选择“图层 > 创建剪贴蒙版”菜单命令，得到剪贴蒙版图层，隐藏超出灰色矩形边缘的图像，如图6-109所示。

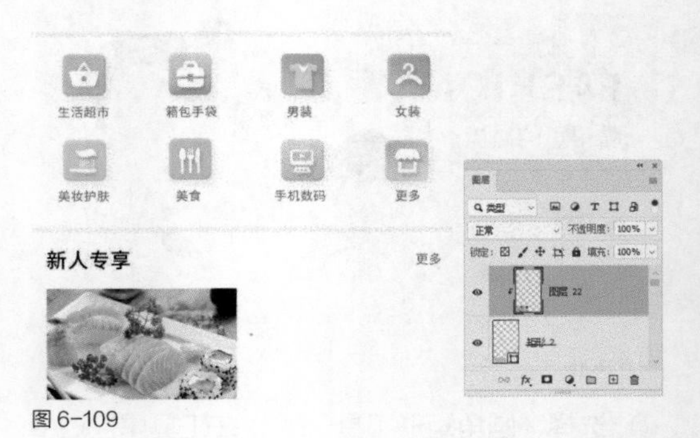

图6-109

07 选择“矩形工具”，在第三版块的右侧再绘制一个灰色矩形，如图6-110所示。

图6-110

08 打开“素材文件 >CH06> 香水 .jpg”文件，选择“移动工具”，将其拖曳至当前编辑的图像中，放至右侧的灰色矩形中，并创建剪贴蒙版图层，效果如图 6-111 所示。

图 6-111

09 双击“抓手工具”，显示全部画面，完成本案例的制作，如图 6-112 所示。

图 6-112

6.6 课后习题

本章主要讲解了UI设计的相关知识，以及进行图标设计、界面版式划分和设计的方法及技巧，多加练习即可设计出所需的画面。

课后习题：UI 按钮设计

实例位置	实例文件 >CH06> 课后习题：UI 按钮设计 .psd
素材位置	无
视频名称	课后习题：UI 按钮设计
技术掌握	渐变颜色的设置、圆角矩形工具的应用

本习题的内容是设计UI按钮。首先要确定按钮的外形，然后对其应用渐变色填充，并添加投影，得到彩色、有立体感的按钮，最后再使用相同的方式制作其他几个相似的按钮，如图6-113所示。

图 6-113

01 新建一个图像文件，将背景填充为灰色。选择“圆角矩形工具”，在工具属性栏中设置工具模式为“形状”，“填充”为任意颜色，“描边”为无，“半径”为 8 像素，绘制一个圆角矩形，如图 6-114 所示。

图 6-114

02 为圆角矩形添加图层样式。分别对其应用“内阴影”“渐变叠加”“投影”样式，如图 6-115、图 6-116 和图 6-117 所示；得到的图像效果如图 6-118 所示。

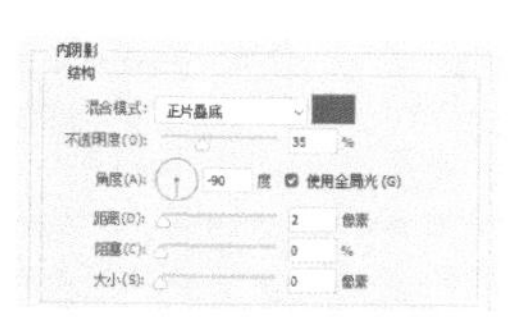

图 6-115

图 6-116

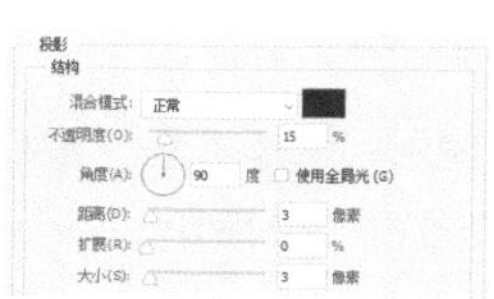

图 6-117

图 6-118

03 选择“横排文字工具” T，在按钮中输入文字，并添加投影，得到第一个按钮图标，效果如图 6-119 所示。

图 6-119

04 使用“圆角矩形工具” 绘制圆角矩形，应用“渐变叠加”样式并设置不同的渐变颜色，然后在按钮中分别输入文字，最终效果如图 6-120 所示。

图 6-120

课后习题：幸运大转盘手机界面

实例位置	实例文件 >CH06> 课后习题：幸运大转盘手机界面 .psd
素材位置	素材文件 >CH06> 转盘 psd、背景图像 .psd、其他图像 .psd
视频名称	课后习题：幸运大转盘手机界面
技术掌握	绘制矩形、文字排列

本习题制作的是一个幸运大转盘手机界面，以喜庆的红色和黄色为主色调，整个版面简洁、大气；将转盘放到主要位置，使人对界面的内容一目了然，效果如图6-121所示。

图 6-121

01 制作红色渐变背景，使用“钢笔工具” 绘制曲线图像作为底纹，如图 6-122 所示。

02 打开“素材文件 >CH06> 转盘 .psd、背景图像 .psd”文件，使用“移动工具” 将其分别拖曳至画面中，如图 6-123 所示。

图 6-122

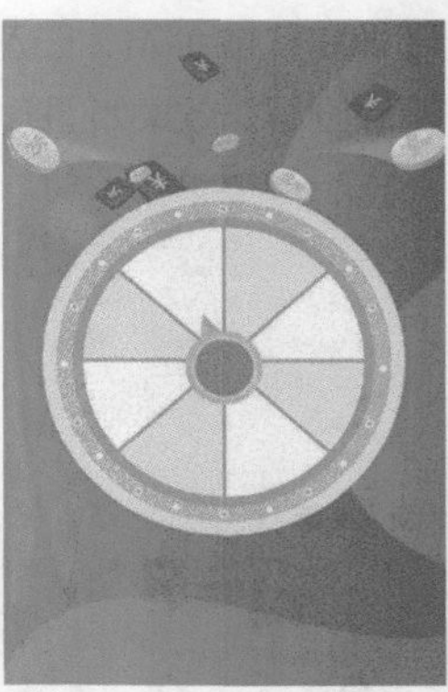

图 6-123

03 使用“圆角矩形工具” 在转盘图像下方绘制一个圆角矩形，并为其应用“渐变叠加”“投影”样式，如图 6-124、图 6-125 所示。效果如图 6-126 所示。

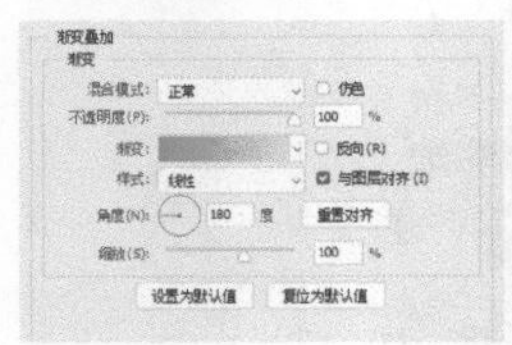

图 6-124

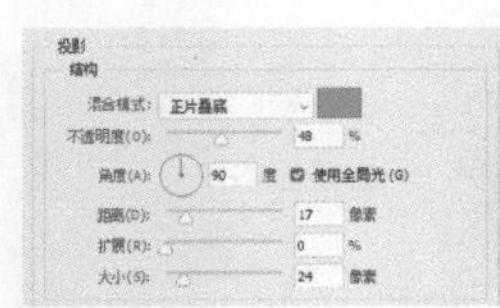

图 6-125

图 6-126

04 输入文字信息，完善画面，效果如图 6-127 所示。

图 6-127

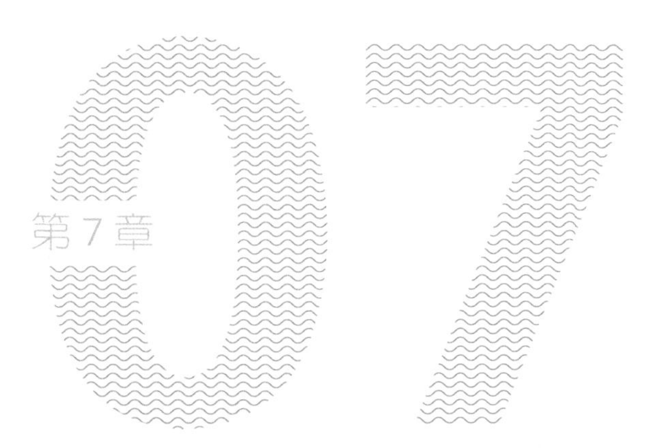

电商设计

本章导读

本章首先介绍了什么是电商设计师，并对电商设计师的工作进行了分析，然后详细讲解了如何通过软件进行符合要求的电商设计。

学习要点

什么是电商设计师

电商设计师的工作

电商促销悬浮标签设计

淘宝女包促销主图设计

网店周年庆首页设计

珠宝店铺首页设计

Photoshop

7.1 电商设计概述

在学习电商设计之前，我们首先需要了解电商设计的相关知识。通过对这些知识的学习，我们可以在今后的工作中更好地进行设计，制作出符合需求的电商设计。

7.1.1 电商设计师概述

电商设计师就是帮助淘宝店铺设计图片，并让其展示在消费者面前的幕后工作者。电商设计师的具体工作就是帮助淘宝、天猫、京东等各种电商平台的商家处理、设计图片，并上传到店铺的各个位置，使这些图片展示在消费者面前，促使消费者产生购买行为。

7.1.2 电商设计师的工作

电商设计师的主要工作有：优化商品图片、设计店铺首页、制作活动海报、制作宝贝描述页等。

◆ 1. 优化商品图片

商品图片是店铺用来展示商品的工具，优质的商品图片是网店的基础。一张具有视觉冲击力和吸引力的商品图片，不仅能让商品从众多竞品中脱颖而出，还能提高店铺的流量和点击率。因此，优化商品图片是每个电商设计师的必修课。

◆ 2. 设计店铺首页

店铺首页是店铺对最新产品、最新活动等信息进行集中展示的区域，其目的是让消费者了解店铺和店铺内商品的信息，从而选择在该店铺中购买商品。电商设计师需要根据不同时间段的节日或活动，对店铺首页进行装饰设计，让信息得到更新，使店铺保持新鲜的形象，如图7-1所示。

◆ 3. 制作活动海报

活动海报是一种广告宣传手段，尤其在淘宝店铺中大量存在，其作用是把各种促销活动的信息传递给消费者。制作出精美的活动海报是每个电商设计师的职责，精美的活动海报可以提高店铺的流量和点击率，使店铺得到更高的关注度，从而提高店铺的交易量，如图7-2所示。

◆ 4. 制作宝贝描述页

宝贝描述页是淘宝店铺中很重要的一个装饰设计版块，用以展示商品的形状、大小以及细节，对商品做详细的介绍。电商设计师在对宝贝描述页进行装饰设计时，要主要突出商品的特点，结合图片和文字描述，全方位地展示商品，使消费者对商品有清晰的了解，如图7-3所示。

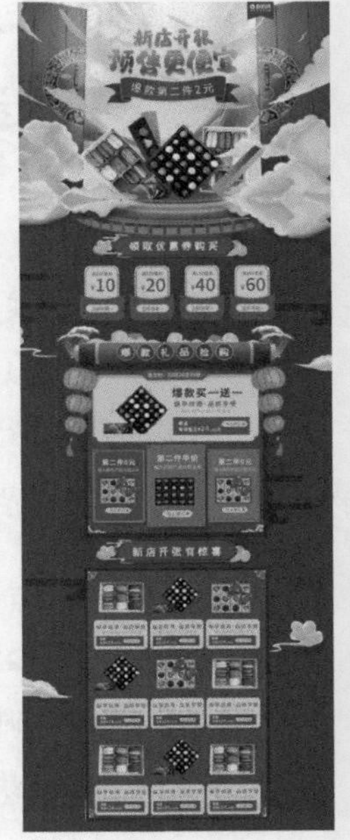
图 7-1

图 7-2

图 7-3

7.2 电商促销悬浮标签设计

实例位置	实例文件 >CH07> 电商促销悬浮标签设计 .psd
素材位置	素材文件 >CH07> 气球 .psd
视频名称	电商促销悬浮标签设计
技术掌握	图层样式的应用

设计思路指导

第1点：分清每个标签的作用，调整好标签的大小关系。

第2点：确定标签的主色调和外形。

第3点：文字效果和图像效果的设计与制作。

案例背景分析

本案例将制作一个网店的促销悬浮标签，通过该标签消费者可以直接进入相关页面，因此每个标签的外形和颜色都十分相似，但又略有区别。电商促销悬浮标签的设计效果如图7-4所示。

图 7-4

7.2.1 绘制主标签

只有先绘制主标签，才能以此为模板制作其他标签。

01 新建一个图像文件，将背景填充为浅灰色，然后使用“加深工具”在图像左上方进行涂抹，加深图像颜色，如图 7-5 所示。

图 7-5

02 选择“圆角矩形工具”，在工具属性栏中设置工具模式为“形状”，“填充”为黑色，“描边”为无，如图 7-6 所示。

图 7-6

03 选择“图层 > 图层样式 > 渐变叠加”菜单命令，打开“图层样式”对话框，设置渐变颜色为从洋红色（R:255，G:46，B:151）到紫红色（R:194，G:1，B:234），其他参数设置如图 7-7 所示。

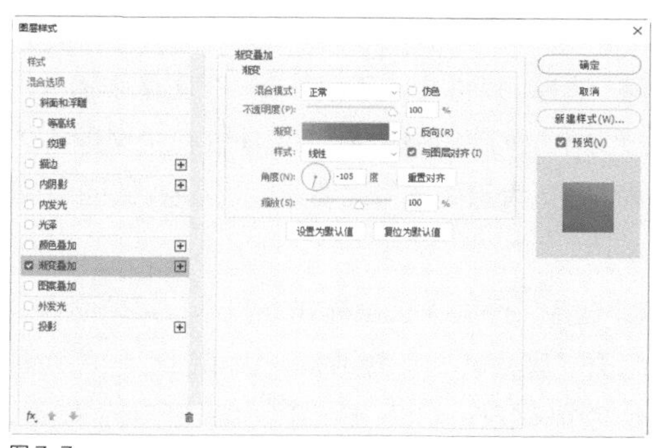

图 7-7

04 在“图层样式”对话框左侧，选中“投影”复选框，设置投影颜色为深红色（R:140，G:10，B:4），其他参数设置如图 7-8 所示。

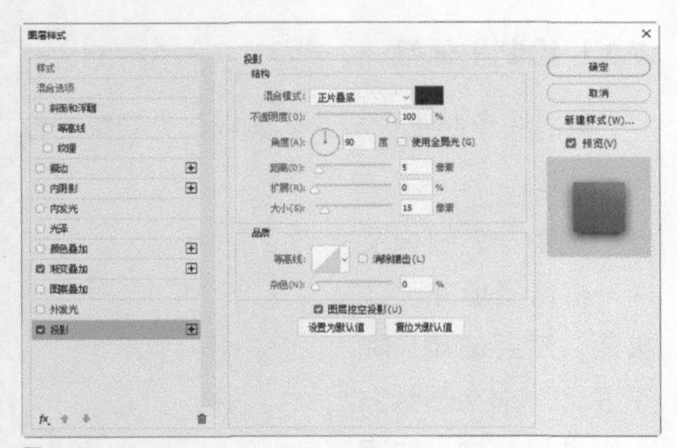

图 7-8

05 单击 确定 按钮，得到添加图层样式后的效果，如图 7-9 所示。

图 7-9

06 按 Ctrl+J 组合键复制图层，再按 Ctrl+T 组合键，适当缩小图像，并将其放到原有的圆角矩形中间，如图 7-10 所示。

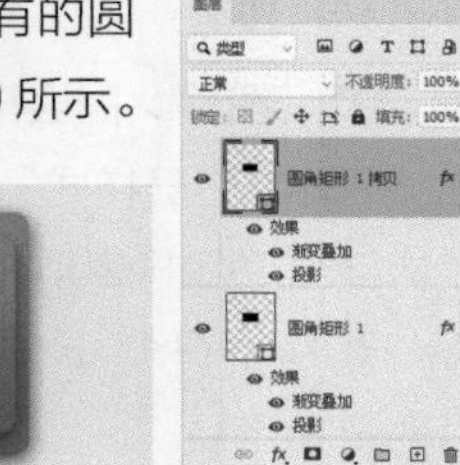

图 7-10

07 选择“横排文字工具” T，在图像中输入一行文字“大牌疯抢”；在工具属性栏中设置字体为“方正大黑简体”，“填充”为白色，如图 7-11 所示。

08 选择“图层 > 图层样式 > 投影”菜单命令，打开“图层样式”对话框，设置投影颜色为深红色（R:165，G:2，B:62），单击 确定 按钮，得到文字投影效果，如图 7-12 所示。

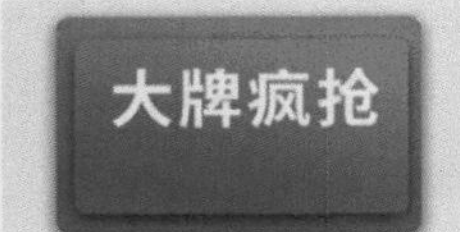

图 7-11

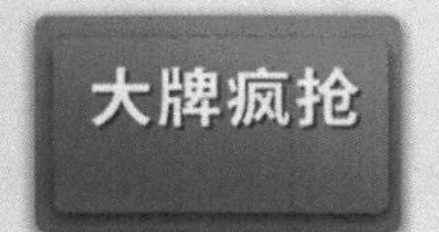

图 7-12

09 选择“圆角矩形工具” ，在工具属性栏中设置“填充”为白色，然后在文字下方绘制一个圆角矩形，如图 7-13 所示。

图 7-13

10 选择“横排文字工具” T，在白色圆角矩形中输入文字；打开“字符”面板，设置字体为“方正兰亭大黑简体”，文字颜色为红色（R:243，G:34，B:15），然后单击“仿斜体”按钮 T，得到倾斜的文字效果，如图 7-14 所示。

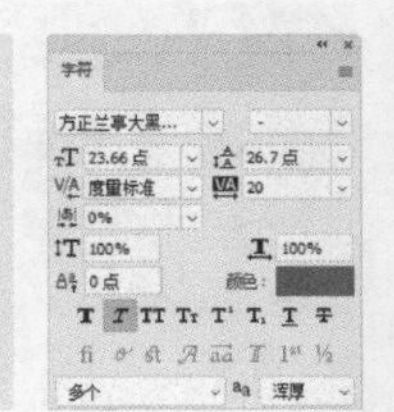

图 7-14

11 选择“圆角矩形工具” ，在图像中绘制一个细长的圆角矩形，填充为洋红色（R:209，G:12，B:214），并放至主标签的下方，如图 7-15 所示。这时，“图层”面板中将出现一个新的形状图层。

图 7-15

12 在“图层”面板中选中“圆角矩形 1”图层，单击鼠标右键，在弹出的快捷菜单中选择“拷贝图层样式”命令，如图 7-16 所示；再选中“圆角矩形 2”图层，单击鼠标右键，在弹出的快捷菜单中选择“粘贴图层样式”命令，如图 7-17 所示；得到的图像效果如图 7-18 所示。

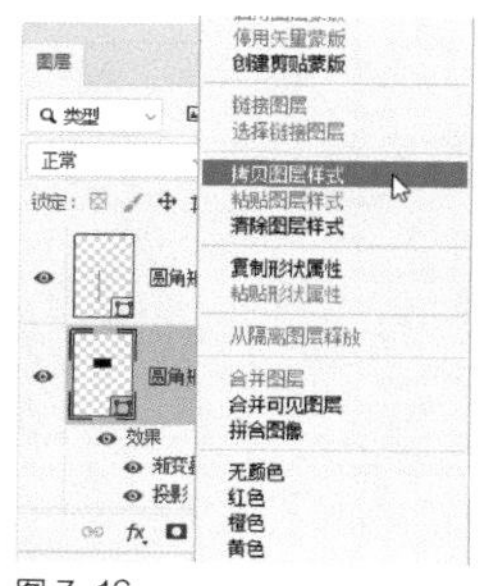

图 7-16

图 7-17

图 7-18

13 按 Alt+Shift 组合键复制细长圆角矩形，并利用“移动工具” 向右移动它，如图 7-19 所示。

图 7-19

7.2.2 绘制其他悬浮标签

通过制作与主标签相似的圆角矩形和应用相似的颜色，制作其他悬浮标签，并做适当的修改。

01 选择“圆角矩形工具” ，在工具属性栏中设置工具模式为“形状”，“填充”为紫色（R:252，G:235，B:243），“描边”为绿色（R:0，G:250，B:208）且宽度为 4 像素，“半径”为 10 像素，如图 7-20 所示。

图 7-20

02 在主标签的下方绘制一个描边圆角矩形，如图 7-21 所示。这时，“图层”面板中将自动新增一个形状图层。

03 在“图层”面板中，选中新增的形状图层，单击鼠标右键，在弹出的快捷菜单中选择“粘贴图层样式”命令，粘贴与主标签相同的图层样式，效果如图 7-22 所示。

图 7-21

图 7-22

04 选择“横排文字工具” ，在图像中输入文字，并在工具属性栏中设置字体为“黑体”，“填充”为白色，如图 7-23 所示。

图 7-23

05 选择“图层 > 图层样式 > 投影”菜单命令，打开“图层样式”对话框，设置投影颜色为深紫色（R:54，G:5，B:67），其他参数设置如图 7-24 所示。单击 确定 按钮，得到的文字投影效果如图 7-25 所示，得到第二个标签。

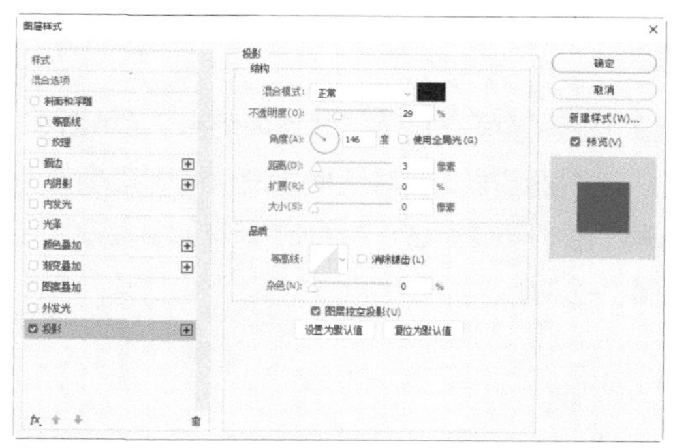

图 7-24

图 7-25

06 选择“圆角矩形工具”，继续在图像下方绘制圆角矩形，如图 7-26 所示；为新绘制的圆角矩形图层粘贴主标签的图层样式，得到图 7-27 所示的样式。

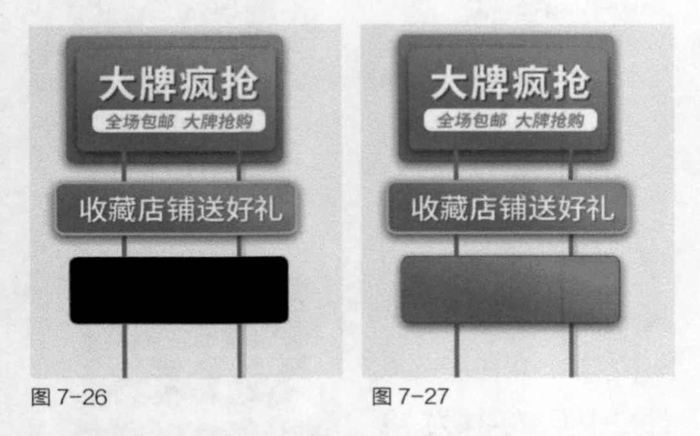

图 7-26　图 7-27

07 选择“圆角矩形工具”，在工具属性栏中设置“填充”为白色，绘制一个较小的白色圆角矩形，如图 7-28 所示。

图 7-28

08 选择“图层 > 图层样式 > 内阴影”菜单命令，打开“图层样式”对话框，设置内阴影颜色为深红色（R:62，G:9，B:6），其他参数设置如图 7-29 所示。

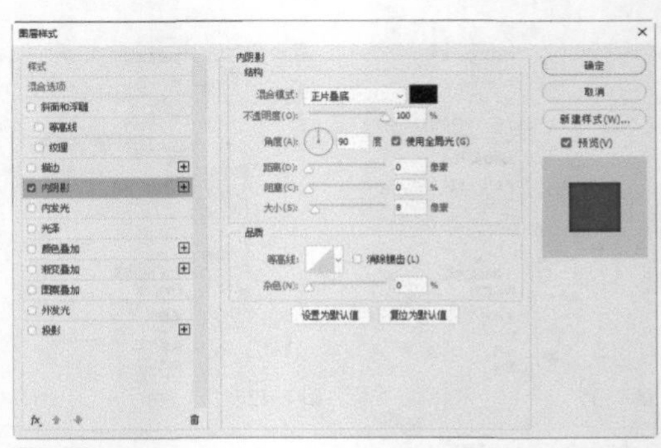

图 7-29

09 单击 确定 按钮，得到图像的内阴影效果，如图 7-30 所示。

图 7-30

10 选择“横排文字工具”，在白色圆角矩形中输入文字“热销爆款”，并在工具属性栏中设置字体为“黑体”，“填充”为紫红色（R:186，G:22，B:231），如图 7-31 所示。

11 新建一个图层，选择“多边形套索工具”，在“热销爆款”文字的右侧绘制一个箭头形选区，填充与文字相同的颜色，得到第三个标签，如图 7-32 所示。

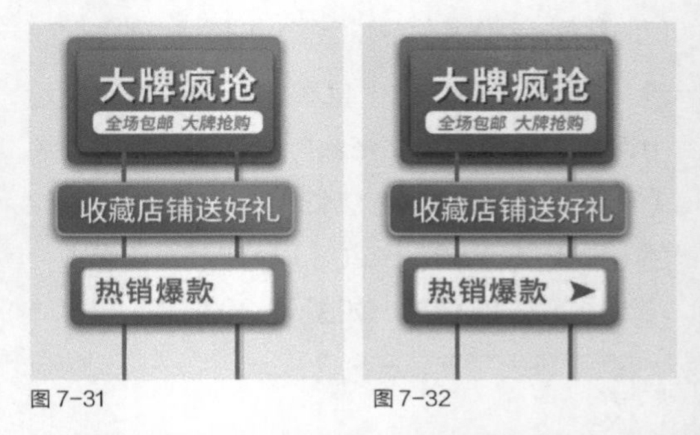

图 7-31　图 7-32

12 按住 Ctrl 键，选中第三个标签图像中的所有图层，然后复制两次，将图层向下移动，并修改其中的文字内容，得到图 7-33 所示的图像。

⑬ 选择“圆角矩形工具”，绘制一个圆角矩形，并添加与其他圆角矩形相同的渐变色图层样式，如图 7-34 所示。

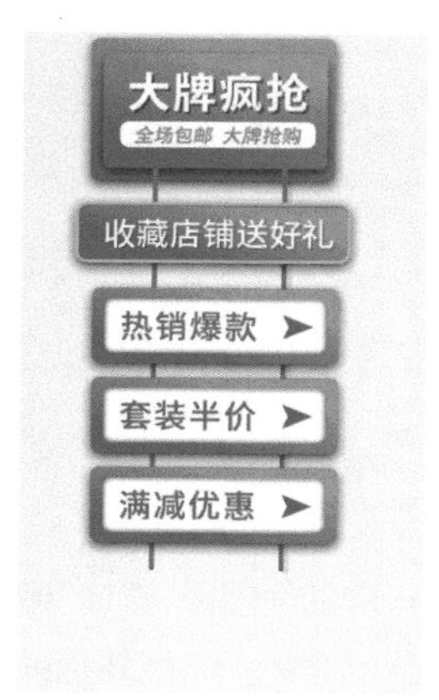

图 7-33

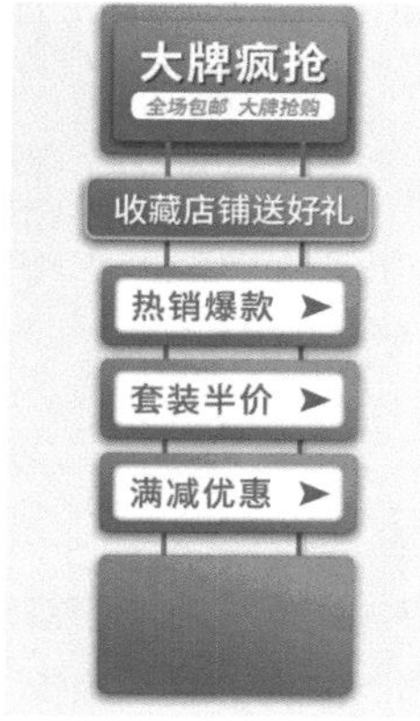

图 7-34

⑭ 按 Ctrl+J 组合键，复制渐变色圆角矩形，选择“编辑 > 变换 > 缩放”菜单命令，按住 Alt 键，从中心缩小图像，如图 7-35 所示。

图 7-35

⑮ 在工具属性栏中设置“描边”为白色且宽度为 4 像素，然后选择一种描边样式，如图 7-36 所示，此时可得到描边效果，如图 7-37 所示。

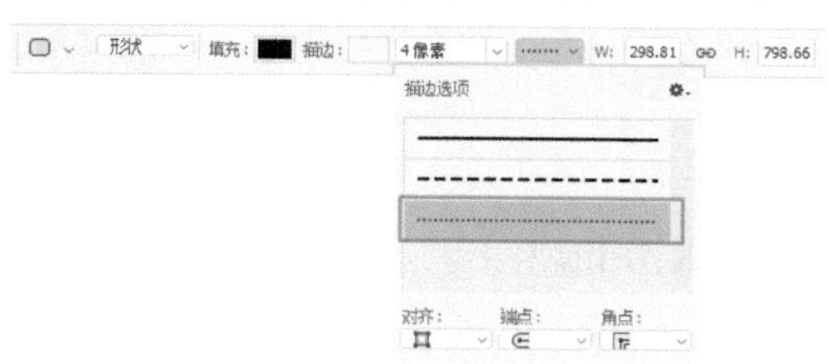

图 7-36

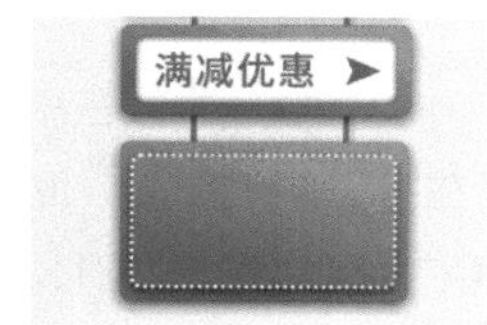

图 7-37

⑯ 选择“圆角矩形工具”，在工具属性栏中设置“填充”为白色，“描边”为无，然后绘制一个较小的白色圆角矩形，如图 7-38 所示。

图 7-38

⑰ 选择“横排文字工具”，在图像中输入两行文字，设置字体为黑体，然后将第一行文字填充为紫红色（R:186，G:22，B:231），并在“字符”面板中单击“仿斜体”按钮；填充第二行文字为白色，效果如图 7-39 所示。

⑱ 选择“多边形套索工具”，在“返回顶部”文字的右侧绘制一个三角形选区，填充为白色，如图 7-40 所示。

图 7-39

图 7-40

⑲ 打开“素材文件 >CH07> 气球 .psd”文件，如图 7-41 所示。使用“移动工具”将其拖曳到当前编辑的图像中，复制两次该图像并调整图层顺序，将其分别放到悬浮标签的周围，即可完成本案例的制作，如图 7-42 所示。

图 7-41

图 7-42

7.3 淘宝女包促销主图设计

实例位置	实例文件 >CH07> 淘宝女包促销主图设计 .psd
素材位置	素材文件 >CH07> 曲线图 .psd、礼物 .psd、女包 .psd
视频名称	淘宝女包促销主图设计
技术掌握	圆角矩形工具和横排文字工具的应用

设计思路指导

第1点：设计背景图像，确定产品图片和文字的主次关系。

第2点：设置价格标签，制作一些特殊图像效果，并排列文字。

第3点：突出部分文字，让顾客对促销内容一目了然。

案例背景分析

本案例是为网店的一款女士手提包制作促销主图，主要针对年轻女性客户。因此，在颜色上，采用粉红色作为主色调，配合文字排版，使得整个画面简洁、大方，突出主题。效果如图7-43所示。

图7-43

7.3.1 制作促销图背景

通过添加素材图像并调整，制作促销图背景。

01 新建一个图像文件，设置前景色为粉红色（R:252，G:235，B:243），按 Alt+Delete 组合键填充背景，如图 7-44 所示。

02 打开“素材文件 >CH07> 曲线图 .psd”文件，使用“移动工具”将其拖曳到当前编辑的图像中，并放至画面上方，如图 7-45 所示。

图 7-44

图 7-45

03 按 Ctrl+J 组合键复制一次曲线图像，选择“编辑 > 变换 > 垂直翻转”菜单命令，将翻转后的图像移动到下方，如图 7-46 所示。

04 打开“素材文件 >CH07> 女包 .psd、礼物 .psd”文件，使用“移动工具”分别将这两个图像拖曳至当前编辑的图像中，将礼物图像放到画面右下方，将女包图像放到画面左侧，如图 7-47 所示。

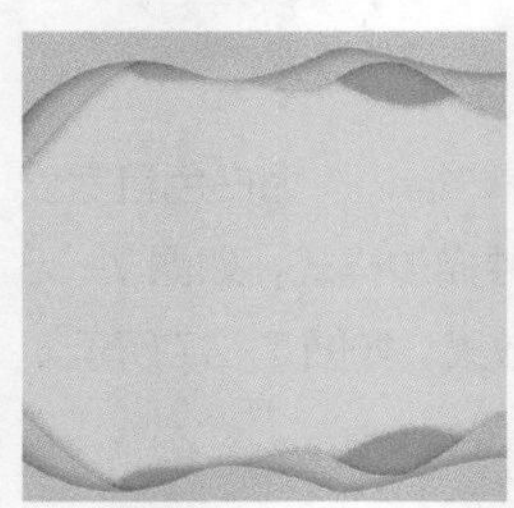

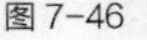

图 7-46

图 7-47

7.3.2 制作价格图

通过绘制图形、输入文字、应用图层样式，制作价格图。

01 选择“圆角矩形工具”，在女包图像右侧绘制一个圆角矩形，然后在打开的“属性”面板中设置“填充”为橘红色（R:239，G:121，

B:119），“半径”为 50 像素，如图 7-48 所示。

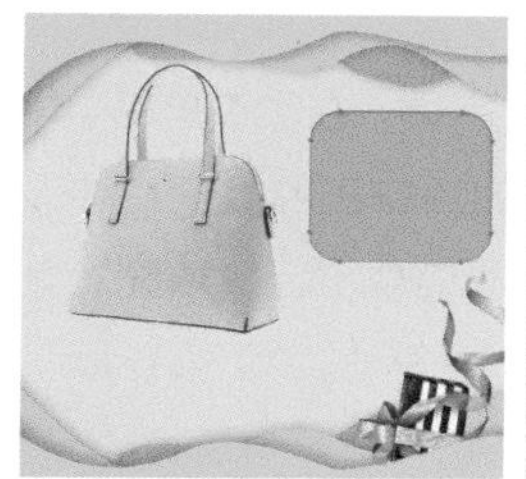
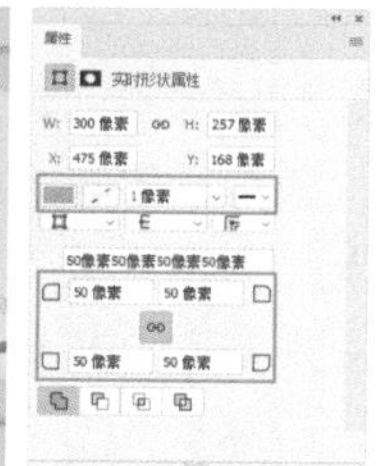

图 7-48

02 选择“钢笔工具” ，在工具属性栏中单击“路径操作”按钮 ，在弹出的下拉列表中选择“合并形状”命令，如图 7-49 所示。然后在圆角矩形中绘制如图 7-50 所示的图形。

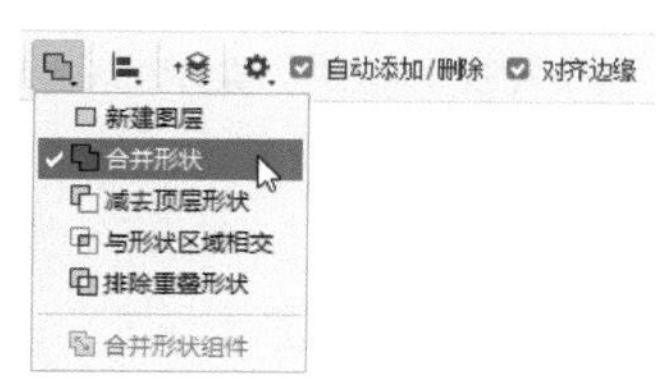

图 7-49

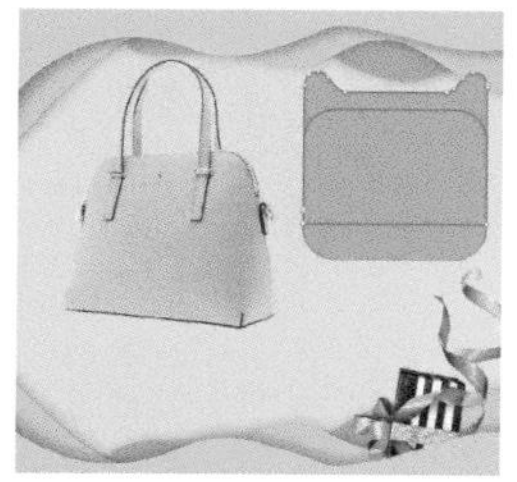

图 7-50

03 按住 Ctrl 键，单击“图层”面板中的形状图层，创建图像选区；然后选择“多边形套索工具” ，按住 Alt 键减选选区，如图 7-51 所示；新建一个图层，将选区填充为白色，如图 7-52 所示。

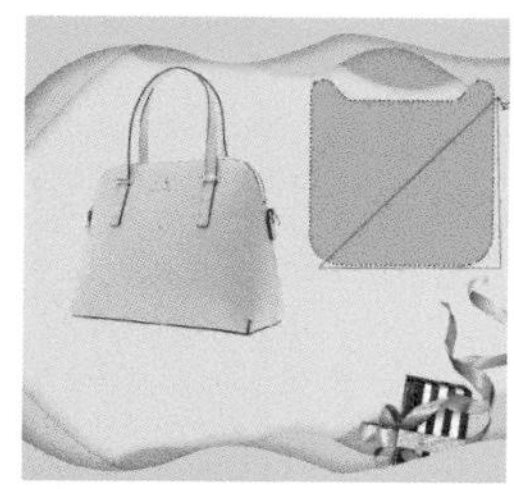

图 7-51

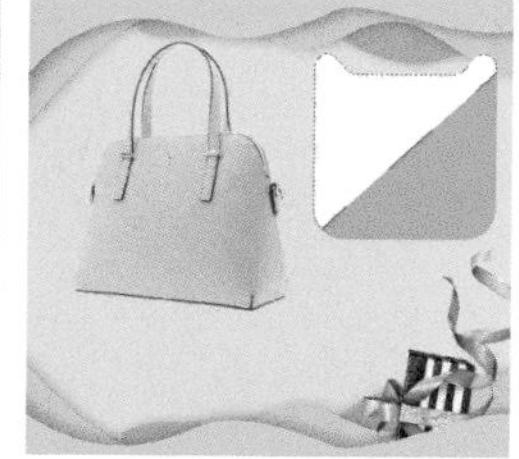

图 7-52

04 在“图层”面板中设置图层的混合模式为“柔光”，“填充”为 25%，得到透明图像效果，如图 7-53 所示。

图 7-53

05 选择“钢笔工具” ，在工具属性栏中设置工具模式为“形状”，“填充”为任意颜色，绘制一个火焰形状的图形，如图 7-54 所示。

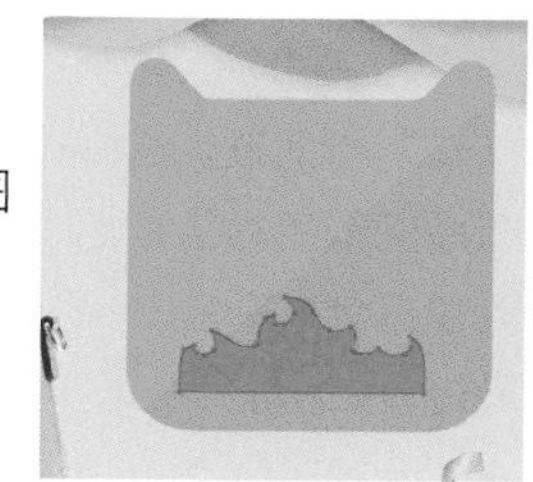

图 7-54

06 选择“图层 > 图层样式 > 渐变叠加”菜单命令，打开“图层样式”对话框，设置渐变颜色为从红色（R:252，G:39，B:39）到橘红色（R:234，G:82，B:84），其他参数设置如图 7-55 所示。

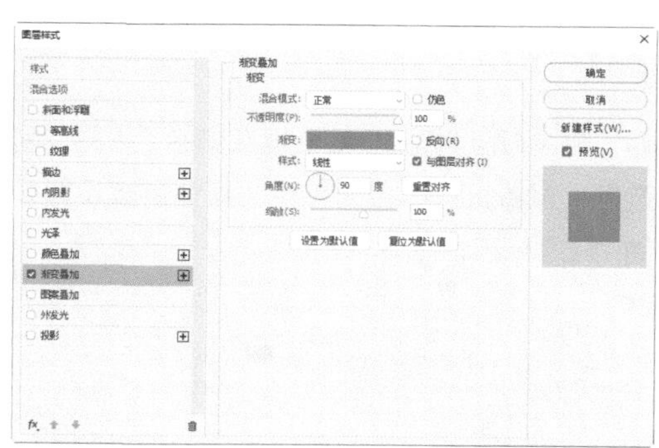

图 7-55

小提示

绘制好形状后，可以直接在工具属性栏中为图像设置渐变色填充，也可以通过添加图层样式来设置，以便于之后调整颜色。

07 单击 确定 按钮，得到渐变色火焰图像，效果如图 7-56 所示。

08 选择“圆角矩形工具” ，在工具属性栏中设置“半径”为 30 像素；在火焰图像中绘制一个圆角矩形，如图 7-57 所示。

图 7-56

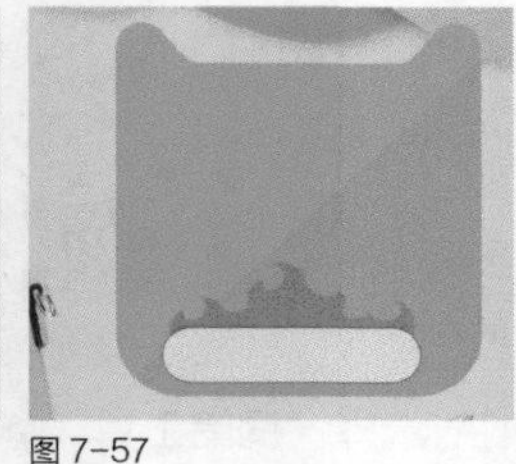

图 7-57

09 在“图层”面板中双击该图层，打开“图层样式”对话框，选中“渐变叠加”复选框，设置渐变颜色为从红色（R:233，G:73，B:78）到粉红色（R:246，G:178，B:167），其他参数设置如图 7-58 所示。

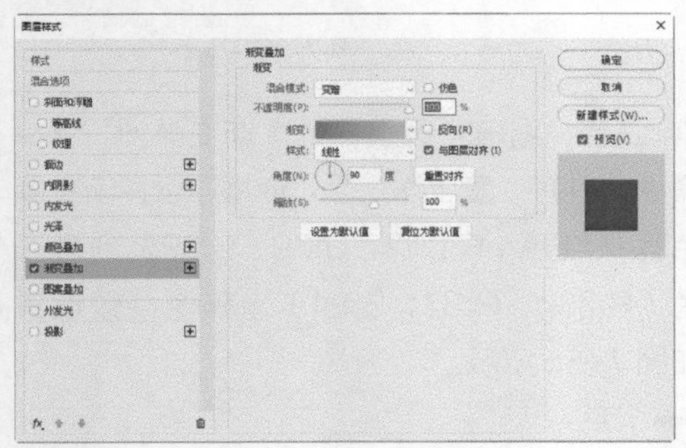

图 7-58

10 选中“图层样式”对话框左侧的“投影”复选框，设置投影颜色为黑色，其他参数设置如图 7-59 所示。

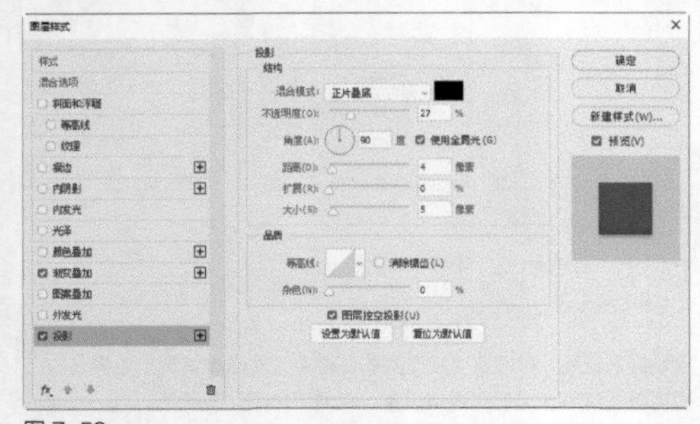

图 7-59

11 单击 确定 按钮，得到圆角矩形按钮效果，如图 7-60 所示。

12 选择“横排文字工具” T，在圆角矩形中输入文字“火爆预售”，然后在工具属性栏中设置字体为“方正汉真广标简体”，“填充”为红色（R:252，G:39，B:39），如图 7-61 所示。

图 7-60

图 7-61

13 选择“图层 > 图层样式 > 描边”菜单命令，打开“图层样式”对话框，设置“大小”为 3 像素，“位置”为“外部”，“颜色”为白色，如图 7-62 所示。

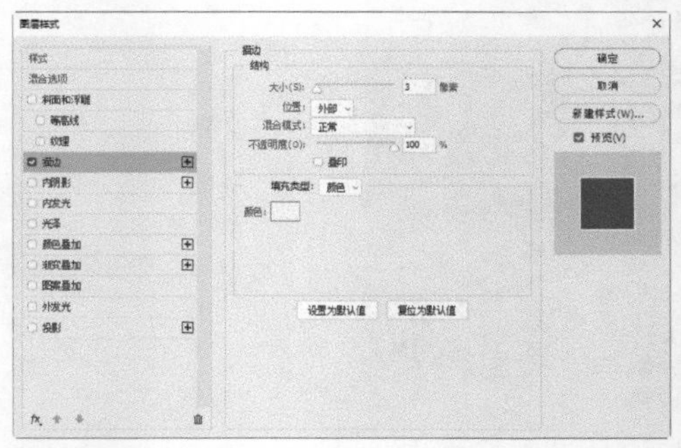

图 7-62

14 单击 确定 按钮，得到文字描边效果，如图 7-63 所示。

15 选择“横排文字工具” T，继续输入其他广告文字内容，填充为白色，适当调整文字大小，排列成图 7-64 所示的样式。

图 7-63

图 7-64

16 选择“圆角矩形工具”，在工具属性栏中设置工具模式为“形状”，单击“填充”后面的色块，在弹出的面板中单击“渐变”按钮，设置渐变颜色为从粉红色（R:254，G:108，B:130）到红色（R:253，G:70，B:103），再设置“半径”为 10 像素，如图 7-65 所示。

图 7-65

17 设置好属性后，在女包图像的下方绘制一个渐变色的圆角矩形，如图 7-66 所示。

18 选择“横排文字工具”，在渐变色圆角矩形中输入文字，并设置字体为黑体，填充为白色；然后在其上方输入一行文字，填充为黑色，如图 7-67 所示，完成本案例的制作。

图 7-66

图 7-67

7.4 网店周年庆首页设计

实例位置	实例文件 >CH07> 网店周年庆首页设计 .psd
素材位置	素材文件 >CH07> 线条 .psd、6周年庆 .psd、彩球 .psd、热气球 .psd、食物 .psd、零食 .psd、彩旗 .psd、人物 .psd
视频名称	网店周年庆首页设计
技术掌握	颜色的设置、横排文字工具的应用

设计思路指导

第1点：通过颜色划分版块，并添加一些图层样式。

第2点：添加素材图像点缀画面。

第3点：首页图中文字的特殊设计效果。

案例背景分析

本案例为制作一家网店的周年庆首页，以喜庆的红色为主色调，在首页广告中设计具有代表性的标题文字，再加上产品图像和文字，得到的首页图像效果如图7-68所示。

图 7-68

7.4.1 制作首页广告图

首先，要在网店首页的主要位置上放一张首页图，通过文字或者部分产品图像来突出主题。

01 选择“文件 > 新建”菜单命令，打开“新建文档”对话框，设置文件名为“网店周年庆首页”，“宽度”为1920像素，“高度”为 5560 像素，其他设置如图 7-69 所示。单击创建按钮，即可得到一个新建的图像文件。

图 7-69

小提示

淘宝首页图的宽度有统一的制作标准，常用宽度为 1920 像素，而高度则可以根据具体需要进行调整。

02 设置前景色为橘黄色（R:252，G:97，B:77），按 Alt+Delete 组合键填充背景，如图 7-70 所示。

图 7-70

03 下面我们来制作首页广告图上方的图像。打开“素材文件 >CH07> 线条 .psd”文件，使用“移动工具” 拖曳图像至画面右上方，适当调整图像的大小，如图 7-71 所示。

04 按 Ctrl+J 组合键复制图像，然后按 Ctrl+T 组合键，适当缩小图像并旋转，放到画面左侧，如图 7-72 所示。

图 7-71

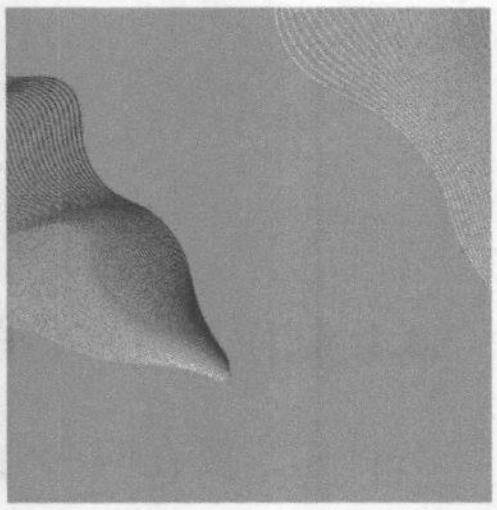

图 7-72

05 新建一个图层，选择“钢笔工具” ，在画面左上方绘制一个曲线图形，如图 7-73 所示；再将其填充为红色，置于线条图层的下方，如图 7-74 所示。

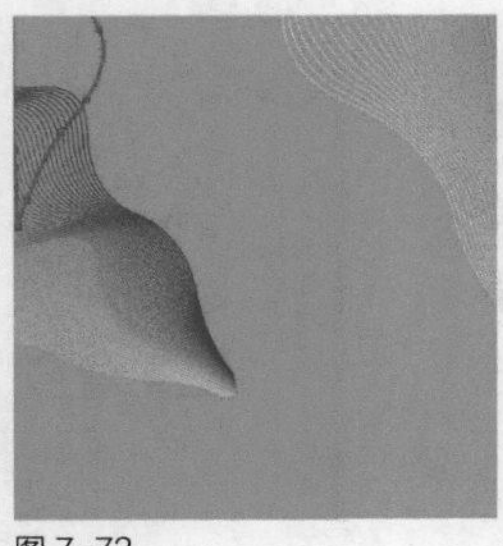
图 7-73

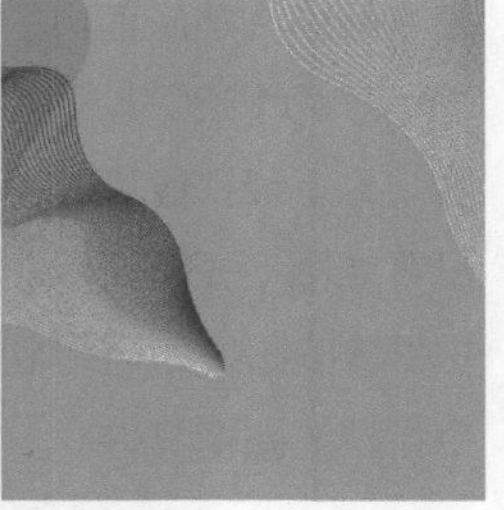
图 7-74

06 选择“铅笔工具” ，单击工具属性栏中的 按钮，打开“画笔设置”面板，设置画笔的“大小”为 10 像素，“间距”为 750%，如图 7-75 所示。

07 设置前景色为黄色（R:252，G:235，B:243），按住 Shift 键在画面左上方绘制多条横线和竖线，得到排列整齐的圆点图像，如图 7-76 所示。

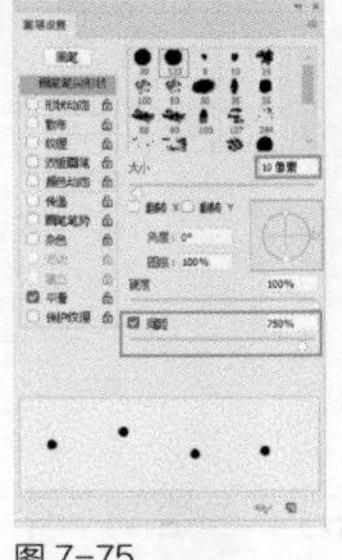
图 7-75

图 7-76

08 选择“钢笔工具” ，在图像左上方绘制一个闭合曲线路径，如图 7-77 所示；按 Ctrl+Enter 组合键，将路径转换为选区，然后使用“渐变工具” 在选区中应用线性渐变填充，设置渐变颜色为从橘黄色（R:253，G:189，B:50）到橘红色（R:255，G:94，B:112），填充效果如图 7-78 所示。

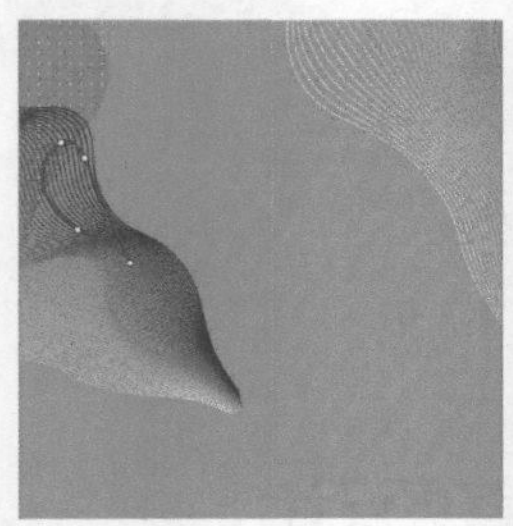
图 7-77

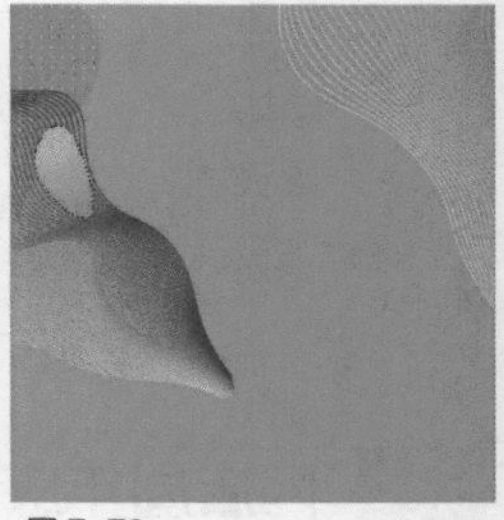
图 7-78

09 打开“素材文件 >CH07> 彩球 .psd”文件，使用“移动工具” 将其拖曳到当前编辑的图像中，放到画面的右上方，如图 7-79 所示。

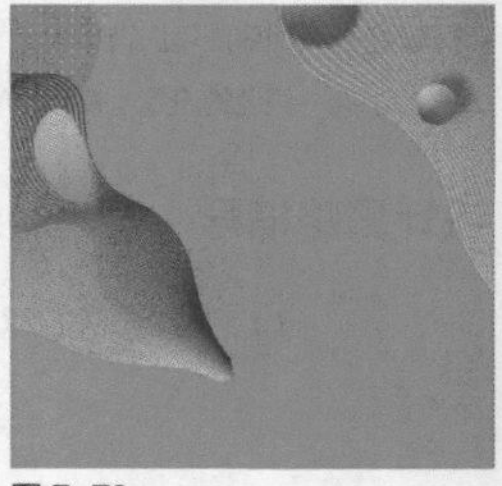
图 7-79

10 选择“钢笔工具”，在工具属性栏中设置工具模式为“形状”，绘制一个闭合曲线图像，“填充”为洋红色（R:255，G:46，B:114），如图 7-80 所示。

11 单击“图层”面板底部的“添加图层蒙版”按钮，选择“画笔工具”，对步骤 10 中所绘制的图像的下半部分做适当擦除，效果如图 7-81 所示。

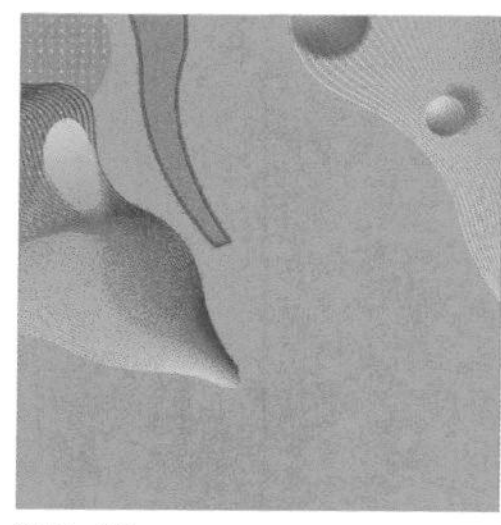
图 7-80

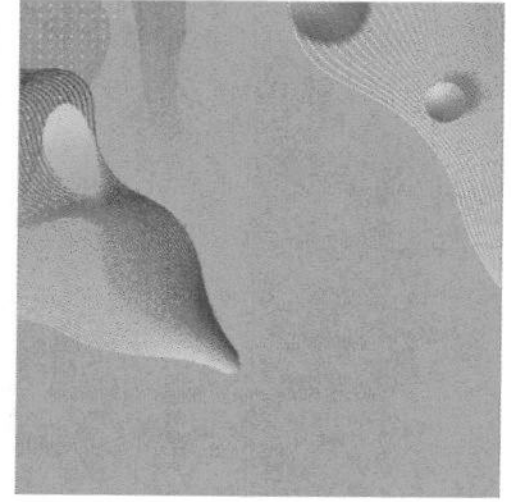
图 7-81

12 选择“圆角矩形工具”，在工具属性栏中设置“半径”为 80 像素；然后绘制一个较窄的圆角矩形，并做渐变填充，设置渐变颜色为从紫色（R:228，G:0，B:250）到紫红色（R:218，G:9，B:66），然后适当旋转，放到画面右侧，如图 7-82 所示。

13 打开“素材文件 >CH07>6 周年庆 .psd”文件，使用“移动工具”将其分别拖曳到画面中，如图 7-83 所示。

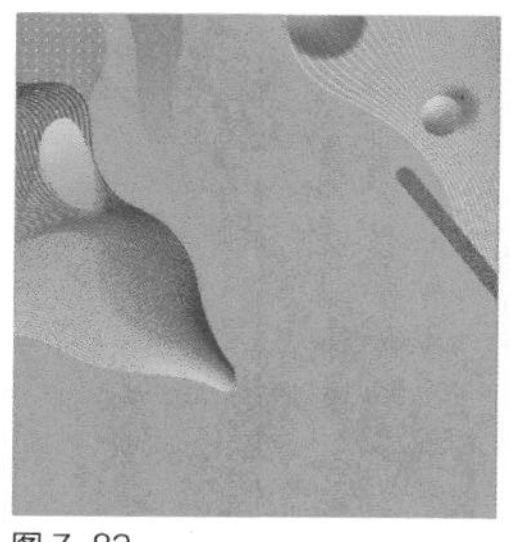
图 7-82

图 7-83

14 选择“图层 > 图层样式 > 渐变叠加”菜单命令，打开“图层样式”对话框，设置“渐变叠加”样式，渐变颜色为从淡黄色（R:250，G:238，B:176）到白色，如图 7-84 所示。

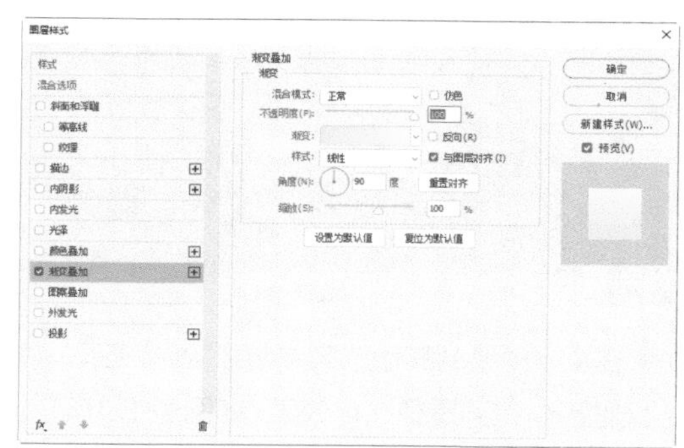
图 7-84

15 选中“图层样式”对话框左侧的“投影”复选框，设置投影颜色为土红色（R:153，G:30，B:37），如图 7-85 所示。

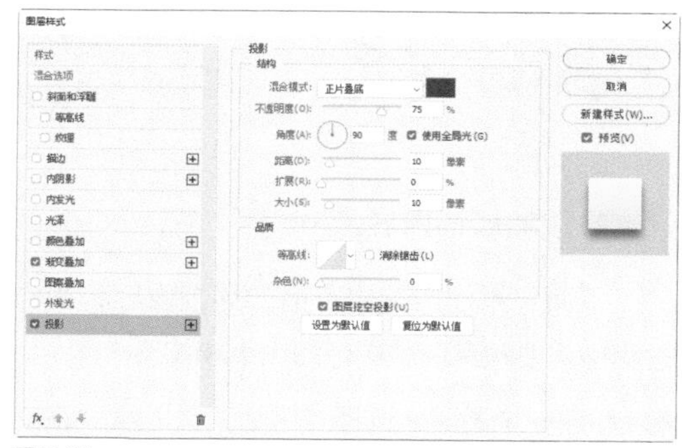
图 7-85

16 单击 确定 按钮，得到添加图层样式后的文字效果，如图 7-86 所示。

图 7-86

17 选择“多边形套索工具”，按住 Shift 键在文字中绘制多个选区，如图 7-87 所示；然后设置前景色为土红色（R:153，G:30，B:37）；选择“画笔工具”，在工具属性栏中设置“不透明度”为 20%，在选区中适当地涂抹，如图 7-88 所示。

图 7-87

图 7-88

18 在文字中绘制其他选区；使用“画笔工具” 绘制图像，得到重叠文字效果，如图 7-89 所示，完成首页广告图的制作。

图 7-89

7.4.2 添加店铺内容

下面将添加店铺中产品的详细内容，制作过程中需要注意调整图像的大小和位置。

01 新建一个图层，选择“钢笔工具” ，在文字下方绘制一个图形，然后按 Ctrl+Enter 组合键将路径转换为选区，填充为粉红色（R:255，G:162，B:129），如图 7-90 所示。

图 7-90

02 选择“图层 > 图层样式 > 投影”菜单命令，打开“图层样式”对话框，设置投影颜色为黑色，其他参数设置如图 7-91 所示。单击 确定 按钮，即可得到投影效果，如图 7-92 所示。

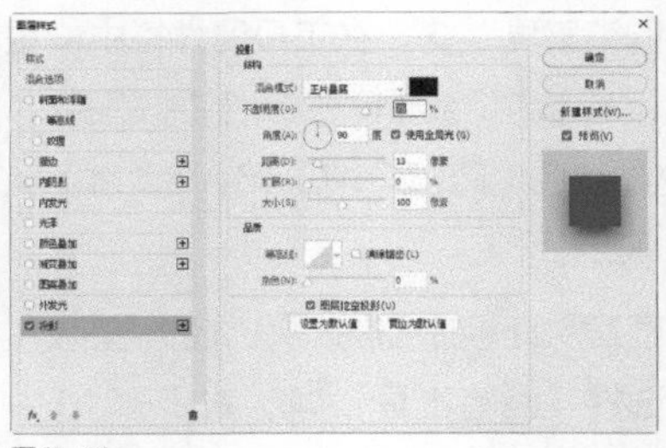

图 7-91

图 7-92

03 再绘制两个与第一步图形上方形状相同，但下方略长一些的图形，分别填充为黄色（R:246，G:203，B:73）和橘红色（R:252，G:97，B:77），并为其添加投影，如图 7-93 所示。

04 打开“素材文件 >CH07> 人物 .psd、热气球 .psd”文件，使用“移动工具” 分别将其拖曳到图像中，将人物图像放到画面上方，将热气球图像放到画面两侧，如图 7-94 所示。

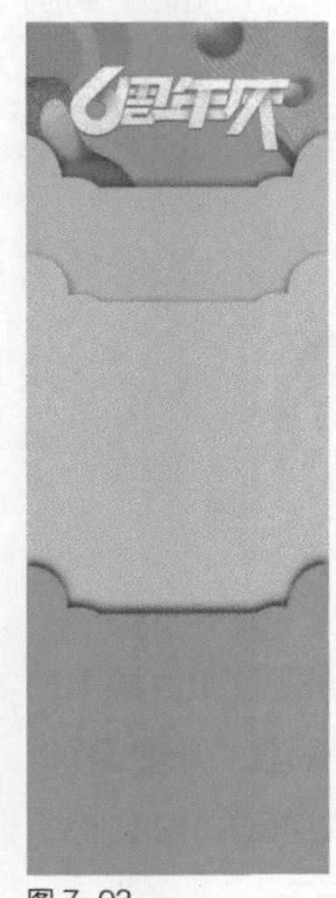

图 7-93

图 7-94

05 下面绘制首页图中的优惠券。打开“素材文件>CH07>食物.psd”文件，使用“移动工具”将其拖曳到人物图像中间，如图 7-95 所示。

06 选择“横排文字工具”，在食物图像下方输入一行文字，并在工具属性栏中设置字体为“粗黑简体”，“填充”为白色，如图 7-96 所示。

图 7-95

图 7-96

07 选择“矩形工具”，在工具属性栏中设置工具模式为“形状”，设置颜色为橘黄色（R:235，G:166，B:0）；绘制一个矩形，再选择“椭圆工具”，按住 Shift 键，在矩形中再绘制一个圆形，使绘制的形状叠加在一起，如图 7-97 所示。

08 选择“多边形套索工具”，在橘黄色图像左上方绘制一个三角形选区，填充为蓝色（R:14，G:108，B:255），如图 7-98 所示。

图 7-97

图 7-98

09 选择“横排文字工具”，在橘黄色图像中输入文字，并适当添加一些图形，如图 7-99 所示，即可得到第一张优惠券。

10 使用相同的方法绘制其他优惠券，可以适当改变优惠券的颜色，如图 7-100 所示。

图 7-99

图 7-100

11 打开“素材文件 > CH07> 彩旗.psd”文件，使用“移动工具”拖曳图像，分别放到优惠券两侧，如图 7-101 所示。

图 7-101

12 新建一个图层，选择“矩形选框工具”，在页面中绘制一个矩形，填充为蓝色（R:252，G:235，B:243），如图 7-102 所示。

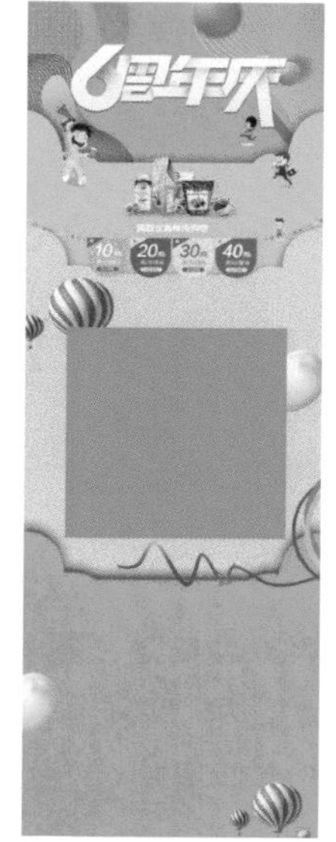

图 7-102

13 新建一个图层，选择“多边形套索工具”，在蓝色矩形顶部绘制一个梯形选区，填充为绿色（R:11，G:132，B:111），如图 7-103 所示。

图 7-103

14 再绘制一个反向的梯形选区，填充为淡绿色（R:80，G:202，B:161），如图 7-104 所示。

15 选择“横排文字工具” T，在淡绿色图像中输入文字，填充为翠绿色（R:11，G:132，B:111），如图 7-105 所示。

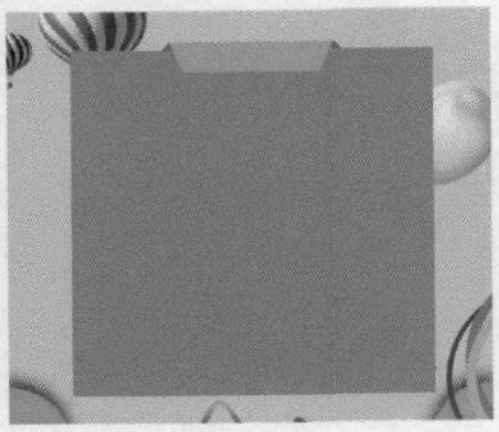

图 7-104

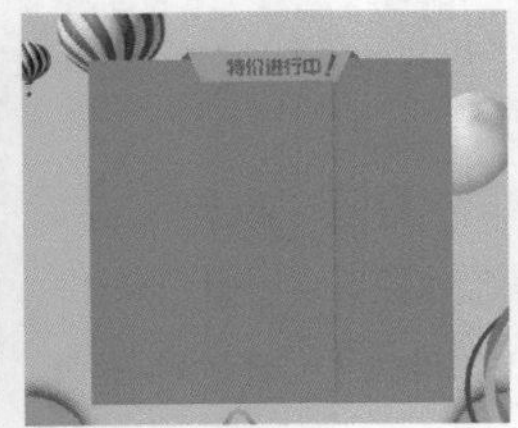

图 7-105

16 按 Ctrl+J 组合键复制文字图层，填充为白色，并适当向左上方移动，如图 7-106 所示。

17 选择“多边形套索工具”，在文字左上方绘制两个三角形选区，填充为粉绿色（R:168，G:229，B:208），如图 7-107 所示。

图 7-106

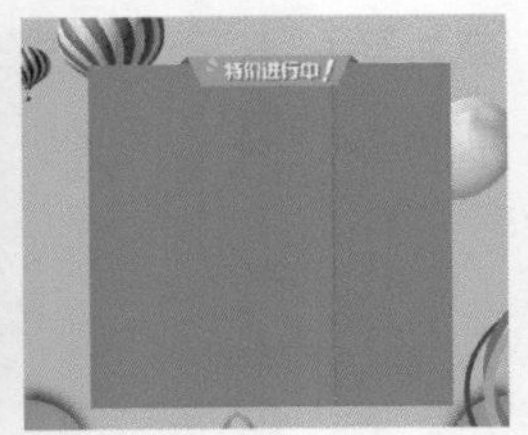

图 7-107

18 选择“椭圆工具”，在工具属性栏中设置工具模式为“形状”，“填充”为白色，“描边”为红色（R:254，G:43，B:58），如图 7-108 所示。

图 7-108

19 在蓝色矩形中绘制一个圆形，得到描边图像；然后打开“素材文件 >CH07> 零食 .psd”文件，使用“移动工具”将零食图像拖曳至当前编辑的图像中，放到白色圆形中，如图 7-109 所示。

20 选择“圆角矩形工具”，在图像中绘制两个长短不一的圆角矩形，分别填充为白色和绿色(R:80，G:202，B:161)，再使用“铅笔工具”绘制一个细长的“>”符号，如图 7-110 所示。

图 7-109

图 7-110

21 选择“横排文字工具” T，在白色圆形和圆角矩形中分别输入文字，适当调整文字大小，填充为白色和红色（R:254，G:49，B:63），如图 7-111 所示。

22 复制三个白色圆形，然后打开“素材文件 >CH07> 零食 .psd”文件，将其他零食图像拖曳至白色圆形中，然后分别为其输入文字，如图 7-112 所示。

图 7-111

图 7-112

23 在首页图下方绘制相同的矩形，填充为橘黄色（R:255，G:217，B:0）；然后添加零食图像和文字，并在首页广告图中添加文字“好礼送不完”，如图 7-113 所示，完成本案例的制作。

图 7-113

7.5 珠宝店铺首页设计

实例位置	实例文件 >CH07> 珠宝店铺首页设计 .psd
素材位置	素材文件 >CH07> 圆形 .psd、购物车 .psd、宝石戒指 .psd、首饰 .psd
视频名称	珠宝店铺首页设计
技术掌握	横排文字工具的应用

设计思路指导

第1点：划分整个店铺首页的版面。

第2点：素材的选择与排列，以及适当地复制图像。

第3点：调整每个版块的大小和形状。

案例背景分析

本案例制作的是一家珠宝店铺的首页，整个画面的主色调为粉色，非常柔和；产品图片和文字使整个画面显得非常和谐，效果如图7-114所示。

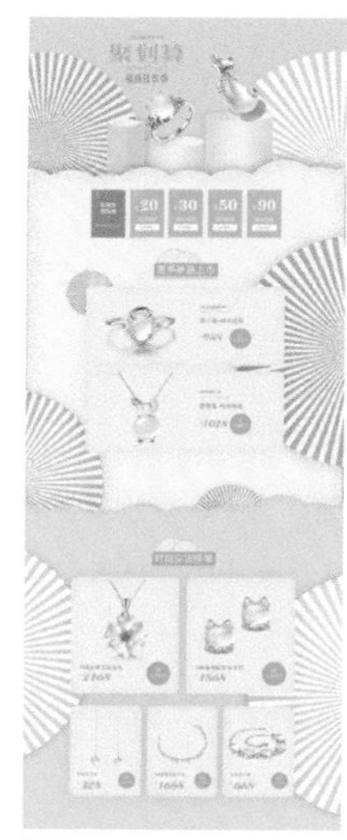

图 7-114

7.5.1 制作店铺背景图

首先划分整个店铺首页的版面，再将主要背景元素制作出来。

01 选择“文件 > 新建”菜单命令，打开“新建文档”对话框，设置文件名为“珠宝店铺首页”，“宽度”为1920像素，“高度”为5070像素，其他设置如图 7-115 所示。单击创建按钮，即可得到一个新建图像文件。

02 设置前景色为粉红色（R:252，G:235，B:243），按 Alt+Delete 组合键填充背景，如图 7-116 所示。

图 7-115 图 7-116

03 新建一个图层，选择“椭圆工具”，在工具属性栏中设置工具模式为“形状”，“填充”为粉红色（R:241，G:154，B:160），如图 7-117 所示；按住 Shift 键，在图像中绘制一个圆形，如图 7-118 所示。

图 7-117

图 7-118

04 打开“素材文件 >CH07> 圆形 .psd”文件，使用“移动工具”将其拖曳至当前编辑的图像中，适当调整图像大小，放到圆形中间，如图 7-119 所示。

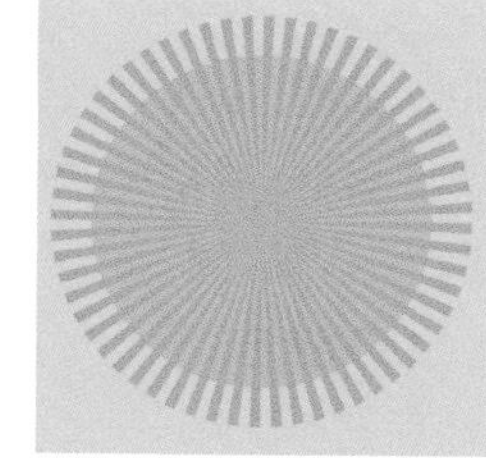

图 7-119

05 这时“图层”面板中将自动增加一个图层，选择“图层 > 创建剪贴图层”菜单命令，可以将超出底层圆形边缘的图像隐藏起来，如图7-120所示。

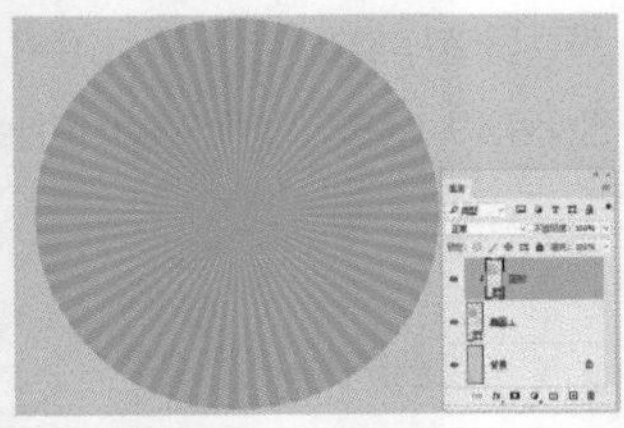
图 7-120

06 选中“圆形”图层，选择“图层 > 图层样式 > 外发光”菜单命令，打开“图层样式”对话框，设置外发光颜色为白色，其他参数设置如图7-121所示。单击 确定 按钮，即可得到添加图层样式的图像，如图7-122所示。

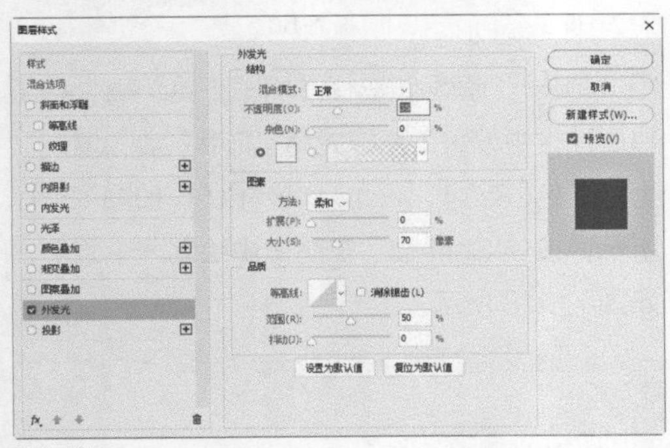

图 7-121

图 7-122

07 选中“椭圆 1”图层和“圆形”图层，按 Ctrl+G 组合键得到图层组，并将其重命名为“圆扇”，如图7-123所示；然后使用“移动工具” 将其放到画面的左上方，如图7-124所示。

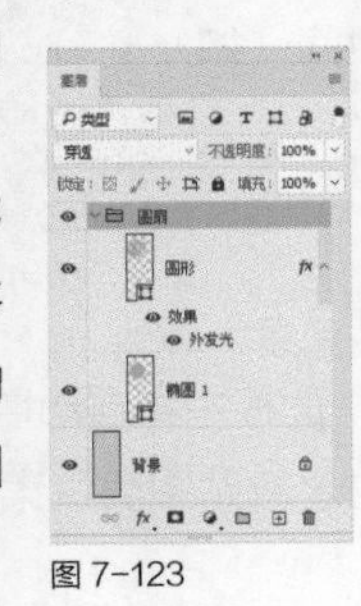

图 7-123

图7-124

08 按 Ctrl+J 组合键复制“圆扇”图层组，并将其中的圆形修改为白色，调整图像大小，然后放到画面右侧，如图7-125所示。

09 绘制第一个版块的背景图。选择“钢笔工具” ，在工具属性栏中设置工具模式为“形状”，“填充”为浅粉色（R:254，G:237，B:238），在画面中绘制顶边为曲线的图形，如图7-126所示。

图7-125　图7-126

10 选择“图层 > 图层样式 > 投影”菜单命令，打开“图层样式”对话框，设置投影颜色为深红色（R:254，G:237，B:238），其他参数设置如图7-127所示。

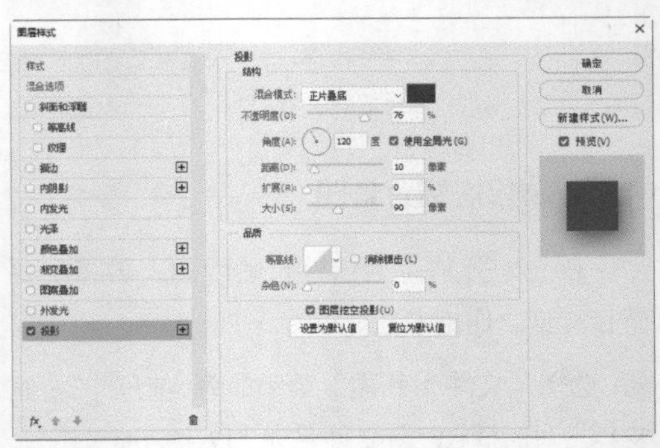

图 7-127

11 选中“内发光”复选框，设置内发光颜色为粉红色（R:252，G:206，B:209），“混合模式”为“溶解”，其他参数设置如图7-128所示。

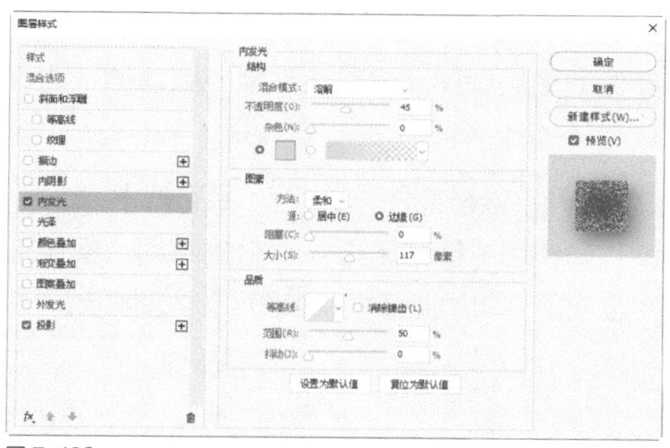

图 7-128

12 单击 确定 按钮，得到添加图层样式后的效果，如图 7-129 所示。

13 多次复制“圆扇”图层组，为其添加“投影”样式，并适当调整图像大小，放到画面中，得到的图像效果如图 7-130 所示。

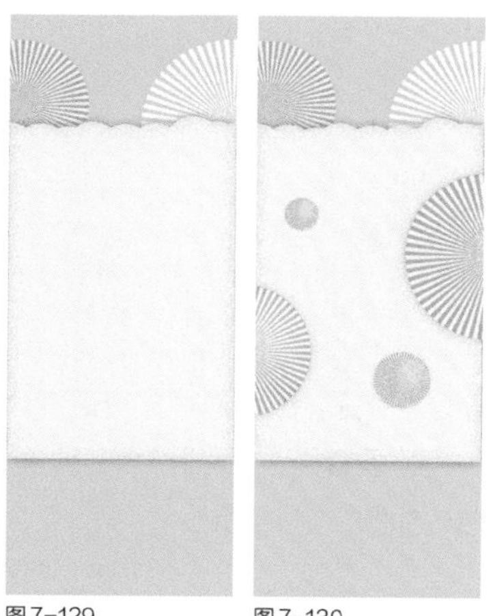
图 7-129　　图 7-130

14 复制第一版块中的浅粉色背景图，适当向下移动，并将其颜色改变为深一些的粉红色（R:255，G:208，B:211），如图 7-131 所示，在“图层”面板中将其调整到顶层，得到第二版块背景图。

15 再次复制“圆扇”图层组，适当调整大小，放到第二版块背景图中，如图 7-132 所示，完成背景图的制作。

图 7-131　　图 7-132

7.5.2 制作信息内容

细致地制作每一个版块中的图像，并添加产品图片和文字。

01 新建一个图层，将其命名为“圆柱体”，选择“矩形选框工具”，在画面上方绘制一个矩形选区，如图 7-133 所示。

02 选择“渐变工具”，设置渐变颜色为从粉红色（R:253，G:204，B:215）到浅粉色（R:255，G:236，B:242）再到粉红色（R:246，G:200，B:213），然后在选区中从左到右应用线性渐变填充，如图 7-134 所示。

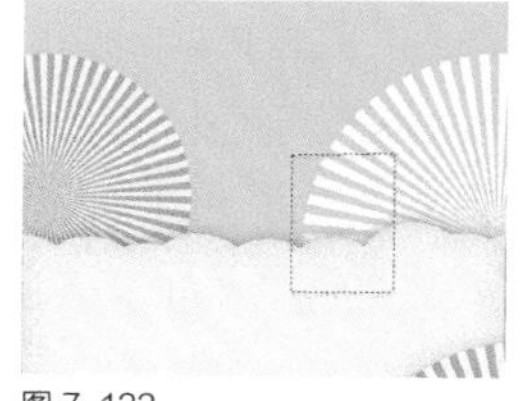
图 7-133

图 7-134

03 选择“椭圆选框工具”，在矩形上方绘制一个椭圆形，并为其应用线性渐变填充，设置渐变颜色从左到右为粉红色（R:253，G:204，B:215）到浅粉色（R:255，G:236，B:242），如图 7-135 所示，得到圆柱体图像。

04 按住Ctrl键，单击“圆柱体”图层，创建图像选区；然后新建一个图层，并将其放到“圆柱体”图层下方，填充为黑色，效果如图7-136所示。

图7-135

图7-136

05 在“图层”面板中设置图层“混合模式”为“柔光”，“不透明度”为50%，得到圆柱体的投影效果，如图7-137所示。

06 选中圆柱体和投影图像所在图层，按Ctrl+J组合键复制相应图层，适当调整图像的高度，放到左侧，如图7-138所示。

图7-137

图7-138

07 新建一个图层，将其命名为“立方体”，选择“多边形套索工具”，绘制三个面，填充为深浅不同的粉红色，如图7-139所示。

08 新建一个图层，将其放到“立方体”图层的下方，创建立方体的选区，填充为黑色；然后设置图层“混合模式”为“柔光”，“不透明度”为50%，得到立方体的投影效果，如图7-140所示。

图7-139

图7-140

09 在“图层”面板中调整两个圆柱体和立方体图像的图层顺序，将其放到第一版块的下方，如图7-141所示。

10 打开“素材文件 >CH07> 宝石戒指.psd”文件，使用“移动工具”分别将两个图像拖曳至当前编辑的图像中，如图7-142所示。

图7-141

图7-142

11 选择“横排文字工具”，在戒指图像的上方输入一行中文、一行字母，填充为粉色（R:255，G:128，B:162），如图7-143所示。

图7-143

12 双击文字图层，打开“图层样式”对话框，选中“描边”复选框，设置描边“大小”为2像素，“颜色”为白色，如图7-144所示。

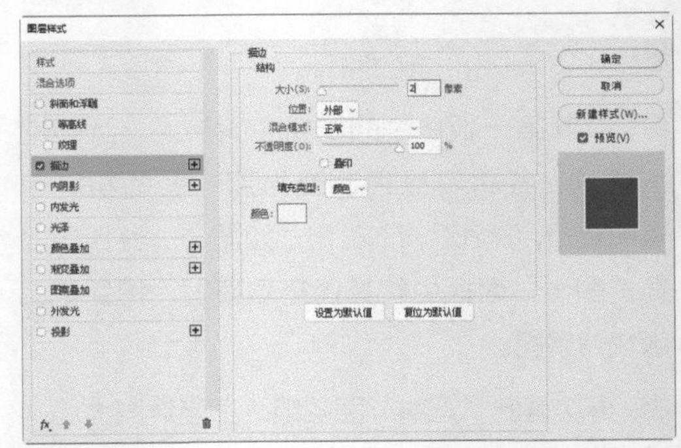

图7-144

13 在“图层样式”对话框左侧选中“投影”复选框，设置投影颜色为肉粉色（R:211，G:134，B:152），其他参数设置如图7-145所示。

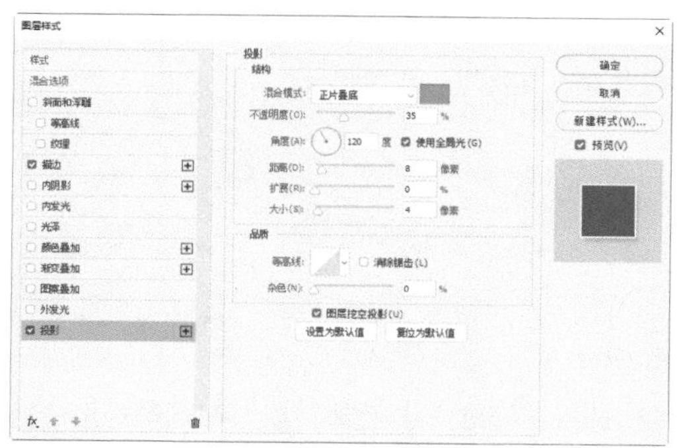

图 7-145

14 在“图层”面板中设置图层“混合模式”为“柔光”，“不透明度”为 50%，得到文字的投影效果，如图 7-146 所示。

15 再输入两行文字，分别放到已有文字上方和下方，并填充为深一些的红色（R:228，G:98，B:125），如图 7-147 所示。

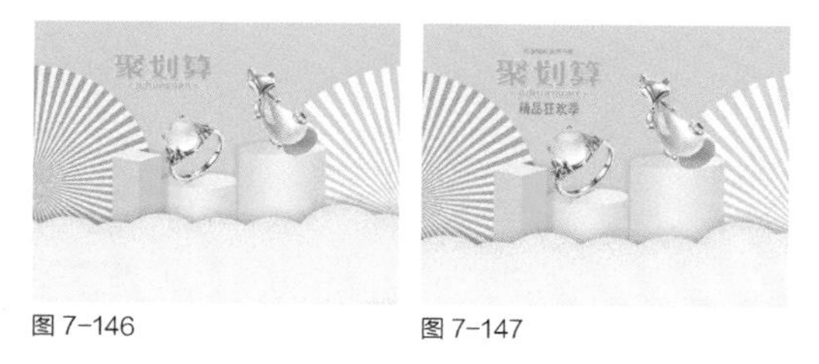

图 7-146　图 7-147

16 新建一个图层，选择“矩形选框工具”，在图像中绘制一个矩形，填充为红色（R:207，G:86，B:100），如图 7-148 所示。

图 7-148

17 选择“矩形工具”，在工具属性栏中设置工具模式为“形状”，“填充”为无，“描边”为浅红色（R:252，G:235，B:243）且宽度为 1 像素，然后在红色矩形中绘制一个较小的描边矩形，如图 7-149 所示。

图 7-149

18 选择“矩形选框工具”，在描边矩形的左上方绘制多个相同大小的细长矩形，填充为浅红色（R:252，G:235，B:243），如图 7-150 所示。

19 多次复制矩形和描边矩形，将矩形颜色更改为粉红色（R:250，G:199，B:203），参照图 7-151 所示的样式排列。

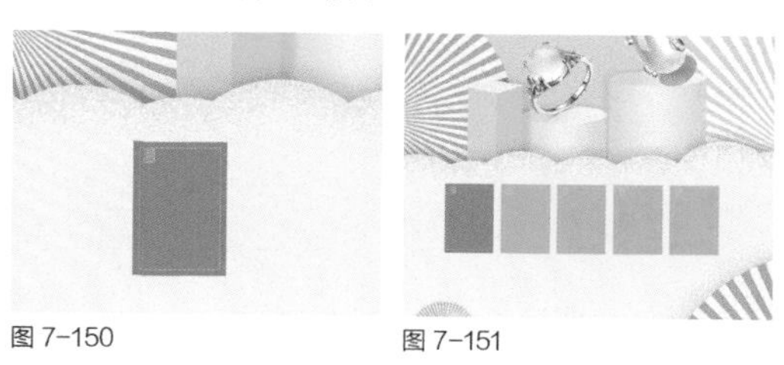
图 7-150　图 7-151

20 选择“圆角矩形工具”，在几个粉红色矩形中绘制圆角矩形，然后使用“横排文字工具”分别在矩形中输入文字，效果如图 7-152 所示。

图 7-152

21 选择“圆角矩形工具”，在优惠券下方绘制一个圆角矩形，在工具属性栏中设置工具模式为“形状”，“填充”为粉红色（R:255，G:230，B:234），如图 7-153 所示。

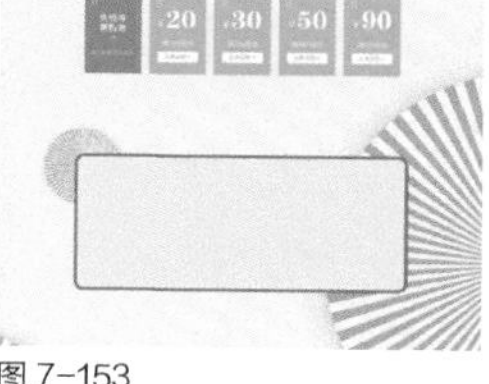
图 7-153

22 选择“图层 > 图层样式 > 内发光”菜单命令，打开“图层样式”对话框，设置内发光颜色为浅粉色（R:241，G:220，B:222），“混合模式”为“溶解”，其他参数设置如图 7-154 所示。

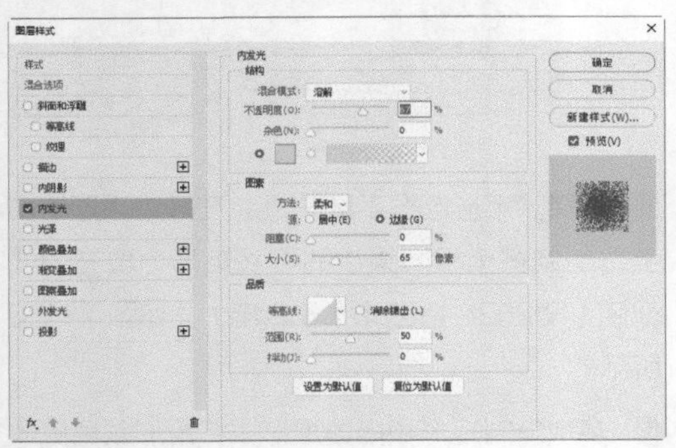

图 7-154

23 选中“光泽”复选框，设置“混合模式”为“柔光”，颜色为白色，再选择“等高线”样式，如图 7-155 所示。

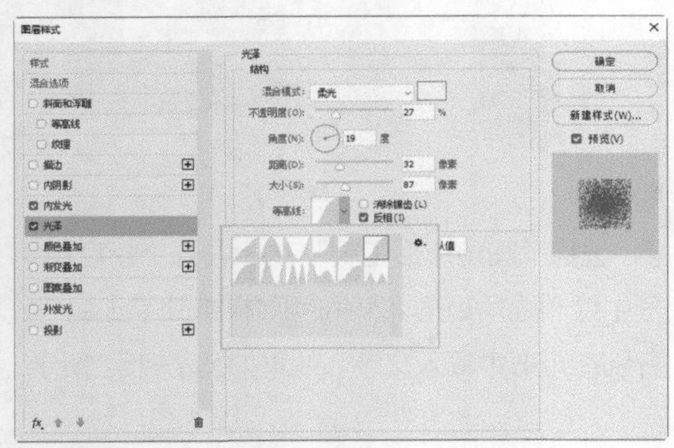

图 7-155

24 选中“投影”复选框，设置“混合模式”为“叠加”，投影颜色为黑色，其他参数设置如图 7-156 所示。

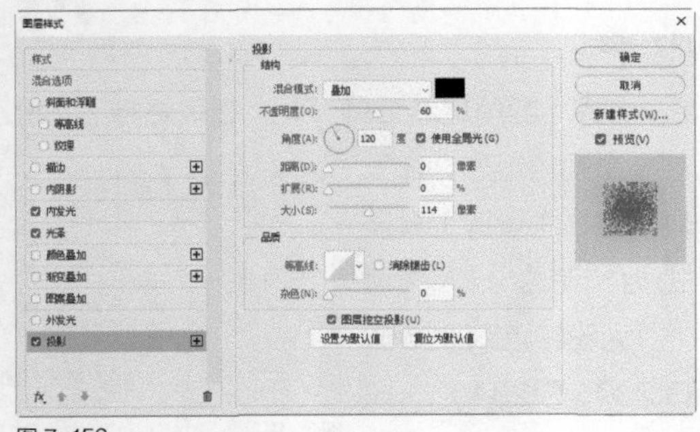

图 7-156

25 单击 确定 按钮，得到添加图层样式后的图像效果，如图 7-157 所示。

图 7-157

26 选择“横排文字工具” T，在圆角矩形中输入产品介绍文字，设置上面三行文字为黑体，填充为灰色，价格文字颜色为洋红色（R:254，G:115，B:124），如图 7-158 所示。

27 选择“椭圆选框工具”，在价格文字右侧绘制一个圆形选区，填充为洋红色（R:254，G:115，B:124），然后输入文字并填充为白色，如图 7-159 所示。

图 7-158

图 7-159

28 打开“素材文件 >CH07> 购物车 .psd”文件，使用“移动工具”将其拖曳至当前编辑的图像中，放到圆形中的文字的上方，如图 7-160 所示。

图 7-160

29 打开“素材文件 >CH07> 宝石戒指 .psd”文件，使用“移动工具”将其拖曳至当前编辑的图像中，放到圆角矩形的左侧，如图 7-161 所示。

图 7-161

30 复制多个圆角矩形，适当调整其宽度和位置，并分别在其中输入文字，参照图 7-162 所示的样式排列。

31 打开“素材文件 >CH07> 首饰 .psd”文件，使用“移动工具” 将其拖曳到当前编辑的图像中，再分别放到每一个复制的圆角矩形中，如图 7-163 所示。

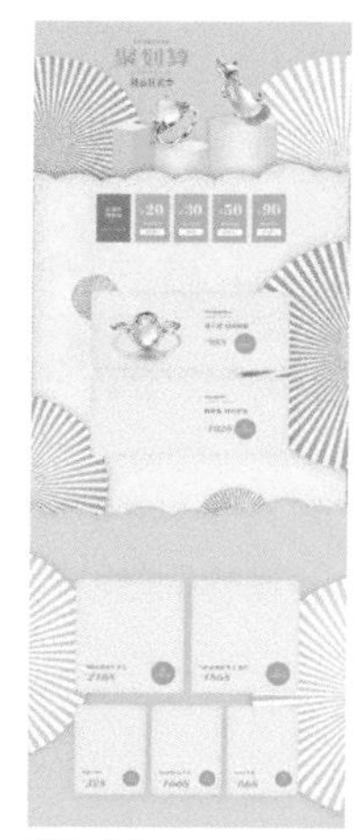

图 7-162

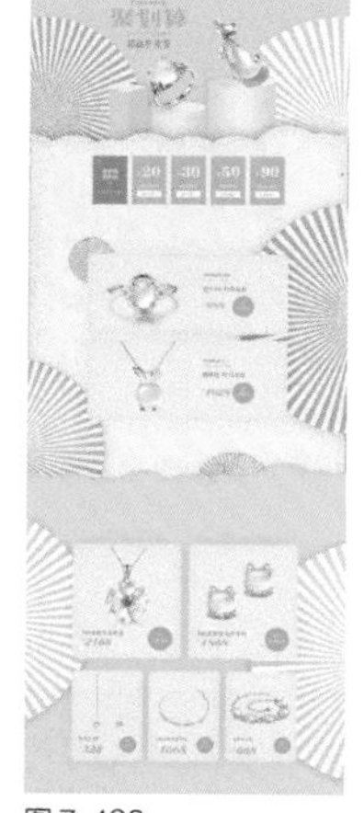

图 7-163

32 复制首页广告图中的圆扇图像，适当缩小、重叠并放到优惠券下方，如图 7-164 所示。

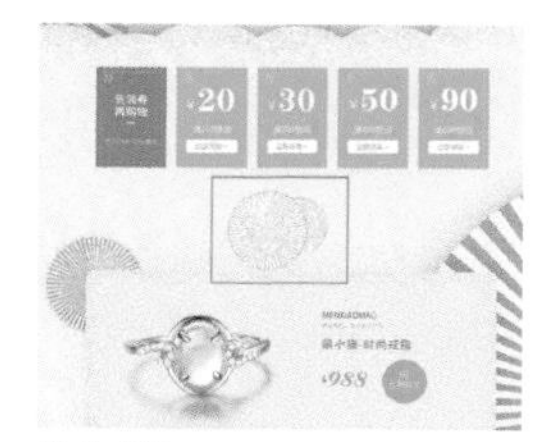

图 7-164

33 选择“圆角矩形工具” ，在图像中绘制一个圆角矩形，此时将自动打开“属性”面板，设置颜色为粉红色（R:250，G:198，B:202），再设置每个角的参数，如图 7-165 所示；得到如图 7-166 所示的图像。

图 7-165

图 7-166

34 按 Ctrl+J 组合键复制该圆角矩形，将颜色改变为洋红色（R:254，G:114，B:123），如图 7-167 所示。

35 选择“横排文字工具” ，在圆角矩形中输入文字，在工具属性栏中设置字体为“黑体”，“填充”为白色，如图 7-168 所示，完成分类标题的制作。

图 7-167

夏季新品上市

图 7-168

36 复制分类标题的所有图层，将其放到第二版块中，并改变文字内容，如图 7-169 所示。

图 7-169

37 双击工具箱中的“抓手工具” ，显示全部图像，如图 7-170 所示，完成本案例的制作。

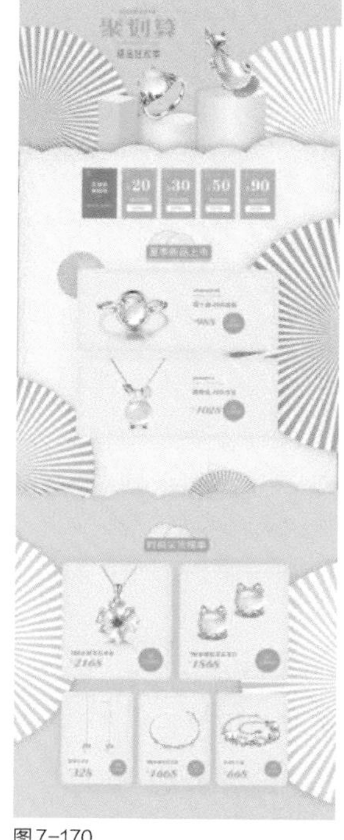

图 7-170

7.6 课后习题

课后习题：淘宝店空气清新机主图设计

实例位置	实例文件 >CH07> 课后习题：淘宝店空气清新机主图设计 .psd
素材位置	素材文件 >CH07> 产品图 .psd、背景 .psd、树叶 .psd
视频名称	课后习题：淘宝店空气清新机主图设计
技术掌握	移动工具的应用和字符面板的运用

本习题是设计一款空气清新机的淘宝店主图，使用了绿色、树叶及木地板作为主要背景元素，与大自然、家庭都产生了联系；通过产品图片和广告文字的组合设计，很好地展示了产品和广告的内容，如图7-171所示。

图 7-171

01 结合几种素材图像制作背景图像，并添加主产品图，如图 7-172 所示。

02 绘制绿色矩形，在其中添加广告文字，并在图中添加剩余文字，如图 7-173 所示。

图 7-172

图 7-173

03 绘制圆形，然后输入价格文字。注意字体的选择和颜色的设置，如图 7-174 所示，完成制作。

图 7-174

课后习题：网店首页广告设计

实例位置	实例文件 >CH07> 课后习题：网店首页广告设计 .psd
素材位置	素材文件 >CH07> 广告背景 .jpg、飘带 .psd
视频名称	课后习题：网店首页广告设计
技术掌握	运用平均划分版面的方式来设计广告

本习题是设计一款网店首页广告。该广告的制作较为简单，设计风格较为简约，突出了产品和文字，在版面划分上两者各占了一半的比例，平衡了画面。在颜色上，该广告以红色为主要颜色，视觉效果格外突出，如图7-175所示。

图 7-175

01 新建一个图像文件，打开“素材文件 >CH07> 广告背景 .jpg”文件，将其拖入新建的图像文件中，适当调整图像大小，如图 7-176 所示。

图 7-176

02 导入图片素材，并输入文字，再将文字转换为形状，编辑出变形文字效果，如图 7-177 所示。

03 输入其他广告文字，排列成图 7-178 所示的样式。

图 7-177

图 7-178

04 绘制圆角矩形，并在其中输入文字，完善细节，最终效果如图 7-179 所示。

图 7-179

书籍装帧设计

本章导读

书籍的装帧和内容是和谐统一的，一本书的装帧形式和风格往往体现了其内涵。封面设计是装帧设计中的重要一环。本章将讲解不同类型书籍封面的设计方法。

学习要点

了解书籍的基本结构

书籍各个部分的特点

封面设计要点

国风文化书籍设计

手工书设计

Photoshop

8.1 书籍封面设计介绍

封面是书籍的门面。封面的艺术形象可以反映书籍的内容，封面起着美化书籍和保护书芯的作用。

书籍的封面是读者判断书籍质量的一个依据，好的封面会引发读者的阅读兴趣，封面设计的优劣对于书籍整体设计的成败有着非常重要的影响。因此，封面设计的构思十分重要，设计师要充分了解书稿的内涵、风格、题材等，让封面设计构思新颖、切题、有感染力。

8.1.1 了解书籍封面的基本结构

书籍是从原始的自然形态，古代的卷轴形态、册页形态演变到现代的书籍样式。

1. 平装书籍封面的结构

平装书籍的封面由封面（封一）、封底和书脊构成，如图8-1所示。

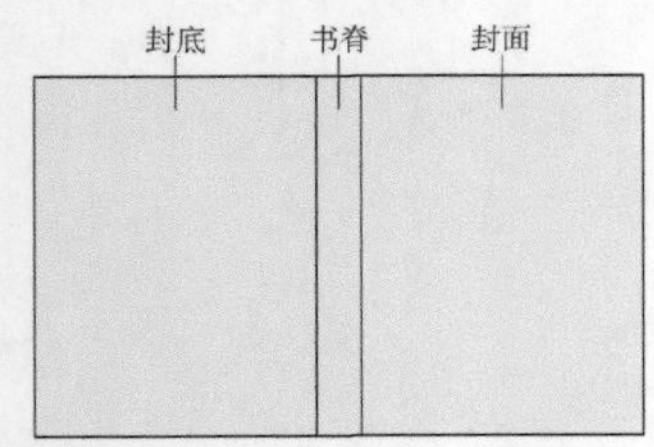

图 8-1

2. 精装书籍封面的结构

精装书籍的封面由勒口、封面（封一）、封底及书脊构成，如图8-2所示。

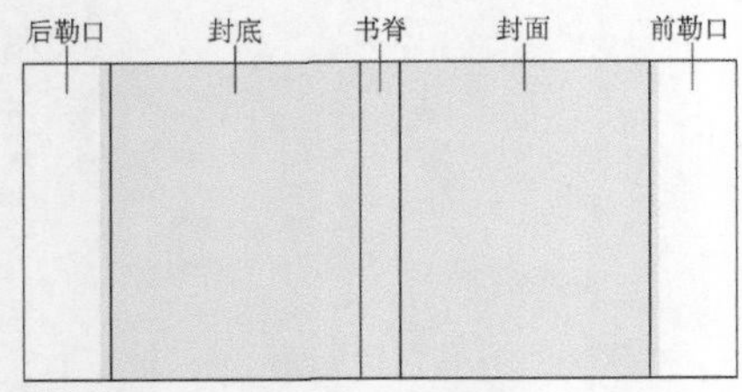

图 8-2

8.1.2 书籍封面各部位的特点

包背装书籍和线装古籍的封面结构大致相同，即将各印页在版心处对折、有字的一面向外，然后装订成册。

1. 封面（封一）

封面是装帧设计中的一个重要部分，一般包括主题图、书名、作者名、出版者名称等。封面设计的最终目的不仅是要能够瞬间吸引读者的目光，更要能长久地感动读者；封面设计应当能够折射设计师对美的感悟及对形式美的追求和创新。封面所表达的意蕴与生命力均体现在创意之中，创意是封面设计的根本，如图8-3所示。

图 8-3

2. 书脊

一般情况下，书脊上注有书名、出版者名称或出版者标志等。如果书脊较宽，则要着重设计。在书脊设计中，采用竖排文字比横排文字更有利于提升读者的阅读体验，并且在书籍展示时也更为醒目，如图8-4所示。

图 8-4

◆ 3. 前勒口

前勒口指读者翻开书时，所看到的第一个文字内容较为详细的部分。前勒口一般用于放置书籍内容简介、作者简介和丛书名称等，内容根据侧重点的不同而调整。如果是为了方便读者阅读，则应在前勒口放置书籍内容简介；如果是为了突出作者形象，则应放置作者简介；如果是为了推荐相关书籍，则应放置丛书名称。

◆ 4. 封底

相对于封面而言，封底的设计一般比较简单。平装书籍的封底主要由出版者标志、丛书名称、价格、条码、书号及丛书介绍等构成，如图8-5所示。

图 8-5

◆ 5. 后勒口

后勒口的内容较为简单，一般只有编辑者及丛书等内容的文字说明。

◆ 6. 腰封

腰封也称“书腰纸”，是附封的一种形式，属于外部装饰物。腰封一般用牢固程度较高的纸张制作、包裹在书籍的腰部，其宽度约为封面长度的三分之一，主要作用是装饰封面或补充封面信息，如图 8-6 所示。

图 8-6

8.1.3 封面设计要点

封面设计在一本书的整体设计中有着举足轻重的地位，现将封面设计的要点总结如下。

◆ 1. 宁简勿繁

简洁的设计风格可以使封面设计的意图更加明确。因此，应该用尽量少的设计元素制作内容丰富的画面，省略一切多余的内容。不要把设计语言说完，要把想象空间留给读者。封面不可能承载太多的信息，如果置入的信息太多，容易适得其反。因此，不如大胆地舍弃不必要的内容，突出最能打动人心的元素，这样往往可以获得事半功倍的效果，如图8-7所示。

图 8-7

◆ 2. 宁稳勿乱

我们有时候强调书籍的封面设计要清新活泼、有现代感，其实指的是整体设计中的一种动静关系。一个封面中的设计元素，只要有一两个是动态的，就能呈现很强的动感，如图 8-8所示；但如果封面中所有的设计元素都处于不稳定状态，那就是混乱，而不是活泼。所谓“万绿丛中一点红”，正是因为有了绿的衬托，才显出红的醒目。

图 8-8

◆ 3. 宁明勿暗

在进行书籍封面设计时，不仅要考虑单本书的色彩搭配，还要考虑书籍在大环境中呈现的效果。很多书籍封面采用了暗色系的色彩搭配，单从一本书的封面来看，这样会显得比较素雅，但是当很多书籍放在一起的时候，其却很难引起读者的注意。因此，书籍封面应尽量采用明快的颜色，如图8-9所示。

图 8-9

◆ 4. 阐述清晰

需求方和设计师应加强沟通，避免因理解上的误差而造成设计跑题。因此，需求方应多了解设计领域的相关知识，尽量用专业的语言将设计要求阐述清楚。

◆ 5. 多用范例

多用范例是一个确保沟通准确性的简洁而有效的办法。当难以用语言阐述清楚自己的想法时，可以找一些与想法相近的书籍设计样本，将抽象的想法用直观的形象表达出来。同时，多看范例还有助于提高审美修养。

8.2 国风文化书籍设计

实例位置	实例文件 >CH08> 国风文化书籍设计 .psd
素材位置	素材文件 >CH08> 毛笔字 .psd、彩色图 .jpg、背景 .jpg、线条 .jpg、草 .psd、灯笼 .psd、荷花 1.psd、荷花 2.psd、鱼 .psd
视频名称	国风文化书籍设计
技术掌握	图层属性的设置、图像变形编辑

设计思路指导

第1点：选择色调清淡的素材图像，合理设置素材图像的排列。

第2点：选择适当的字体和颜色，并添加到封面图像中。

第3点：适当对封面图像应用一些特殊效果。

案例背景分析

本案例为设计一本国风文化书籍。我们将书籍的封面和封底特意制作成一副完整的画面，可以让读者对整本书有完整的视觉感受，中国风的素材和文字让书籍的设计显得更加和谐、统一，设计效果如图8-10所示。

图 8-10

8.2.1 制作图书背景

首先，我们来制作图书背景。图书背景主要通过背景图像的叠加制作，再添加一些素材图像。在制作过程中，我们要注意调整素材图像的大小和位置。

01 选择“文件 > 新建”菜单命令，打开“新建文档”对话框，设置文件名为“国风文化书籍设计”，“宽度”和“高度”分别为 42 厘米、29.7 厘米，“分辨率”为 300 像素 / 英寸，如图 8-11 所示。单击创建按钮即可新建一个图像文件。

图 8-11

02 按 Ctrl+R 组合键显示标尺；选择“视图 > 新建参考线”菜单命令，打开“新建参考线”对话框，设置“取向”为“垂直”，“位置”为 20.5 厘米，如图 8-12 所示。单击 确定 按钮，得到第一条参考线，如图 8-13 所示。

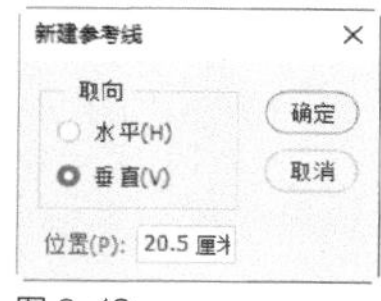

图 8-12

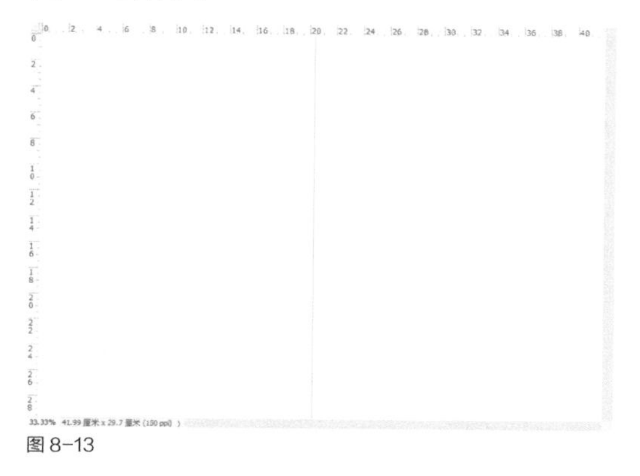
图 8-13

03 再次打开“新建参考线”对话框，设置“位置”为 21.5 厘米，如图 8-14 所示。单击 确定 按钮，得到第二条参考线，划分封面、书脊和封底，如图 8-15 所示。

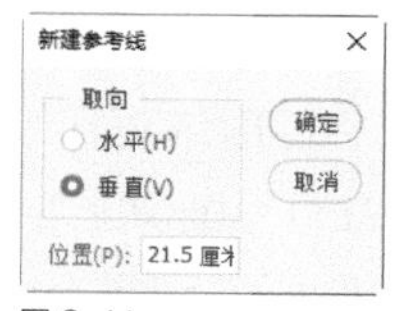

图 8-14

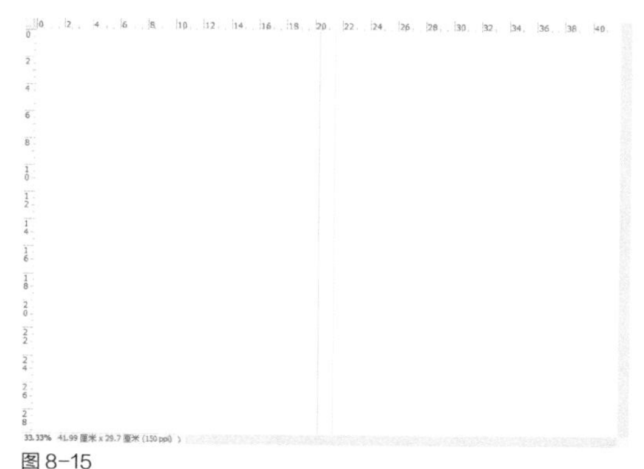
图 8-15

04 打开“素材文件 >CH08> 背景 .jpg”文件，使用“移动工具” 将其拖曳至当前编辑的图像中，调整图像大小，使其布满整个画面，如图 8-16 所示。

图 8-16

05 打开“素材文件 >CH08> 彩色图 .jpg”文件，使用“移动工具” 将其拖曳到当前编辑的图像中，按 Ctrl+T 组合键，适当调整图像大小，使其布满整个画面，并在“图层”面板中设置“填充”为 36%，得到透明图像效果，如图 8-17 所示。

图 8-17

06 单击“图层”面板底部的“添加蒙版”按钮 ，然后选择“画笔工具” ，在工具属性栏中设置画笔为“柔角”，然后在图像下方进行涂抹，隐藏大部分图像，效果如图 8-18 所示。

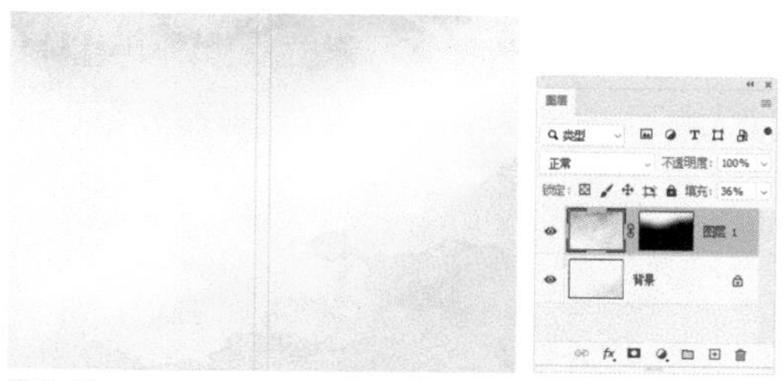
图 8-18

07 打开“素材文件 >CH08> 线条 .jpg”文件，如图 8-19 所示。使用“移动工具” 拖曳文件到画面右侧，并设置该图层的“混合模式”

为“正片叠底”，“不透明度”为43%，“填充”为25%，得到的底纹图像效果如图 8-20 所示。

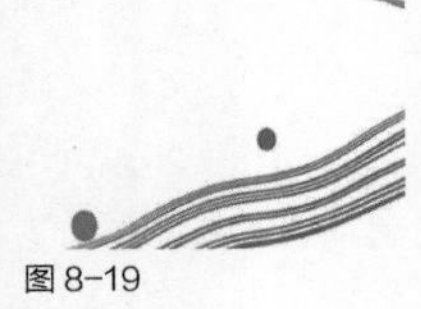
图 8-19

图 8-20

08 打开“素材文件 >CH08> 草 .psd”文件，使用“移动工具”将其拖曳至当前编辑的图像中，放到画面上方，如图 8-21 所示。

图 8-21

09 新建一个图层，设置前景色为蓝色（R:158，G:210，B:227）；选择“椭圆工具”，在图像中绘制一个椭圆形；然后选择“铅笔工具”，在工具属性栏中设置画笔“大小”为3像素；单击“路径”面板底部的“用画笔描边路径”按钮，得到圆圈图像。通过重复操作，绘制多个大小不一的椭圆形圆圈，如图 8-22 所示。

图 8-22

10 按 Ctrl+J 组合键复制该图像，并将复制的图像向左侧移动；然后使用“橡皮擦工具”擦除部分图像，效果如图 8-23 所示。

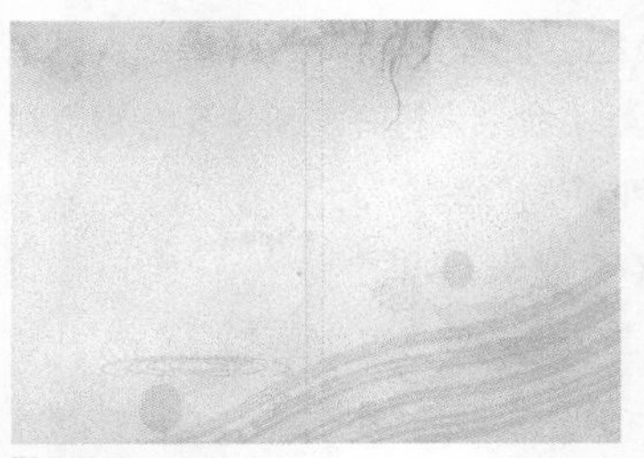
图 8-23

11 打开“素材文件 >CH08> 灯笼 .psd”文件，使用“移动工具”将其拖曳至当前编辑的图像中，按 Ctrl+J 组合键复制该图像，放到画面右侧，如图 8-24 所示。

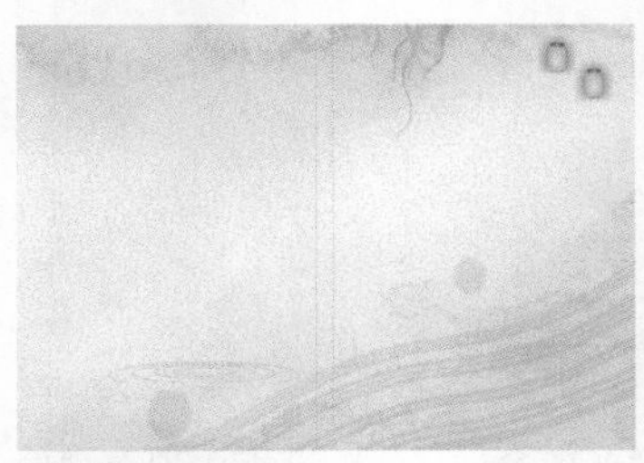
图 8-24

12 新建一个图层，选择“矩形选框工具”，在灯笼图像上方绘制两个细长的矩形选区，填充为粉红色（R:203，G:150，B:143），如图 8-25 所示。

图 8-25

13 打开“素材文件 >CH08> 荷花 1.psd”文件，使用“移动工具”将其拖曳到当前编辑的图像中，放到画面左侧，如图 8-26 所示。

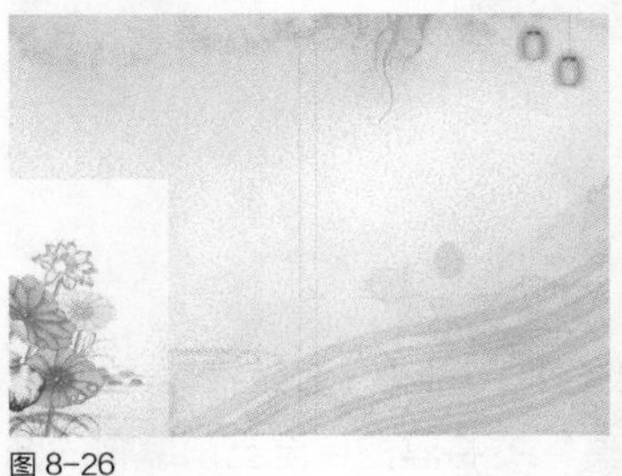
图 8-26

14 在“图层”面板中设置图层“混合模式”为“正片叠底”，得到图 8-27 所示的效果。

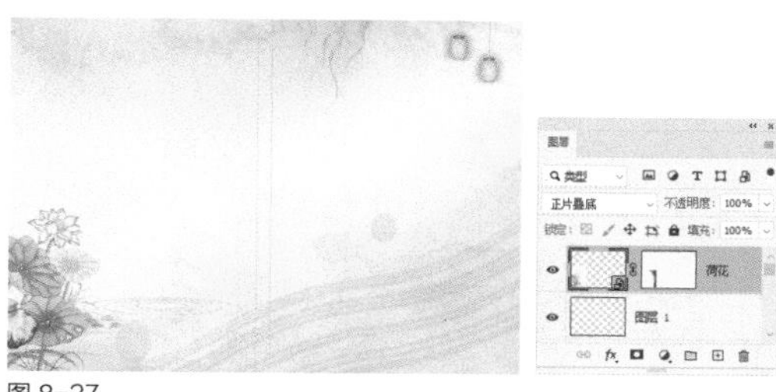

图 8-27

15 打开“素材文件 >CH08> 荷花 2.psd”文件，使用“移动工具”将其拖曳至当前编辑的图像中，放到画面右侧，然后按 Ctrl+J 组合键复制图像，将其移动到中间，效果如图 8-28 所示。

图 8-28

16 打开“素材文件 >CH08> 鱼 .psd”文件，使用“移动工具”将其拖曳至当前编辑的图像中，放至荷花图像的附近，效果如图 8-29 所示。

图 8-29

17 选中鱼图像所在图层，选择“图层 > 图层样式 > 投影”菜单命令，打开“图层样式”对话框，设置投影颜色为深红色（R:140，G:10，B:4），其他参数设置如图 8-30 所示。单击 确定 按钮，效果如图 8-31 所示。

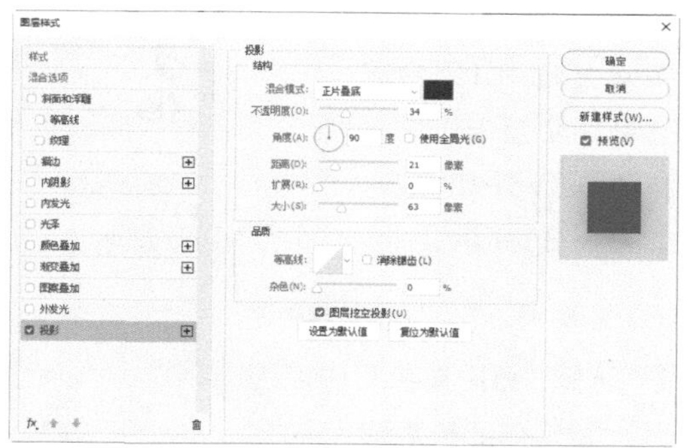

图 8-30

图 8-31

8.2.2 添加文字

在封面、书脊和封底的图像中分别输入文字，使书籍设计更完整。

01 打开“素材文件 >CH08> 毛笔字 .psd”文件，使用“移动工具”将其拖曳至当前编辑的图像中，适当调整图像大小，放到封面图像中，如图 8-32 所示。

图 8-32

02 选择“矩形选框工具”[icon]，在文字左侧绘制一个细长的矩形选区，填充为黑色；按两次 Ctrl+J 组合键复制两个矩形选区，移动选区，并列排放，如图 8-33 所示。

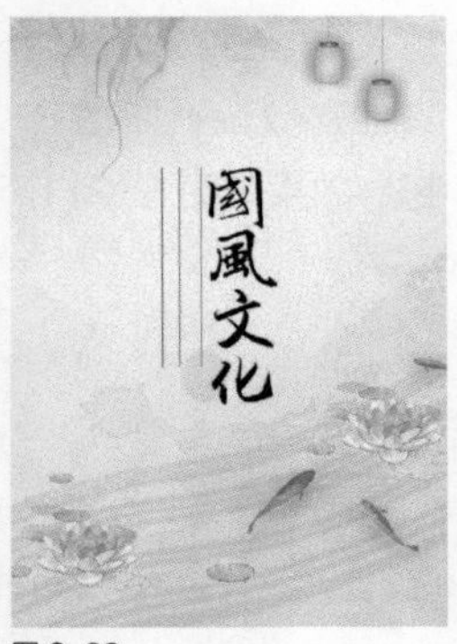

图 8-33

03 选择“直排文字工具”[icon]，在细长矩形之间分别输入一列字母和一列中文文字，在工具属性栏中设置字体为“宋体”，“填充”为黑色，如图 8-34 所示。

图 8-34

04 在“国风文化”右侧输入一列字母和作者名称，并将作者名称的文字填充为红色（R:231，G:30，B:24），然后在竖线左侧再输入一列文字，如图 8-35 所示。

图 8-35

05 新建一个图层，选择“矩形选框工具”[icon]，在两条参考线中绘制一个矩形选区，填充为白色，如图 8-36 所示。

06 在“图层”面板中设置该图层的“不透明度”为 40%；选择“直排文字工具”[icon]，在书脊中输入图书名称和出版社名称，如图 8-37 所示。

图 8-36

图 8-37

07 继续在封底图像中输入文字，并将标题文字填充为绿色（R:26，G:82，B:23），其他文字填充为黑色，效果如图 8-38 所示，完成平面图制作。

图 8-38

8.2.3 制作立体书籍展示效果

下面将制作立体书籍展示效果，使书籍能

够呈现更好的视觉效果。

01 新建一个图像文件，选择“渐变工具”，在工具属性栏中设置渐变颜色为从灰色到浅灰色，然后为图像应用线性渐变填充，如图 8-39 所示。

图 8-39

02 切换到“国风文化书籍设计”文件中，按 Alt+Ctrl+Shift+E 组合键盖印图层；然后选择“矩形选框工具”，框选封面图像，按 Ctrl+C 组合键复制图像，再切换到新建的图像文件，按 Ctrl+V 组合键粘贴图像，如图 8-40 所示。

图 8-40

03 选择“编辑 > 自由变换”菜单命令，图像周围出现变换框，按住 Ctrl 键调整变换框的四个角，得到透视变换效果，如图 8-41 所示。

图 8-41

04 使用“矩形选框工具”在“国风文化书籍设计”文件中框选书脊图像，将其复制并粘贴到新建图像中，如图 8-42 所示。

图 8-42

05 使用与上述相同的方式对书脊图像进行变换，效果如图 8-43 所示。

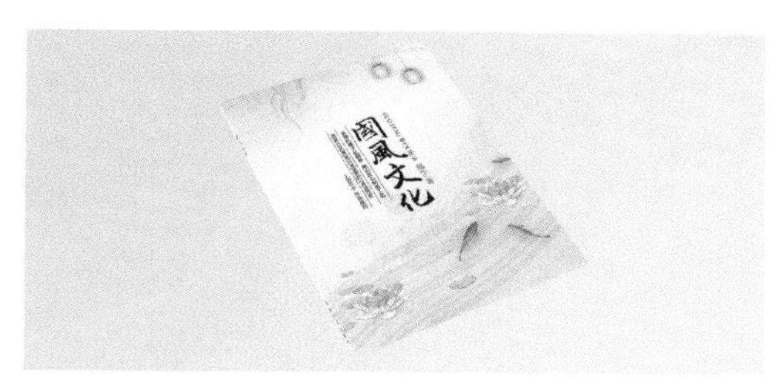

图 8-43

06 新建一个图层，选择“多边形套索工具”，在图书底部绘制一个四边形选区，填充为浅灰色，如图 8-44 所示。

图 8-44

07 按住 Ctrl 键，在“图层”面板中选中除“背景”图层以外的所有图层，按 Ctrl+G 组合键创建图层组，得到“组 1”图层组，如图 8-45 所示。

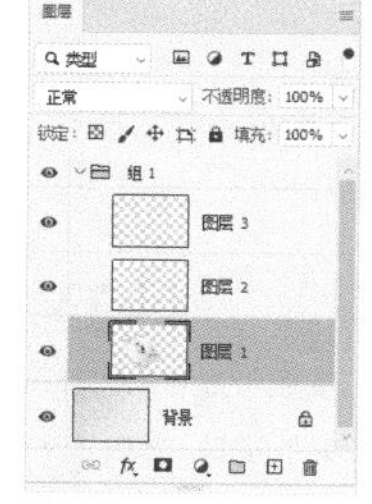

图 8-45

08 选中“组 1”图层组，选择“图层 > 图层样式 > 投影”菜单命令，打开“图层样式”对话框，设置投影颜色为黑色，其他参数设置如图 8-46 所示。单击 确定 按钮，得到图书的投影效果，如图 8-47 所示。

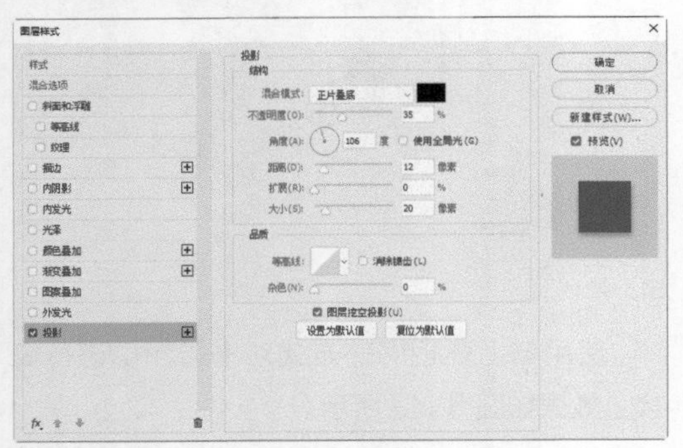

图 8-46

图 8-47

09 按 Ctrl+J 组合键复制“组 1”图层组，得到“组 1 拷贝”图层组；将复制的图像向右移动，得到重叠的图像，如图 8-48 所示，完成本案例的制作。

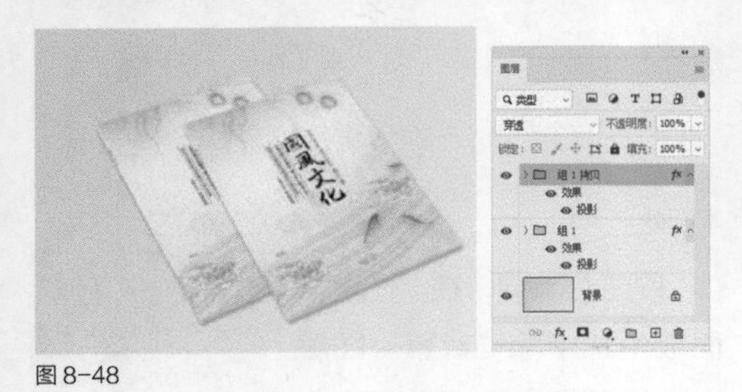

图 8-48

8.3 手工书设计

实例位置	实例文件 >CH08> 手工书设计 .psd
素材位置	素材文件 >CH08> 泼墨 .png、圆形 .tif、绸缎 .jpg
视频名称	手工书设计
技术掌握	运用图层蒙版制作出彩的书籍效果

设计思路指导

第1点：象征性的手法是最得力的艺术表现语言，用象征性的手法来表达抽象的概念或意境，更能让人们接受。

第2点：要有独特的创意和风格，但也必须体现行业特征。

第3点：手工书封面要将产品最美的一面展现出来。

第4点：手工书封面要体现手工的精细感。

第5点：手工书封面要选择与产品形成强烈对比的颜色，以增强视觉冲击力。

案例背景分析

本案例是手工书设计。针对手工这一主题，我们选择了带有刺绣元素的图片作为主图，并搭配简单的文字内容。简洁的画面使封面设计的意图更加明确，更能彰显主题，同时具有良好的视觉冲击效果，达到更佳的宣传效果，如图8-49所示。

图 8-49

8.3.1 制作封面效果

选择带有刺绣元素的图片作为主要表现点，可直观地传达信息。

01 按 Ctrl+N 组合键新建一个“手工书设计”文件，具体参数设置如图 8-50 所示。

图 8-50

02 按 Ctrl+R 组合键显示标尺，然后添加参考线，划分封面、书脊和封底；接着将“背景”图层转换为可操作的“图层 0”图层；然后按 Alt+Delete 组合键，将该图层填充为黑色，效果如图 8-51 所示。

图 8-51

03 新建一个“封面”图层组，然后打开“素材文件 >CH08> 泼墨 .png”文件，将其拖曳至当前编辑的图像中，再将新生成的图层更名为“素材”，效果如图 8-52 所示。

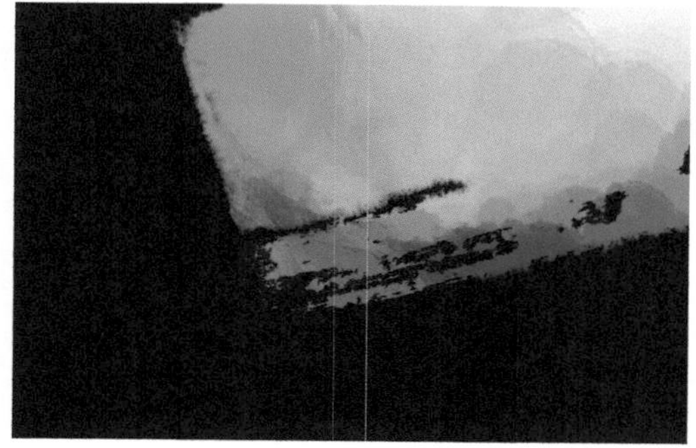

图 8-52

04 打开“素材文件 >CH08> 圆形 .tif”文件，将其拖曳至当前编辑的图像中，再将新生成的图层更名为“刺绣”，然后按 Ctrl+Alt+G 组合键设置该图层为“素材”图层的剪贴蒙版，效果如图 8-53 所示。

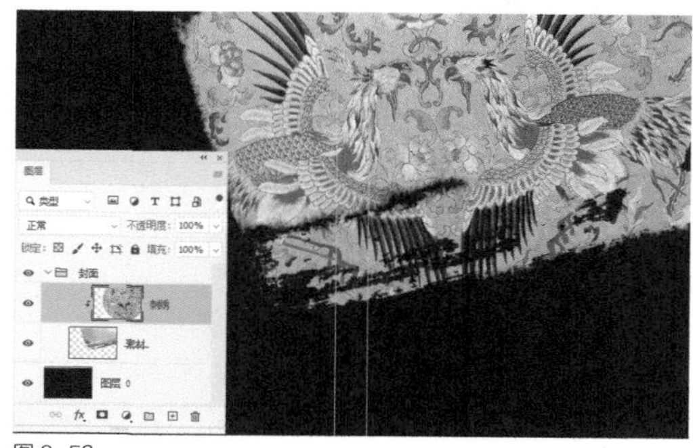

图 8-53

05 使用“直排文字工具”在图像中输入文字信息，然后设置字体为“华康字体”，效果如图 8-54 所示。

06 打开“素材文件 >CH08> 绸缎 .jpg”文件，将其拖曳到当前编辑的图像中，再将新生成的图层更名为“丝绸”，最后按 Ctrl+Alt+G 组合键设置该图层为“素材”图层的剪贴蒙版，效果如图 8-55 所示。

图 8-54

图 8-55

07 使用“横排文字工具”在图像中输入文字（字体大小和样式可根据实际情况而定），然后选择“编辑 > 变换 > 旋转”菜单命令，旋转文字，效果如图 8-56 所示。

图 8-56

8.3.2 绘制标签

为封底添加文字信息和简单的装饰元素。

01 设置前景色为“R:51，G:65，B:102”，然后使用“矩形工具”绘制一个矩形选区，并为选区填充前景色；接着设置前景色为“R:237, G:197, B:8”；然后使用“矩形工具”绘制两个矩形，效果如图 8-57 所示。

图 8-57

02 选择“横排文字工具”，在图像中输入文字信息，效果如图 8-58 所示。

图 8-58

03 设置前景色为“R:174，G:12，B:20”，然后使用“钢笔工具”在图像中绘制标签，如图 8-59 所示。

图 8-59

> 小提示
>
> 标签上的阴影部分应填充相对较深的颜色，以体现立体感。

04 使用“直排文字工具”在图像中输入文字信息，效果如图 8-60 所示。

图 8-60

8.3.3 制作书脊部分

书脊部分比较简洁，只需添加书名和出版者名称即可。

01 新建一个“书脊”图层组，然后选择“直排文字工具”，在图像中输入文字信息；接着选择“矩形选框工具”，绘制合适的矩形选区，按 Alt+Delete 组合键用黑色填充矩形选区，效果如图 8-61 所示。

图 8-61

02 选中相关文字图层，然后选择“图层 > 图层样式 > 斜面和浮雕”菜单命令，打开“图层样式”对话框，设置“大小”为 3 像素，“软化”为 0 像素，效果如图 8-62 所示，装帧效果如图 8-63 所示。

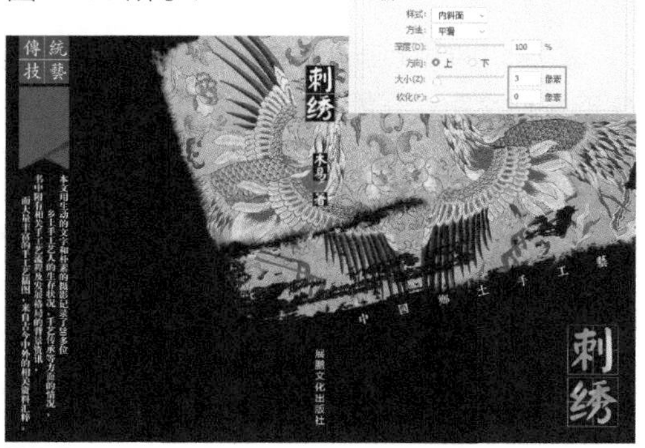

图 8-62

图 8-63

8.4 课后习题

本章主要介绍了书籍装帧设计的相关知识，以及设计书籍封面的思路和操作方法，多加练习即可设计出所需要的书籍封面。

课后习题：瑜伽运动杂志封面设计

实例位置	实例文件 >CH08> 课后习题：瑜伽运动杂志封面设计 .psd
素材位置	素材文件 >CH08> 瑜伽 1.png、瑜伽 2.png、绿色 .png、树叶 .png、绿草 .psd、瑜伽背景 .jpg
视频名称	课后习题：瑜伽运动杂志封面设计
技术掌握	利用合适的色调突出运动主题

本习题制作的是一款瑜伽运动杂志的封面。瑜伽是一种柔美、轻盈的运动，因此整个画面选择了比较柔美的色调，用以配合瑜伽动作的柔美，体现运动主题。并且，画面中还添加了叶子元素展现杂志的“绿色”主题，使整体清新、自然，效果如图8-64所示。

图 8-64

01 添加人物素材图像，绘制渐变圆形图案，如图 8-65 所示。

02 添加参考线，绘制矩形选区，添加花纹素材图像，复制多份，将其摆放至合适的位置，并调整至合适大小，如图 8-66 所示。

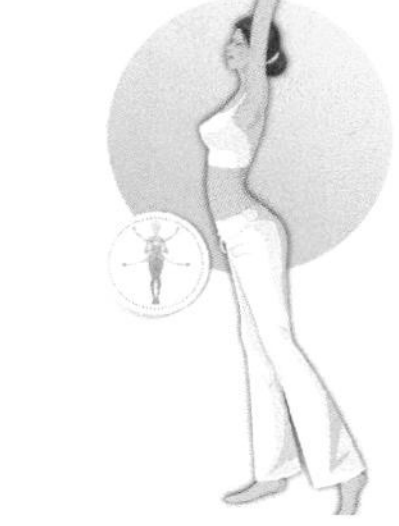

图 8-65

图 8-66

03 输入文字信息，为其设置合适的字体和颜色，最终效果如图 8-67 所示。

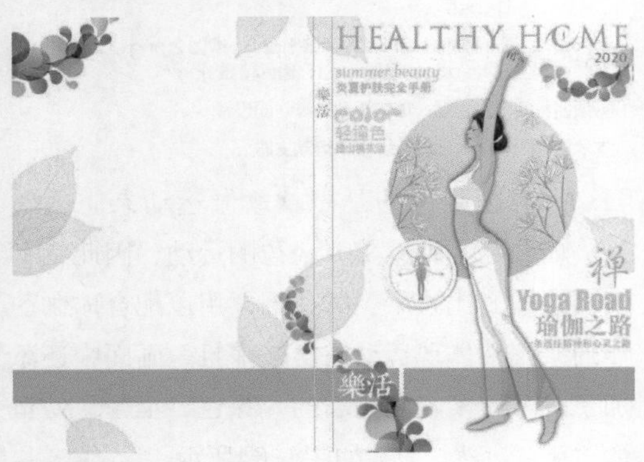

图 8-67

课后习题：文化书籍设计

实例位置	实例文件 >CH08> 课后习题：文化书籍设计 .psd
素材位置	素材文件 >CH08> 山水 .psd、文字 .psd、祥云 .psd、水墨 1.psd、水墨 2.psd
视频名称	课后习题：文化书籍设计
技术掌握	制作简单版式、突出效果

本习题为文化书籍设计。该书的封面与封底采用的是一幅完整的水墨山水画，体现了大气磅礴的匠心精神，与书籍名称相辅相成。此外，该书以书法字体和蓝色水墨图为重点设计元素，使整体设计更具吸引力，如图 8-68所示。

图 8-68

01 新建图像文件，用参考线划分封面、书脊和封底，然后添加素材图像，如图 8-69 所示。

图 8-69

02 添加祥云图像素材，制作书籍名称的文字效果，如图 8-70 所示。

图 8-70

03 添加封面和封底中的其他文字，完善细节，排列成图 8-71 所示的效果。

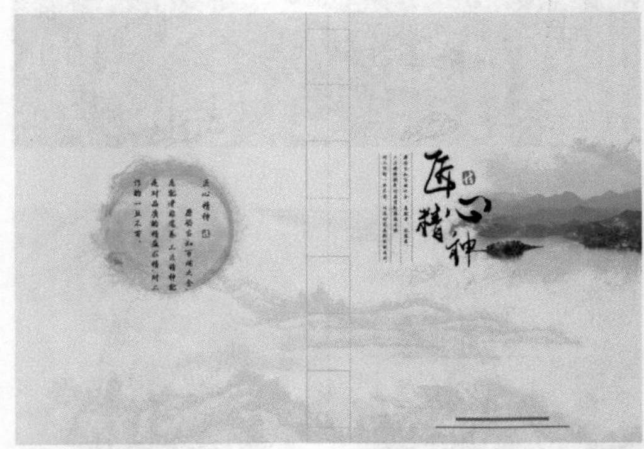

图 8-71

04 使用“变换”命令制作立体效果图，并添加投影，效果如图 8-72 所示。

图 8-72

包装设计

本章导读

包装是商品不可缺少的一部分。包装能够直观地宣传商品、宣传品牌，可以影响消费者的购买行为。因此，包装设计要能直观体现产品的特性、为产品提升价值。本章将讲解不同类别的产品包装设计方法。

学习要点

包装设计的基本概念

包装设计的特征

包装设计的分类

中秋月饼礼盒设计

食品包装设计

Photoshop

9.1 包装设计的基础知识

包装设计指对产品的容器及其他包装的结构和外观进行设计，是视觉传达设计的一部分。任何产品在商品化后都需要包装，包装已经成为人们日常生活中不可缺少的部分。包装设计曾经只围绕包装自身的功能性展开，而如今其已被视为强有力的营销手段，是品牌价值的实际载体。

9.1.1 包装设计的基本概念

包装，“包”可理解为包裹、包围、收纳等含义，“装”可理解为装饰、装扮等含义。

包装设计是以对商品的保护、使用、促销为目的，将科学、社会、艺术、心理等要素综合起来的设计方式，其内容主要有造型设计、结构设计、装潢设计。

◆ 1. 包装造型设计

包装造型设计是运用美学法则、用有形的材料制作、占有一定的空间、具有实用价值和美感的设计，是一种具有实用性的立体设计和艺术创造，如图9-1所示。

图 9-1

◆ 2. 包装结构设计

包装结构设计是从包装的保护性、方便性、复用性和显示性等基本功能和实际生产条件出发，依据科学原理，对包装外形构造及内部附件进行的设计，如图9-2所示。

图 9-2

◆ 3. 包装装潢设计

包装装潢设计不仅能美化商品，还有助于传递信息、促进销售。包装装潢设计是运用艺术手段对包装进行外观平面设计，其内容包括图案、色彩、文字、商标等，如图9-3所示。

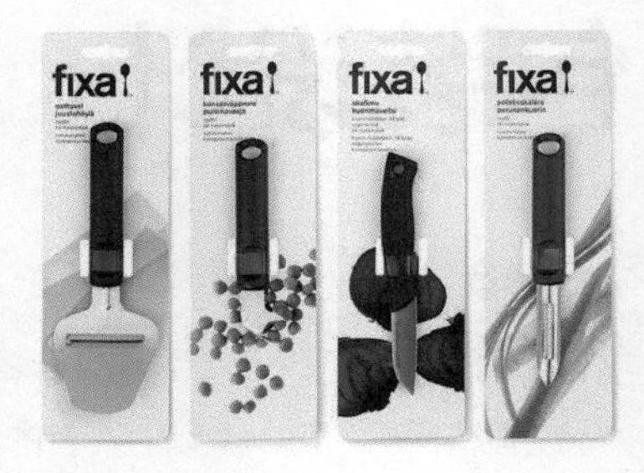

图 9-3

9.1.2 包装设计的特征

在进行包装设计之前，必须根据商品的性质、形态、流通意图与消费环境等确定商品包装的功能、目标、定位。这是非常关键的一步，绝对不能省略。因此，包装设计具有从属于商品和消费对象的鲜明特点。

◆ 1. 优秀的平面造型设计

色彩、图案、平衡感、比例、工艺等元素都是包装设计过程中应该考虑的。同时，包装成品是立体的，所以还需要其他制作技巧来支撑设计，这就要求设计师了解各种材料和工艺的特征，合理安排各种视觉元素，以设计出出色的作品，如图9-4所示。

图 9-4

◆ 2. 直观的设计

在商场和超市的众多商品中，消费者的目光在一件商品上停留的时间最多半秒钟。因此，优秀的包装设计是简洁而直观的，不管设计元素是简单还是复杂，其给消费者的整体感觉必须清晰明了，要使消费者对商品的用途一目了然，如图9-5所示。

图 9-5

◆ 3. 顺应顾客需求的设计

设计师必须了解顾客的需求。如果是新产品，要了解其目标市场有哪些特征；如果是更新换代的产品，要了解顾客对原包装做何评价。总之，对顾客情况了解得越充分，最终的设计效果就越好。

◆ 4. 充满竞争的设计

商业竞争日趋激烈，如何才能让自己的产品在同类产品中脱颖而出呢？包装设计在其中起着很重要的作用。因此，我们不仅要研究对手的包装设计，还要研究其陈列与销售方式、推销方式，以及产品仓储、运输等的情况。

◆ 5. 广告宣传行为

产品包装设计并不是独立的，它应与各种广告宣传相结合，如通过口号、形象、色彩等方式反映广告宣传的目标等。

◆ 6. 集体协作的产物

对于包装设计工作而言，设计只是其中一个环节，整个工作要由市场调研员、纸张工程师、色彩顾问等通力配合才能完成。集体成员的相互配合、相互协作是成功的关键。

9.1.3 包装设计的分类

商品不同，商品的包装自然也就形态各异。为了能让读者更好地理解包装的作用、掌握包装的含义，下面对包装进行了分类。

◆ 1. 以包装的形态分

以包装的形态进行分类，包装可分为大包装、中包装、小包装，或硬包装和软包装，如图 9-6 所示。

图 9-6

◆ 2. 以形态的性质分

以形态的性质进行分类，包装可分为内包装、单个包装、外包装，如图9-7所示。

图 9-7

◆ 3. 以包装材料分

以包装材料进行分类，包装可分为纸盒包装、塑料包装、金属包装、木包装、陶瓷包装、玻璃包装、棉麻包装、丝绸包装等，如图 9-8 所示。

图 9-8

◆ 4. 以商品内容分

以商品内容进行分类，包装可分为食品包装、烟酒包装、文化用品包装、化妆品包装、家电包装、日用品包装、土特产包装、药品包装、化学用品包装、玩具包装等，如图9-9所示。

图 9-9

◆ 5. 以商品销售分

以商品销售进行分类，包装可分为内销包装、外销包装，或经济包装、礼品包装等。

◆ 6. 以商品设计风格分

以商品设计风格进行分类，包装可分为卡通包装、传统包装、怀旧包装、浪漫包装等。

◆ 7. 以商品性质分

以商品性质进行分类，包装可分为商业包装和工业包装。

9.2 中秋月饼礼盒设计

实例位置	实例文件 >CH09> 中秋月饼礼盒设计 .psd
素材位置	素材文件 >CH09> 祥云 .psd、中秋佳节 .psd、花朵 .psd、月饼 .psd
视频名称	中秋月饼礼盒设计
技术掌握	钢笔工具的运用、描边文字的制作

设计思路指导

第1点：采用传统的方形包装法，设计师要注意每一个面的图像和文字内容。

第2点：礼品的主题是决定如何进行礼品包装设计的基础，任何包装设计都必须突出主题。

第3点：礼品包装也是知识型包装；设计师在设计礼品包装之前，首先要对包装的材料有充分的了解，利用各种包装材料和丰富的包装知识，设计真正的艺术品。

第4点：月饼礼盒包装要体现节日的气氛，因此画面中可以有一些祥云、月、花朵等元素。

案例背景分析

本案例设计的是一个中秋月饼礼盒包装，整个设计采用蓝色、金色和红色进行搭配，打破了传统设计风格，简洁直观、清新雅致、不落俗套，营造出了一幅中秋月圆、阖家团圆的美妙画面，展现了中秋的节日氛围，有利于促进月饼的销售，效果如图9-10所示。

图 9-10

9.2.1 制作月饼礼盒包装平面图

添加祥云图案与精致的金色渐变字体，体现中秋主题。

01 选择“文件 > 新建”菜单命令，打开“新建文档”对话框，设置文件名为“中秋月饼礼盒”，“宽度”和“高度”分别为 21 厘米、19.5 厘米，其他参数设置如图 9-11 所示。

图 9-11

02 设置前景色为蓝色（R:1，G:42，B:99），按 Alt+Delete 组合键填充背景，如图 9-12 所示。

图 9-12

03 新建一个图层，得到“图层 1”图层；选择“矩形选框工具”，在画面下方绘制一个矩形选区，填充为深蓝色（R:0，G:28，B:67），如图 9-13 所示。

图 9-13

04 新建“图层 2”图层，选择“矩形选框工具”，再绘制一个矩形选区，填充为蓝色（R:0，G:50，B:121），如图 9-14 所示。

图 9-14

05 选择“图层 > 图层样式 > 描边”菜单命令，打开“图层样式”对话框，设置“填充类型”为“渐变”，设置渐变颜色为从土黄色（R:178，G:156，B:125）到淡黄色（R:254，G:251，B:195）再到橘黄色（R:228，G:204，B:160），如图 9-15 所示。

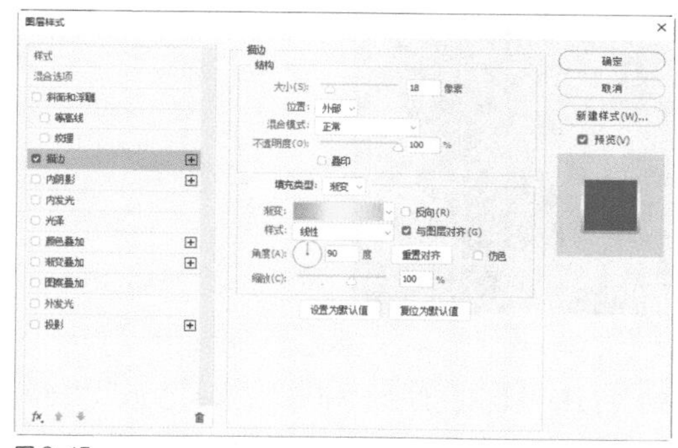

图 9-15

06 单击 确定 按钮，得到描边图像效果，如图 9-16 所示。

图 9-16

07 打开“素材文件 > CH09> 祥云 .psd”文件，使用“移动工具”将其拖曳到当前编辑的图像中，放到描边矩形的左侧，如图 9-17 所示。

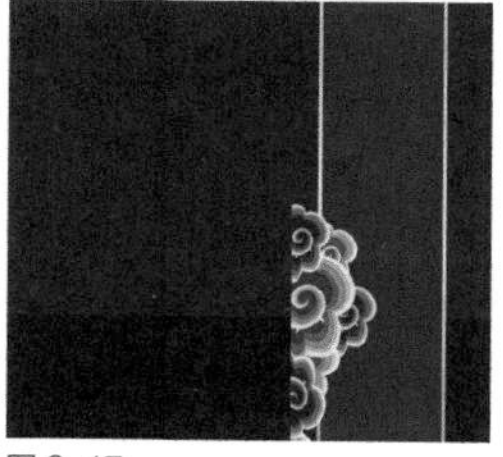

图 9-17

08 选择“图层 > 创建剪贴蒙版”菜单命令，创建剪贴蒙版图层，隐藏描边矩形以外的祥云图像，如图 9-18 所示。

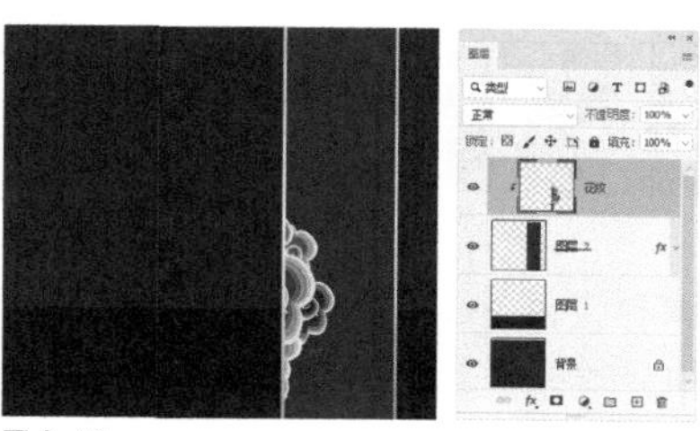

图 9-18

09 按 Ctrl+J 组合键复制祥云图像，选择“编辑 > 变换 > 旋转 180 度”菜单命令，将旋转后的图像放到描边矩形的右上方，并为其创建剪贴蒙版，效果如图 9-19 所示。

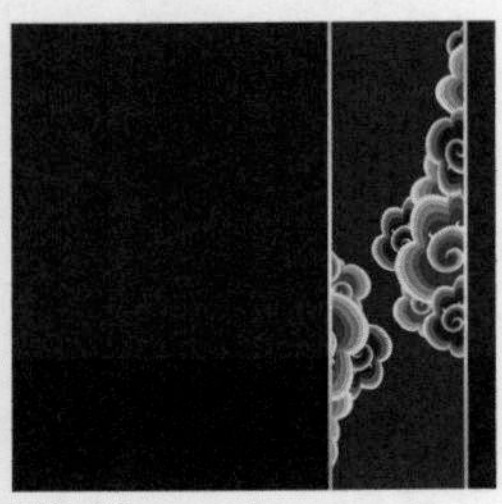

图 9-19

10 打开“素材文件 >CH09> 花朵 .psd”文件，使用“移动工具”将其拖曳到当前编辑的图像中，按 Ctrl+J 组合键复制图像，并调整图像大小和位置，如图 9-20 所示。

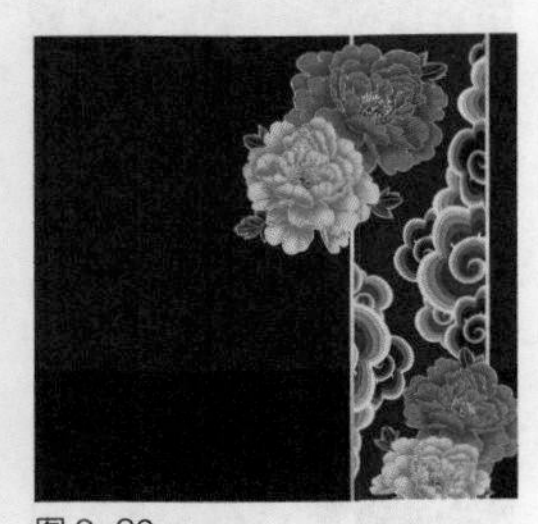

图 9-20

11 选中花朵所在图层，按 Alt+Ctrl+G 组合键创建剪贴蒙版，隐藏超出描边矩形边缘的图像，效果如图 9-21 所示。

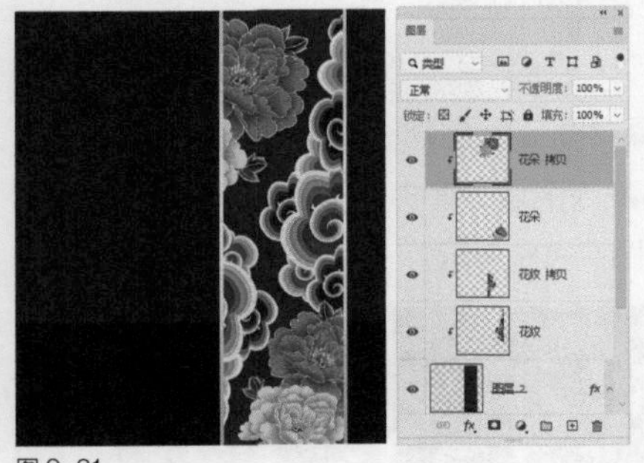

图 9-21

12 打开“素材文件 >CH09> 中秋佳节 .psd”文件，使用“移动工具”将其拖曳到当前编辑的图像中，放到画面的左侧，如图 9-22 所示。

图 9-22

13 新建一个图层，选择“椭圆形工具”，按住 Shift 键在画面中间绘制一个圆形选区，填充为任意颜色，如图 9-23 所示。

图 9-23

14 选择“图层 > 图层样式 > 渐变叠加”菜单命令，打开“图层样式”对话框，设置“样式”为“线性”，再设置渐变颜色为从土黄色（R:226，G:173，B:105）到淡黄色（R:248，G:234，B:210），如图 9-24 所示。

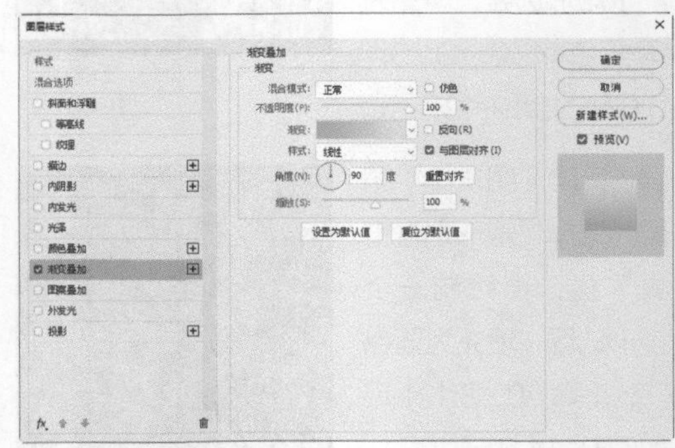

图 9-24

15 单击 确定 按钮，得到填充渐变颜色的图像效果，如图 9-25 所示。

图 9-25

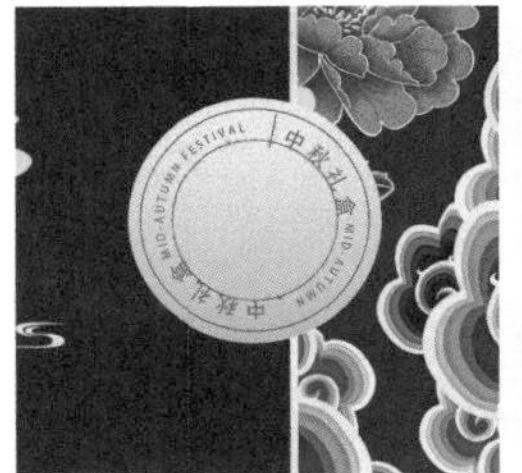
图 9-29

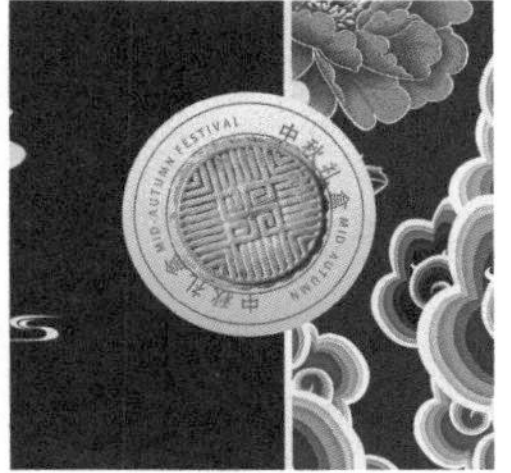
图 9-30

16 选择“椭圆工具”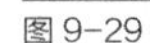，在工具属性栏中设置工具模式为“形状”，“填充”为无，“描边”为深红色（R:158，G:0，B:0）且宽度为3像素，如图9-26所示。

图 9-26

17 按住Shift键，在填充渐变色的圆形中绘制一个较小的描边圆形，如图9-27所示。

18 按Ctrl+J组合键复制描边圆形，再选择“编辑>变换路径>缩放”菜单命令，按住Alt键从中心缩小图形，如图9-28所示。完成后按Enter键确认变换。

图 9-27

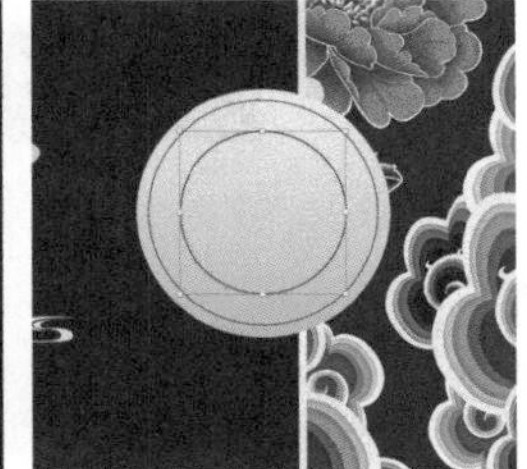
图 9-28

19 选择“横排文字工具”，在路径外侧单击，插入光标即可沿路径输入文字。然后在工具属性栏中设置字体为“黑体”，“填充”为深红色（R:158，G:0，B:0），适当调整文字大小，如图9-29所示。

20 打开“素材文件>CH09>月饼.psd”文件，使用“移动工具”将其拖曳到当前编辑的图像中，放到描边圆形中间，如图9-30所示。

21 新建一个图层，选择“椭圆选框工具”，在画面下方绘制一个圆形选区，填充为淡黄色（R:221，G:180，B:119），然后多次按Ctrl+J组合键复制图形并移动到右侧，排列成图9-31所示的样式。

图 9-31

22 选择“横排文字工具”，在图像中分别添加文字内容，得到的礼盒平面图像效果，如图9-32所示。

图 9-32

9.2.2 绘制礼盒立体图

将礼盒的平面图做变形处理，得到立体图像效果。

01 按 Alt+Ctrl+Shift+E 组合键盖印图层，如图 9-33 所示。然后新建一个图像文件，选择“渐变工具”，单击工具属性栏中的渐变色条，打开“渐变编辑器”对话框，选择“灰色”预设里的“灰色 _06”样式，如图 9-34 所示。

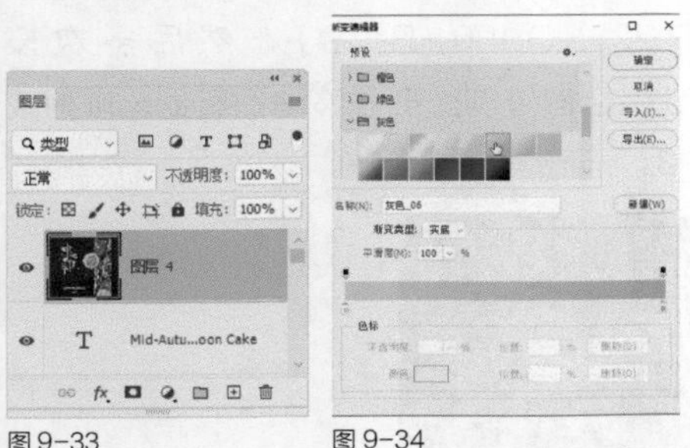

图 9-33　　图 9-34

02 单击 确定 按钮，为背景应用径向渐变填充，如图 9-35 所示。

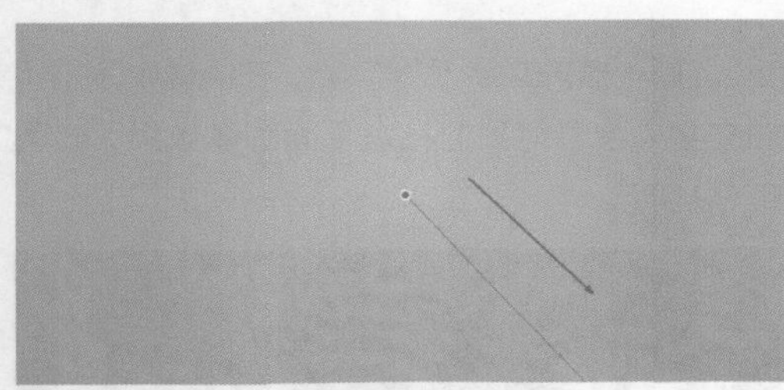

图 9-35

03 选择“矩形选框工具”，在“中秋月饼礼盒”图像中框选上半部分图像，使用“移动工具”将其拖曳至当前画面，适当调整图像大小，如图 9-36 所示。

图 9-36

04 选择“编辑 > 变换”菜单命令，图像四周将出现变换框，按住 Ctrl 键调整变换框四个角的控制点，得到透视变换效果，如图 9-37 所示。

图 9-37

05 使用“矩形选框工具”框选“中秋月饼礼盒”图像中的下半部分图像，使用“移动工具”将其拖曳至当前画面，如图 9-38 所示。对其做透视变换操作，得到图 9-39 所示的效果。

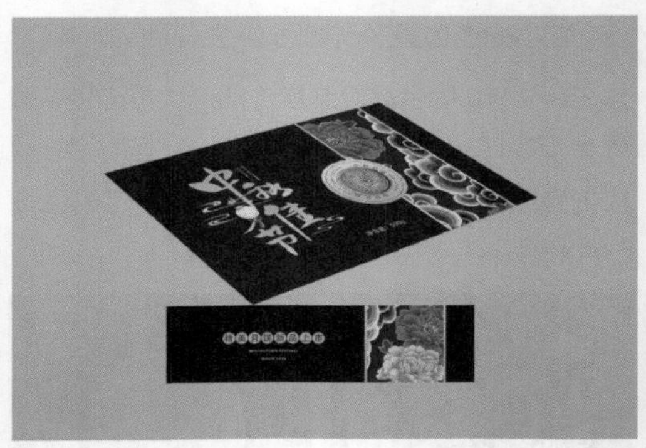

图 9-38

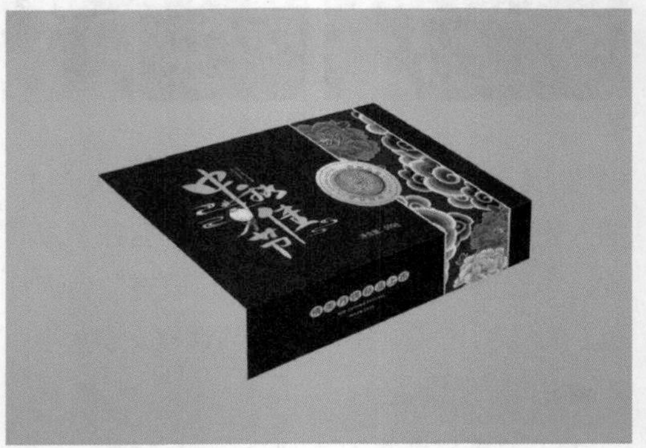

图 9-39

06 新建一个图层，选择“多边形套索工具”，在盒子左侧绘制一个四边形选区，如图 9-40 所示。

图 9-40

07 选择“渐变工具”，对四边形选区应用线性渐变填充，设置渐变颜色为从深蓝色（R:7，G:30，B:64）到蓝色（R:25，G:54，B:111），如图 9-41 所示。

图 9-41

08 选择“多边形套索工具”，绘制一个较小的四边形选区，为其应用线性渐变填充，设置渐变颜色为从土黄色（R:151，G:134，B:94）到淡黄色（R:233，G:208，B:146），如图 9-42 所示。

图 9-42

09 按住 Ctrl 键，选中除“背景”图层以外的所有图层，再按 Ctrl+G 组合键创建图层组，得到“组 1”图层组，如图 9-43 所示。

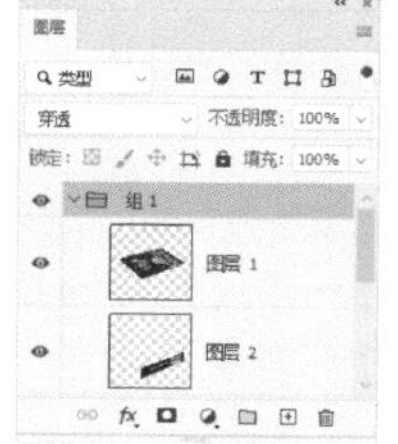

图 9-43

10 选择“图层 > 图层样式 > 投影”菜单命令，打开“图层样式”对话框，设置投影颜色为黑色，其他参数设置如图 9-44 所示。

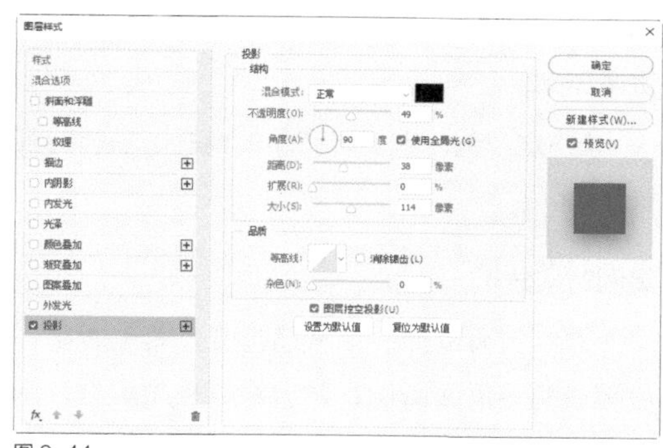

图 9-44

11 单击 确定 按钮，得到礼盒的投影效果，如图 9-45 所示，完成本案例的制作。

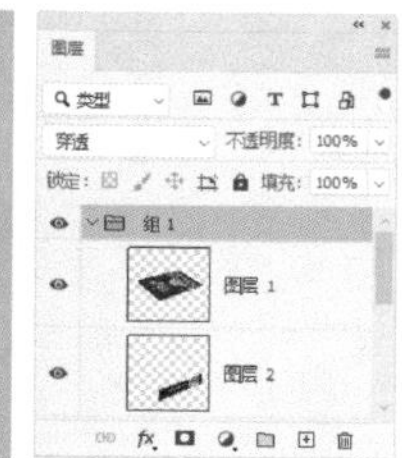

图 9-45

9.3 食品包装设计

实例位置	实例文件 >CH09> 食品包装设计 .psd
素材位置	素材文件 >CH09> 柠檬文字 .psd、柠檬 .psd、文字素材 .psd、背景水果 .psd、包装袋模板 .psd、绿叶 .psd、橘子 .psd
视频名称	食品包装设计
技术掌握	钢笔工具的运用、描边文字的制作

设计思路指导

第1点：在设计包装时，要集中表现商品的内容和重点，对商品、消费、销售三方面的有关资料进行比较和选择。

第2点：在设计时，要注意角度的选择，即在表现重点后继续进行深化；确定重点后，还要确定具体的突破口，然后再进行包装设计。

第3点：食品包装设计的主题要简明，重点要突出。

第4点：文字和图片的排列要根据面积大小和形状特征而定，同时要注意文字与画面的协调关系。

第5点：包装上要有产品的商标、品质特征等信息。

案例背景分析

本案例为设计一个食品包装。首先要制作包装袋的正反面图像；然后添加模型素材，制作立体的包装袋，再为其添加投影，效果如图9-46所示。

图9-46

9.3.1 制作包装平面图

绘制包装中的主要图形，添加产品图像和文字。

01 新建一个图像文件，选择“钢笔工具”，在图像中绘制一个曲线图像，如图9-47所示。

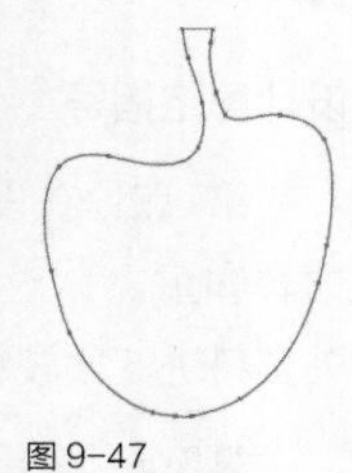
图9-47

02 新建“图层1”图层，按Ctrl+Enter组合键将路径转换为选区，填充为黄色（R:244，G:221，B:38），如图9-48所示。

03 使用“钢笔工具”再绘制两个水滴图形，同样转换为选区、填充为黄色，如图9-49所示。

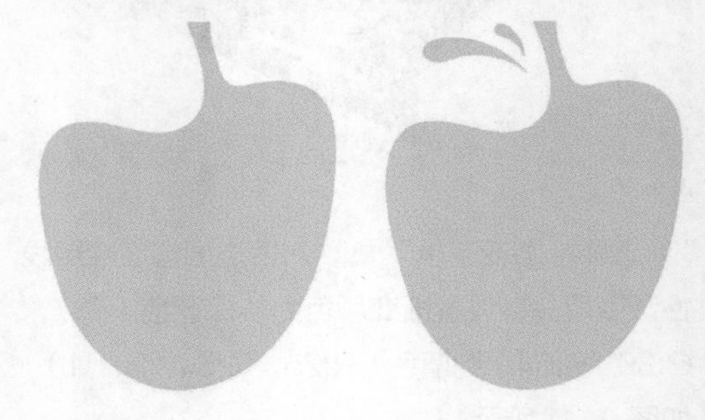
图9-48　　图9-49

04 打开“素材文件>CH09>柠檬文字.psd”文件，使用“移动工具”将其拖曳到当前编辑的图像中，适当调整文字大小，放到图9-50所示的位置。

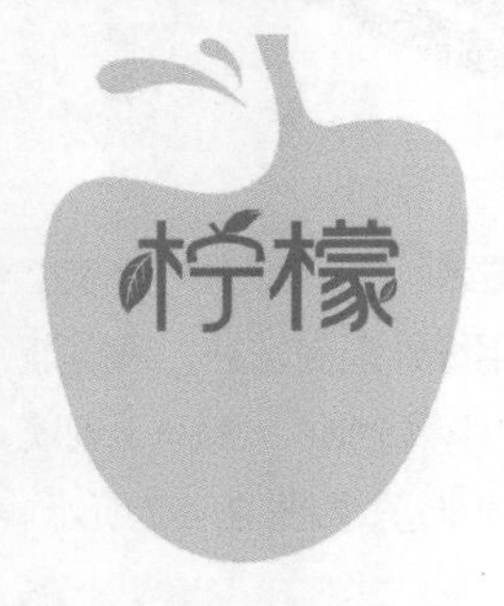

图9-50

05 选择“图层>图层样式>描边”菜单命令，打开“图层样式”对话框，设置描边“大小”为9像素、“颜色”为绿色（R:67，G:114，B:53），其他参数设置如图9-51所示。

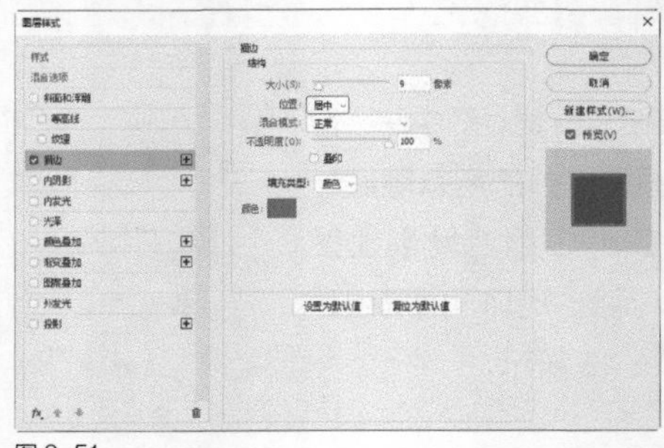
图9-51

06 单击“图层样式”对话框左下方的“添加效果”按钮 fx，在打开的下拉列表中选择“描边”命令，即可添加一层描边样式，如图 9-52 所示；设置描边“大小”为 4 像素、“颜色”为白色，如图 9-53 所示。

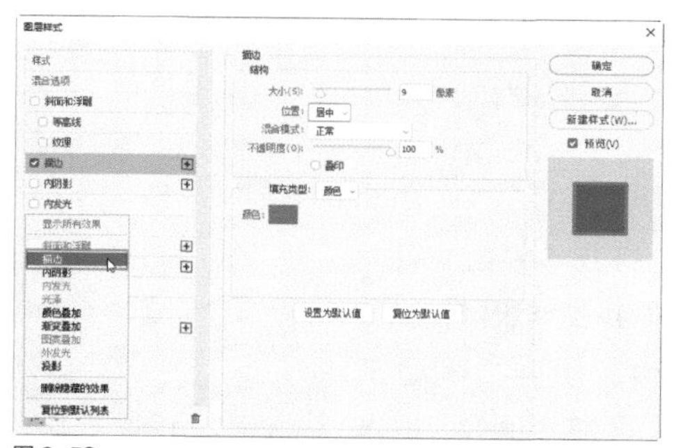

图 9-52

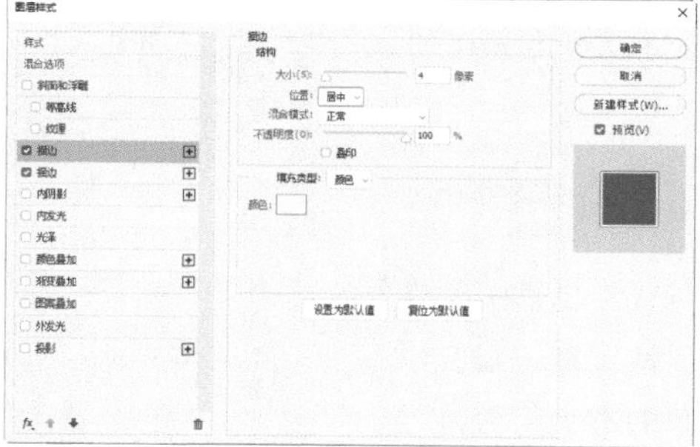

图 9-53

07 单击 确定 按钮，得到描边后的图像效果，如图 9-54 所示。

图 9-54

08 选择“移动工具” ，拖曳素材图像中的柠檬片，放到“檬”字中，如图 9-55 所示。

图 9-55

09 打开“素材文件 > CH09> 柠 檬 .psd”文件，使用“移动工具 ”拖曳图像，调整每一个柠檬的大小，放到图 9-56 所示的位置。

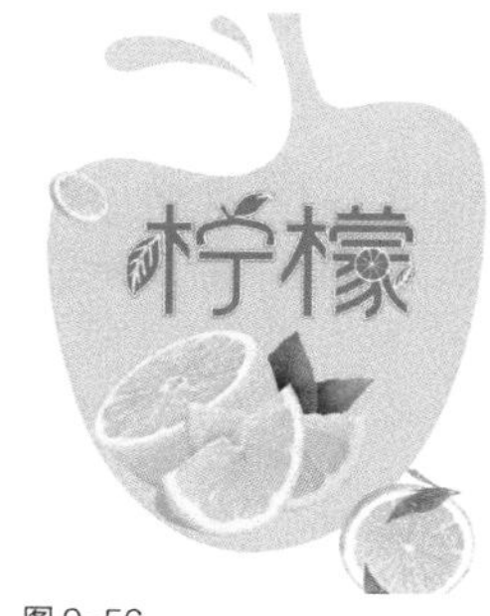

图 9-56

10 在“图层”面板中选中中间较大的柠檬图像所在的图层，双击该图层，打开“图层样式”对话框，选中“投影”复选框，设置投影颜色为黑色，其他参数设置如图 9-57 所示。单击 确定 按钮，得到添加投影后的图像的效果，如图 9-58 所示。

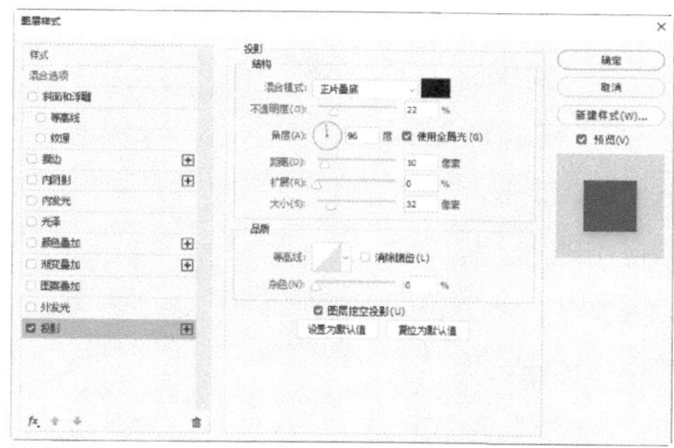

图 9-57

图 9-58

11 选择“椭圆工具” ，在工具属性栏中设置工具模式为“形状”，“填充”为无，“描边”为白色且宽度为 1.5 像素，其他设置如图 9-59 所示。

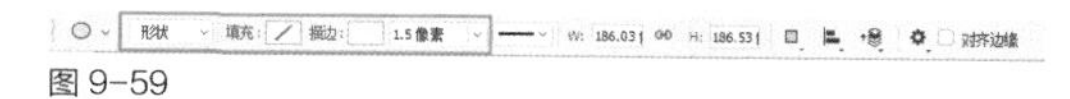

图 9-59

12 按住Shift键，在画面右侧绘制两个不同大小的圆形描边图像，如图9-60所示。

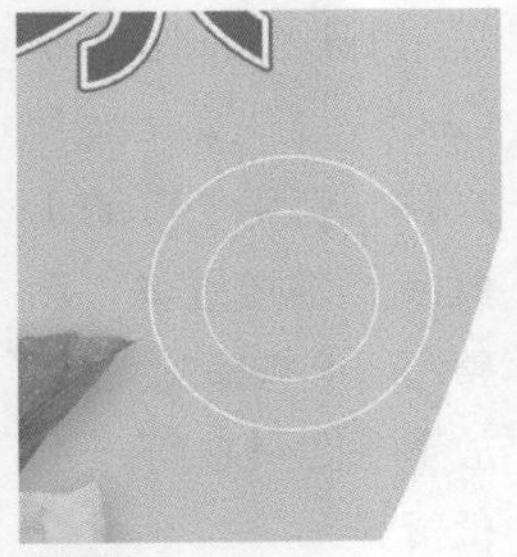

图9-60

13 在圆形描边图像中输入文字，然后选择“椭圆工具”，在工具属性栏中设置工具模式为“路径”，绘制一个圆形路径，如图9-61所示。

图9-61

14 选择“横排文字工具”，在圆形路径的左下方单击，即可在路径中插入光标，然后输入文字；在工具属性栏中设置字体为“黑体”，“填充”为白色，如图9-62所示。

图9-62

15 再绘制一个较小的圆形路径，并在路径中输入英文字母，如图9-63所示。

图9-63

16 新建一个图层，选择“矩形选框工具”，在画面的右上方绘制一个矩形选区，填充为黄色（R:244，G:221，B:38），如图9-64所示。

图9-64

17 打开“素材文件 > CH09> 文字素材.psd”文件，使用“移动工具”拖曳图像，适当调整文字大小，参照图9-65所示的位置排列。

图9-65

18 选择“圆角矩形工具”，在柠檬文字图像的右上方分别绘制一个白色圆角矩形和一个白色边框圆角矩形，如图9-66所示。

图9-66

19 选择“横排文字工具”，在圆角矩形中输入文字，分别填充为白色和橘黄色（R:231，G:167，B:26），如图9-67所示。

图9-67

20 选择“视图 > 按屏幕大小缩放”菜单命令，显示所有图像，如图9-68所示，完成本包装正面图像的制作。

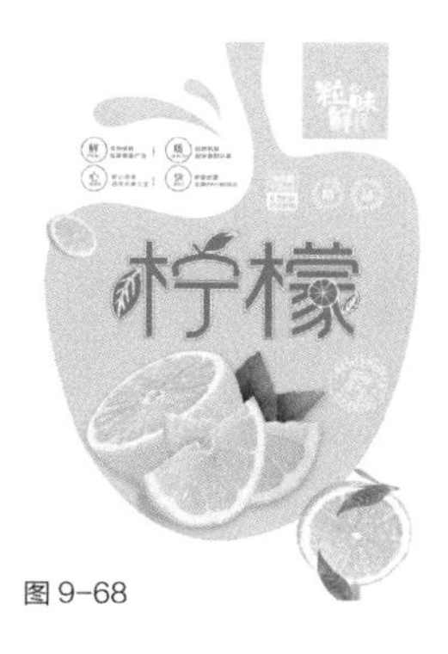

图 9-68

21 在“图层”面板中选中除“背景”图层以外的所有图层，选择“图层 > 图层编组”菜单命令，得到一个图层组，将其重命名为“正面”；单击“图层”面板底部的“新建图层组”按钮 ，将新建的图层组命名为“背面”，如图 9-69 所示。

图 9-69

22 在“背面”图层组中新建一个图层，填充为黄色（R:244，G:221，B:38），如图 9-70 所示。

图 9-70

23 打开“素材文件 >CH09> 背景水果 .psd”文件，使用“移动工具” 拖曳图像，适当调整图像至与画布大小相同，如图 9-71 所示。

图 9-71

24 在“图层”面板中设置“不透明度”为 40%，得到透明背景水果效果。选择“圆角矩形工具” ，在工具属性栏中设置工具模式为“形状”，“描边”为白色且宽度为 7 点，“半径”为 80 像素，如图 9-72 所示；然后在画面中绘制一个白色边框圆角矩形，如图 9-73 所示。

图 9-72

图 9-73

25 选择“矩形选框工具” ，在白色边框圆角矩形的右上方绘制一个矩形选区，填充为白色，如图 9-74 所示。

图 9-74

26 选中包装正面图中的水果和文字，复制并移动到“背面”图层组中，放至图 9-75 所示的位置。

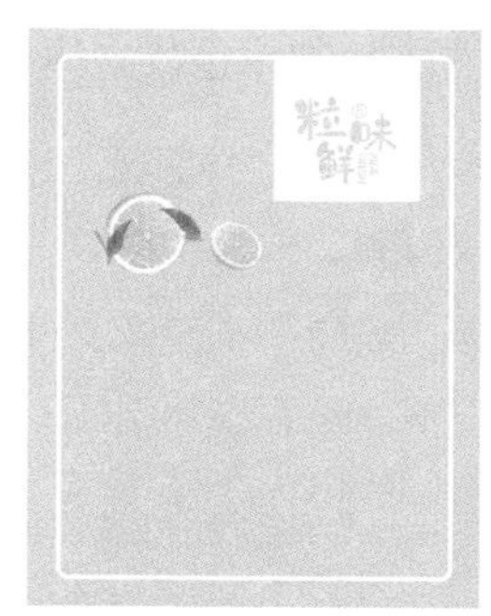
图 9-75

27 打开“素材文件 >CH09> 绿叶 .psd、橘子 .psd”文件，使用“移动工具” 分别拖曳图像至画面中，放到图 9-76 所示的位置。

图 9-76

28 选择“横排文字工具”，在包装背面图左下方输入广告文字和产品说明文字，将广告文字填充为绿色（R:85，G:133，B:84）、产品说明文字填充为黑色，如图 9-77 所示，完成包装背面图像的制作。

图 9-77

9.3.2 制作包装立体效果图

在包装袋图像上添加高光图像，得到立体效果图。

01 新建一个图像文件，将其背景填充为黄色（R:236，G:210，B:87），如图 9-78 所示。

图 9-78

02 打开“素材文件 >CH09> 包装袋模板 .psd”文件，使用“移动工具”将其拖曳至当前编辑的图像中，适当调整图像大小，并在“图层”面板中设置图层“混合模式”为“正片叠底”，如图 9-79 所示。

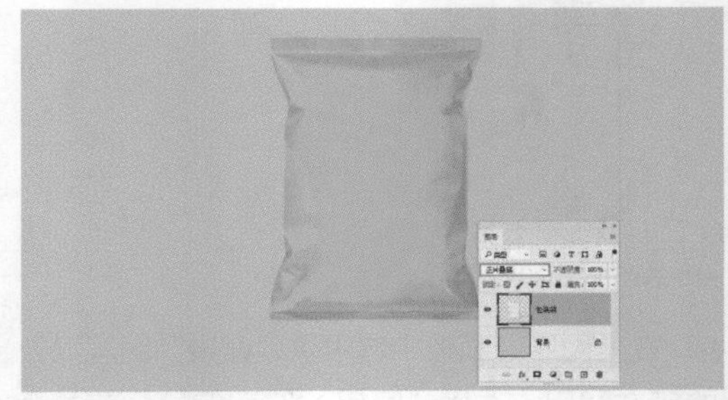

图 9-79

03 切换到绘制好的包装袋图像中，选择“正面”图层组，按 Ctrl+E 组合键合并图层，然后使用“移动工具”将其拖曳至当前编辑的图像中，调整至与包装袋的宽度和高度相同，并在“图层”面板中将其放到包装袋的下一层，如图 9-80 所示。

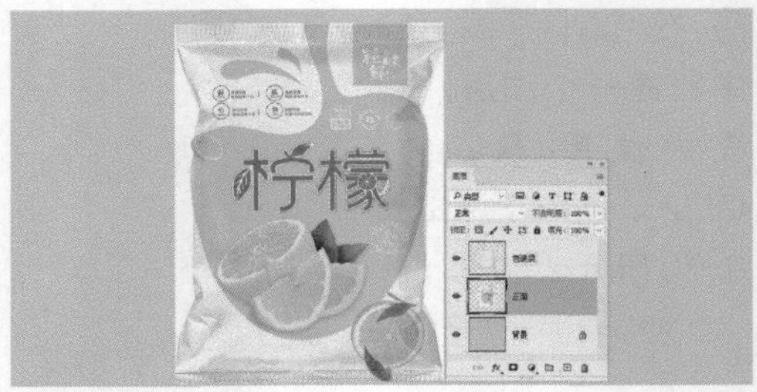

图 9-80

04 按住 Ctrl 键，单击“包装袋”图层，创建图像选区，然后选中“正面”图层，单击“创建图层蒙版”按钮，这时超出包装袋的图像将被隐藏，而“图层”面板中将出现一个图层蒙版，如图 9-81 所示。

图 9-81

05 按住 Ctrl 键，单击“包装袋”图层，载入图像选区；单击“图层”面板底部的“创建新的填充或调整图层”按钮 ，在弹出的快捷菜单中选择“曲线”命令；打开“属性”面板，选择“黑色”调整曲线，如图 9-82 所示；增加包装袋图像的亮度，如图 9-83 所示。

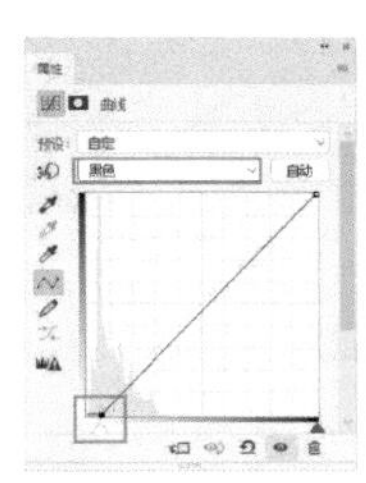

图 9-82

图 9-83

06 新建一个图层，选择“多边形套索工具” ，按住 Shift 键，在包装袋图像中绘制多个选区，如图 9-84 所示。

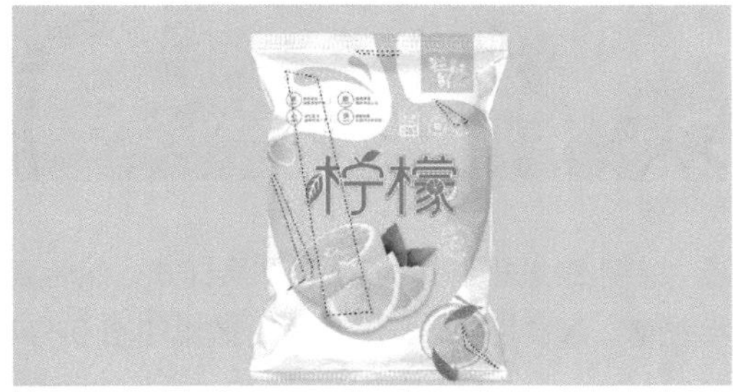

图 9-84

07 设置前景色为白色，选择“画笔工具” ，在工具属性栏中设置“不透明度”为 20%，在选区中绘制高光图像，如图 9-85 所示。

图 9-85

08 选中除“背景”图层以外的所有图层，按 Ctrl+T 组合键，旋转图像，如图 9-86 所示。

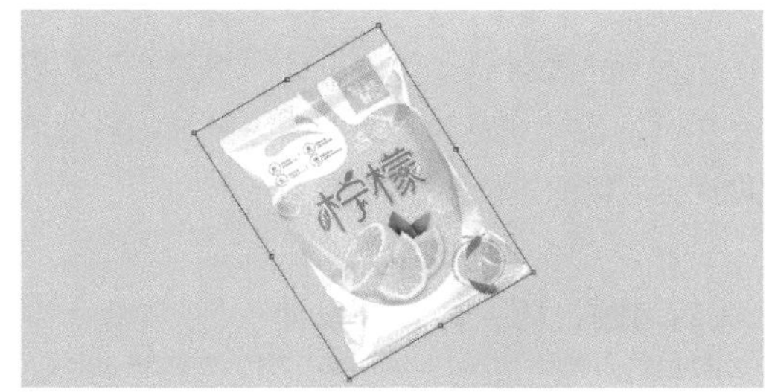

图 9-86

09 按 Enter 键确定变换，在“图层”面板中新建一个图层，并将其放到“背景”图层上方，如图 9-87 所示。

图 9-87

10 选择“多边形套索工具” ，在包装袋图像底部绘制一个多边形选区作为投影的图像选区，如图 9-88 所示。

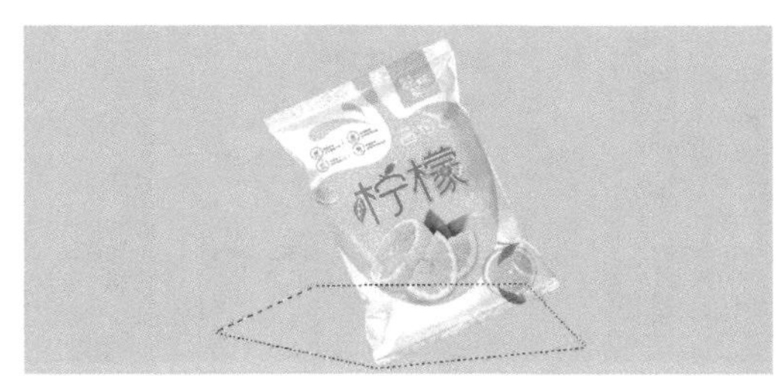

图 9-88

11 设置前景色为黑色，选择“画笔工具” ，在工具属性栏中设置“不透明度”为 40%；在选区中绘制图像，其中部分区域可以重复绘制，投影效果如图 9-89 所示，完成本案例的制作。

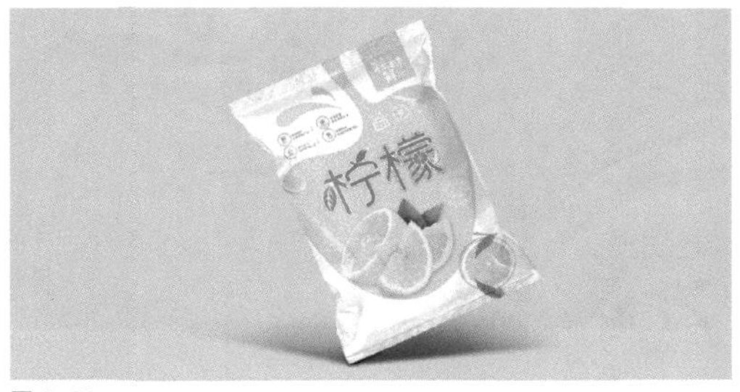

图 9-89

9.4 课后习题

本章主要讲解了包装设计的相关知识，以及包装的设计思路和绘制方法，多加练习即可设计出所需的包装图像效果。

课后习题：巧克力包装设计

实例位置	实例文件 >CH09> 课后习题：巧克力包装设计 .psd
素材位置	素材文件 >CH09> 巧克力 .psd、巧克力包装模板 .psd、巧克力背景 .psd
视频名称	课后习题：巧克力包装设计
技术掌握	为文字添加图层样式、绘制高光图像

本习题设计的是一款巧克力包装，采用了与产品相似的颜色作为包装主色调，给人以更加直观的感觉。在设计过程中，我们首先要绘制包装标签图像，然后将其添加到包装袋中，并制作高光和阴影等图像，效果如图9-90所示。

图 9-90

01 制作土红色渐变背景，并添加“巧克力背景.psd”图像，得到巧克力背景图像，如图9-91所示。

图 9-91

02 输入文字，并添加巧克力图像，如图 9-92 所示。

图 9-92

03 为文字添加“投影”“渐变叠加”图层样式，效果如图 9-93 所示。

图 9-93

04 绘制曲线图像并为其添加图层样式，然后复制图像，翻转后擦除部分图像，效果如图 9-94 所示。

图 9-94

05 输入其他文字信息，然后设置合适的字体和颜色，效果如图 9-95 所示。

图 9-95

06 将制作好的包装标签放到“巧克力包装模板.psd”文件中，添加高光图像，得到立体效果，如图 9-96 所示。

图 9-96

课后习题：手提袋包装设计

实例位置	实例文件 >CH09> 课后习题：手提袋包装设计 .psd
素材位置	素材文件 >CH09> 茶 1.psd、茶 2.psd、树叶 .psd
视频名称	课后习题：手提袋包装设计
技术掌握	制作茶园效果，体现茶叶的绿色、新鲜

本习题是对茶叶手提袋进行包装设计。该设计以茶园和茶杯来展示茶叶的绿色、新鲜，将色彩与图案搭配得和谐、优美，图形与文字分配合理、平衡感和比例十分协调，画面整体简洁大方、清新脱俗，给观者眼前一亮的感觉，如图9-97所示。

图 9-97

01 新建图像文件，用参考线将包装的各面区分出来，添加素材图像、划分大体区域，如图 9-98 所示。

图 9-98

02 绘制与主题相符的色块并添加文字，以突出重要信息、丰富画面，如图 9-99 所示。

图 9-99

03 使用“横排文字工具” T.在手提袋的图像中输入文字，包括公司名称、产品信息等，如图 9-100 所示。

图 9-100

04 分别选中手提袋的每一个面，通过变换操作等制作立体包装效果，如图 9-101 所示。

图 9-101